中央宣传部　新闻出版总署　农业部
推荐"三农"优秀图书

全方位养殖技术丛书

奶牛饲养手册

孙国强　杨振宇　主编

中国农业大学出版社

主　编　孙国强　杨振宇

副主编　朱月福　窦茂军

编　委　（按姓氏笔画排序）

刘会智　刘爱梅　朱月福　李美玉　赵德云

吕永艳　孙国强　张丽萍　胡昌军　胡洪杰

杨振宇　徐云会　窦茂军

总　序

畜牧业是以植物性和动物性产品为原料，通过动物生产获得人类必需动物产品的产业，其主体是养殖业。在发达国家，畜牧产值占农业总产值的比例多在60%以上，个别人多地少的国家甚至超过80%。畜牧产品作为国民经济支柱产业的食品加工业的原料供应已占到80%，人均年消费的食物中，肉、蛋、奶分别达到100 kg、150 kg和300 kg，占总量的80%。这说明，现代畜牧业已成为农业乃至国民经济的重要组成部分，其发展水平也成为一个国家或地区发展水平的重要标志。

我国畜牧业的发展大致经过家庭副业、专业饲养和规模化饲养三个阶段，目前正在更广泛的区域向现代集约型方向转变，特别是改革开放以来的20多年，我国畜牧业得到迅速发展。主要表现在：①畜牧生产总量稳定增长，如2002年肉、蛋、奶总产量比1978年提高6～11倍，人均占有量和年均消费量也都有大幅度提高；②畜牧业科技含量明显提高，如主要畜禽的良种覆盖率、饲料转化率和发病死亡率等生产指标得到有益的改变，科技进步对畜牧经济增长的贡献率超过45%；③畜牧业在农业生产体系中的主导地位已基本确定，如畜牧业产值占农业总产值的比例由1949年的12.4%、1978年的15.0%上升到2000年的30%以上；④畜牧产业化格局初具雏形，如社会化服务体系日趋完善、规模化经营不断提高和多渠道开拓市场初见成效等。

但是与发达国家相比，我国畜牧业也面临着生产结构失调、草原资源严重退化、饲料资源不足（尤其是蛋白质饲料资源缺乏）、畜（禽）种资源被无控制地杂交化、科技推广工作薄弱、疫病损失严重等问题，既影响到当前畜牧生产的产业化经营，也影响到我国畜牧业的可持续发展。实践证明，只有通过推广和实行标准化、规范化生产技术，不断提高畜牧业的科技含量才能切实解决这些问题，使我国的畜牧业跨上一个新的台阶，大大缩短与发达国家的差距。

根据我国国情，并借鉴发达国家的经验，笔者认为我国未来畜牧业发展的策略应是：①改变以粮为主的传统观念，建立种草养畜、以牧为主的农业生产体系，提高资源利用效率；②改变以猪、鸡为主的畜（禽）种结构，建立以食草畜禽为主、稳定食粮畜禽的畜牧生产体系，提高市场适应能力；③改变以品种改良为主的单一增产措施，建立良种良法配套的实用技术推广体系，提高整体科技含量，力争用 10～15 年的时间，使我国畜牧业基本实现良种化、产业化，生产水平跨入世界先进行列。

为了适应农村产业结构调整的需要和提高当前畜牧业从业人员的技术水平，中国农业大学出版社策划出版了这套畜禽全方位养殖技术丛书。本丛书畜（禽）种涉及到猪、鸡、鸭、鹅、羊、兔等，并以各畜（禽）种的关键生产环节为主题单独成册，内容上坚持以技术操作性强、文字简明易懂和学以能致用为原则，注重吸收现代畜牧科学的新技术和新方法，并与生产中的传统常规技术相结合使之综合配套。

相信这套丛书能够全方位、多层次地满足读者需要，为广大畜牧业从业人员规范生产技术、提高养殖效益提供帮助。

王建民

2003 年 3 月 18 日于泰安

前　言

随着经济的发展和我国农业产业结构调整的不断深入，特别是加入WTO以后，对奶牛生产提出了更高的要求。依靠科学技术进行高效高质的奶业产业化生产，是我国奶牛业发展的关键。

根据我们的教学、科研和生产实践，参阅有关文献资料，编写了这本书。主要内容包括奶牛营养基础知识，奶牛的饲料资源及其特点，奶牛饲料的生产，加工调制技术，奶牛的消化特点与营养需要，配合饲料与日粮配合，我国的奶牛资源，奶牛外貌鉴定，奶牛的繁殖技术，奶牛繁殖障碍及防制办法，影响奶牛生产性能的因素，后备牛的培育技术，成乳牛的饲养管理技术及奶牛场的建设等内容。

在编写过程中，力求通俗易懂，突出实用性和先进性。

受编者水平和所掌握的资料的限制，书中难免出现缺点、错误，敬请广大读者和同行指正。

编　者

2004年2月

目　录

第一章　奶牛营养基础知识……………………………………（1）
第一节　饲料营养成分……………………………………（1）
第二节　蛋白质对奶牛的营养作用…………………………（2）
第三节　碳水化合物对奶牛的营养作用……………………（3）
第四节　脂肪对奶牛的营养作用……………………………（5）
第五节　矿物质对奶牛的营养作用…………………………（7）
第六节　维生素对奶牛的营养作用…………………………（9）
第七节　水分对奶牛的营养作用……………………………（10）
第二章　奶牛的饲料资源及其特点…………………………（13）
第一节　饲料的分类……………………………………（13）
第二节　粗饲料…………………………………………（15）
第三节　青绿饲料………………………………………（19）
第四节　青贮饲料………………………………………（22）
第五节　能量饲料………………………………………（28）
第六节　蛋白质饲料……………………………………（36）
第七节　矿物质饲料……………………………………（53）
第八节　饲料添加剂……………………………………（56）
第三章　奶牛饲料的生产、加工调制技术……………………（69）
第一节　青绿多汁饲料生产技术……………………………（69）
第二节　秸秆饲料的加工调制技术…………………………（74）
第三节　青贮饲料的制作与利用技术………………………（88）
第四节　青干草的调制技术…………………………………（90）
第五节　精饲料加工技术……………………………………（93）
第六节　工业副产品的加工和利用方法……………………（95）
第七节　奶牛饲料的储藏……………………………………（96）

第四章　奶牛的消化特点与营养需要…………………………（103）
第一节　奶牛的消化特点 ……………………………………（103）
第二节　奶牛的营养需要 ……………………………………（110）
第五章　配合饲料与日粮配合…………………………………（129）
第一节　配合饲料………………………………………………（129）
第二节　饲料配方设计的原则 ………………………………（134）
第三节　饲料配方设计的方法 ………………………………（135）
第四节　浓缩饲料及配制技术 ………………………………（143）
第五节　添加剂预混料配制技术 ……………………………（145）
第六章　我国的奶牛资源………………………………………（151）
第一节　我国引进的奶牛及奶肉兼用品种 …………………（152）
第二节　我国培育的奶牛及奶肉兼用牛品种 ………………（157）
第三节　解决我国奶牛来源的途径…………………………（160）
第七章　奶牛外貌鉴定…………………………………………（162）
第一节　体质外貌与生产性能之间的关系 …………………（162）
第二节　乳牛外貌及各部位特征 ……………………………（163）
第三节　高产奶牛的外貌特征 ………………………………（165）
第四节　奶牛外貌鉴定方法 …………………………………（168）
第五节　奶牛的年龄鉴别 ……………………………………（174）
第六节　购买牛只………………………………………………（176）
第八章　奶牛的繁殖技术………………………………………（178）
第一节　奶牛的发情鉴定 ……………………………………（178）
第二节　奶牛的人工授精 ……………………………………（186）
第三节　奶牛的检胎……………………………………………（198）
第四节　奶牛繁殖管理 ………………………………………（199）
第五节　奶牛的胚胎移植 ……………………………………（201）
第九章　奶牛繁殖障碍及防制方法……………………………（218）
第一节　遗传因素导致的繁殖障碍…………………………（218）

第二节 环境因素导致的繁殖障碍……………………………(220)
第十章 影响奶牛生产性能的因素…………………………(230)
第一节 乳牛泌乳机理……………………………………(230)
第二节 影响乳牛生产性能的因素…………………………(235)
第十一章 后备牛的培育技术………………………………(243)
第一节 犊牛的培育技术……………………………………(243)
第二节 育成牛的培育技术…………………………………(258)
第三节 初孕牛的饲养管理…………………………………(260)
第十二章 成乳牛的饲养管理技术…………………………(262)
第一节 成乳牛的一般饲养管理技术………………………(262)
第二节 泌乳规律……………………………………………(266)
第三节 泌乳期的饲养管理…………………………………(267)
第四节 干乳期的饲养管理…………………………………(270)
第五节 围产期奶牛饲养管理………………………………(275)
第六节 高温季节奶牛的饲养管理要点……………………(278)
第七节 挤奶技术……………………………………………(279)
第八节 奶牛膘情的定性管理………………………………(284)
第十三章 奶牛场的建设……………………………………(289)
第一节 场址的选择…………………………………………(289)
第二节 奶牛场规划与布局…………………………………(291)
第三节 奶牛舍建筑…………………………………………(292)
附录 奶牛营养需要与饲养标准(摘编)……………………(298)
参考文献………………………………………………………(315)

第一章　奶牛营养基础知识

重点提示:本章重点学习饲料所含的营养成分;饲料中各种营养成分对动物的营养作用、各种营养成分供应不足或缺乏时对动物造成的影响。

第一节　饲料营养成分

动物的食物称为饲料,饲料中凡能被动物用以维持生命、生产产品,具有类似化学成分性质的物质,称为营养物质或营养素,也可简称养分。养分可以是简单的化学元素,如钙、磷、氯、钠等,也可以是复杂的化合物,如蛋白质、碳水化合物、脂肪等。

植物性饲料含有的营养物质,按化学性质和生物学作用可分为水分、蛋白质、碳水化合物、脂肪、矿物质和维生素等 6 大类。

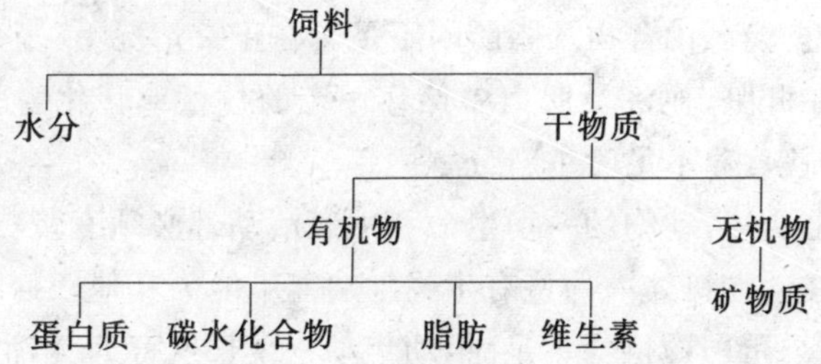

第二节 蛋白质对奶牛的营养作用

一、蛋白质的营养功能

1. 蛋白质是构成体组织细胞的基本原料　动物的肌肉、神经、结缔组织、皮肤、血液、毛、蹄、角等的基本物质为蛋白质。蛋白质也是组成动物体内各种生命活动所必需的酶、激素、抗体等的原料，亦是组成肉、乳、蛋、皮、毛等重要畜产品的主要原料。

2. 蛋白质是修补体组织的必需物质　动物机体时刻都在进行新陈代谢，旧细胞死亡，新细胞的形成要消耗大量的蛋白质，所以动物每天都要从饲料中摄取蛋白质来弥补新陈代谢的需要，试验证明，组织蛋白质的每天更新量可达 0.25%～0.3%，据此推算，大约 1 年的时间即可将全部组织蛋白质更新一次。

3. 蛋白质可作为畜体的能量来源　当动物体内供给热量的碳水化合物及脂肪不足时，蛋白质也可以在体内分解，氧化释放热能，以补充碳水化合物及脂肪的不足。在正常情况下，多余的蛋白质可以在肝脏、血液及肌肉中储存一定的数量或转化为脂肪储存起来，以备营养不足时重新分解。

综上所述，动物的一切生命和生产活动都必须有蛋白质参与。蛋白质在动物机体内的特有生物学功能不能为其他任何物质所取代或转化。蛋白质供给不足时，幼年动物生长发育迟缓，消瘦，种用动物精液品质下降，母畜性周期失常，胎儿发育不良，甚至产生弱胎、死胎，幼畜初生重小。日粮蛋白质过多，对动物同样有不良影响，不仅造成浪费，而且长期饲喂引起机体代谢紊乱，甚至产生疾病。

二、蛋白质的概念

饲料中的含氮化合物总称为粗蛋白质，它包括纯蛋白质和非蛋白质含氮物质。蛋白质除同脂肪、碳水化合物一样含有碳、氢、氧外，尚含有氮，有些蛋白质还含有硫、磷、铁、铜等元素。蛋白质的平均含氮量为16%，以凯氏定氮法测得的氮含量乘以蛋白质转换系数6.25，即为粗蛋白质含量，以百分数表示。蛋白质转换系数6.25的含义是样本中每克氮相当于蛋白质6.25 g(100/16=6.25)。不同蛋白质的含氮量有一定的差异(变化幅度为14.9%～18.87%)，故蛋白质转换系数6.25是近似数值。

三、必需氨基酸与非必需氨基酸

蛋白质是由若干个氨基酸构成的，氨基酸是包含一个或许多个氨基团($—NH_2$)的有机酸。自然界存在的氨基酸有200多种，但参与动植物蛋白组成的有20余种，正是这20余种氨基酸以不同比例和不同形式组合成各种不同性质的蛋白质。

氨基酸按动物的营养需要分为两大类:第一类是必需氨基酸，即在动物体内不能合成或能合成但合成的速度及数量不能满足动物正常需要，必须由饲料供给的氨基酸;第二类是非必需氨基酸即在动物体内能够合成足够的数量，不必须由饲料提供的氨基酸。由于反刍动物的瘤胃可利用各种微生物合成各种氨基酸供其利用，所以对于一般反刍动物来说，不存在必需氨基酸和非必需氨基酸的问题。氨基酸的必需和非必需主要是针对体内合成能力较低的猪、禽来说的。

第三节　碳水化合物对奶牛的营养作用

碳水化合物的名字来自植物以二氧化碳和水为原料，通过光合作用形成的，这些化合物含有碳、氢、氧 3 种元素，其组成比例大都为 C∶H∶O 为 1∶2∶1。

碳水化合物包括糖、淀粉、纤维素、半纤维素、木质素、果胶及黏多糖等物质。日粮中的碳水化合物以多糖中的淀粉、纤维素和半纤维素、木质素的形式存在，除少量的葡萄糖或果糖外，单糖中的戊糖并不是重要的能量来源。

淀粉是植物的储备物质，是子实类及块根茎类的主要成分。淀粉在植物的茎叶中含量较少，差异也较大。纤维素、半纤维素、木质素存在于植物的细胞壁中。

一、碳水化合物的营养功能

1. 碳水化合物是动物组织的构成物质　碳水化合物普遍存在于动物体各种组织中。例如，核糖及脱氧核糖是细胞核酸的组成成分；黏多糖参与形成结缔组织基质；糖脂是神经细胞的组成成分；碳水化合物也是动物体内某些氨基酸的合成物质。

2. 碳水化合物是动物体内能量的主要来源　动物的一切生命活动都需要能量，而饲料中的碳水化合物是这些能量的主要来源。

葡萄糖能迅速氧化释放能量及时供给动物需要；纤维素、半纤维素等也是反刍动物的重要能源。

3. 碳水化合物是动物体内的营养储备物质　饲料中的碳水化合物除供动物所需的养分外，有多余时可转化为糖原和脂肪储备于体内，糖原存在于肝脏和肌肉中，分称肝糖原和肌糖原，以备不时之需。动物采食的碳水化合物在合成糖原有剩余时，将用于合成脂肪储存于体内。

4. 碳水化合物是乳脂和乳糖的重要合成原料　单胃动物主要利用葡萄糖合成乳脂，反刍动物利用碳水化合物在瘤胃中发酵产生的乙酸合成乳脂中的脂肪酸，乳脂中的甘油主要是由血液中的葡萄糖合成的。

二、粗纤维在奶牛饲养中的作用

粗纤维是一组由纤维素、半纤维素、木质素及果胶组成的混合物，是奶牛不可缺少的营养物质。

饲料中粗纤维含量随饲料种类、成熟阶段不同而有很大差异，饲料中粗纤维含量越高，粗纤维本身的消化率就越低，同时对其他营养物质也产生不利的影响。其主要作用如下：

(1)粗纤维是奶牛的主要能量来源。粗纤维在瘤胃及盲肠中经微生物发酵产生各种挥发性脂肪酸，除用其合成乳脂肪和葡萄糖外，还可氧化供能。

(2)粗纤维不易消化，吸水量大，进入肠胃后容积变大对消化道有填充作用，使奶牛有饱食的感觉。

(3)对肠黏膜有刺激作用，能促进肠胃蠕动和粪便的排出。在现代畜牧生产中，常用含粗纤维高的饲料稀释日粮的营养浓度，以保证幼龄动物胃肠道的充分发育。

第四节　脂肪对奶牛的营养作用

饲料中能溶解于脂性溶剂(如苯、汽油、醚等)的物质称为粗脂肪。它包括真脂肪和类脂肪(如固醇、磷脂、蜡等)两类物质。脂肪是高能量饲料，其能值为碳水化合物的2.25倍，它可为动物提供良好的能源。

一、脂肪的营养作用

1. 脂肪是构成动物体组织的重要成分　神经、肌肉、骨骼及血液等的组成中均含有脂肪，主要为卵磷脂、脑磷脂和胆固醇。各种组织的细胞膜并非完全由蛋白质所组成，而是蛋白质和脂肪按照一定的比例所组成。细胞脂肪有恒定的成分，不受食入脂肪的影响，细胞脂肪多属类脂肪。

2. 脂肪是体内热能的重要来源　脂肪体积小而含能量高，体内储存脂肪是在动物体内储备能量以备冬季枯草或饲料条件恶劣时动用的最好形式。动物体内脂肪主要储藏于皮下、肠系膜、肾周围和肌肉纤维间。

3. 脂肪是脂溶性维生素的溶剂　饲料中的维生素A、维生素D、维生素E、维生素K均属于脂溶性，必须溶解于脂肪中才能被动物消化吸收利用。缺乏脂肪可导致脂溶性维生素的代谢障碍。

4. 供给必需脂肪酸　脂肪酸中的18碳二烯酸（亚油酸）、18碳三烯酸（亚麻酸）、20碳四烯酸（花生油酸）、22碳六烯酸（俗称“脑黄金”）为幼畜生长所必需，在畜体内不能合成，必须由饲料供给脂肪酸，故称为必需脂肪酸。必需脂肪酸在体内的功能：第一，是细胞膜的重要成分，是脑组织和神经组织的重要成分，脑白质、脑灰质及视网膜光感受器含有丰富的磷脂，其中主要成分就是花生油酸和22碳六烯酸，儿童大脑重量增加迅速、视敏度迅速提高，需要足够量的花生油酸和22碳六烯酸，现在“花生油酸＋22碳六烯酸”组合被称为“真正的脑黄金”；第二，是生殖器官及其他组织中激素的组成成分。

5. 脂肪是畜产品的组成成分　如肉、乳及蛋中均含有一定的脂肪。

二、饲料中脂肪对反刍动物消化能力的影响

构成脂肪的脂肪酸种类很多，自然界有40多种，其中大多数是含偶数碳原子的直链脂肪酸，包括饱和脂肪酸和不饱和脂肪酸。植物性饲料的脂肪成分中以不饱和脂肪酸含量为主，如青草中不饱和脂肪酸含量可占脂肪酸总量的80%以上。尽管反刍动物能将食入的不饱和脂肪酸，在瘤胃微生物的作用下，经过氢化作用使不

饱和脂肪酸变为饱和脂肪酸，而后被吸收，变为较硬的体脂，但是过多的不饱和脂肪酸会对瘤胃微生物产生毒害作用，影响反刍动物消化能力。

三大有机营养成分的共同作用是：构成体组织细胞的基本原料，体内热能的来源，畜产品的成分（碳水化合物是乳糖、乳脂的原料）。其独特作用：蛋白质是修补体组织的必需物质；碳水化合物是动物体内的营养储备物质；脂肪是脂溶性维生素的溶剂，供给必需脂肪酸。

第五节　矿物质对奶牛的营养作用

矿物质在动物体内含量很少，占体重的3%～5%，它们不能产生热能，但广泛分布于体内各个组织、器官，是动物正常生长、繁殖和健康不可缺少的营养物质。特别是在集约化饲养条件下尤为重要。

通常按矿物质在动物体内的含量不同，分为常量元素（含量占动物体重0.01%以上），如钙、磷、镁、钠、钾、氯、硫；微量元素（含量占动物体重的0.01%以下），现已确认的必需微量元素有铁、铜、锌、锰、碘、钴、硒、钼、铬、镍、钒、锡、硅、氟和砷等，前7种是容易缺乏的。当某种必需元素缺少或不足时，则导致动物体物质代谢严重障碍，并降低生产力，甚至导致死亡，但某种必需元素过量又能引起机体代谢的紊乱。动物体矿物质的需要主要由饲料满足，一部分由水中补给。

一、矿物质功能

1. 用做体组织的生长和修补物质　机体内约有5/6的矿物质元素存在于骨骼和牙齿之中，主要是钙、磷、镁，其余矿物质分布于毛、蹄、角、肌肉、细胞、体液以及上皮组织和其他组织中，有些元素如钼、锌、锰、碘和钴等还是酶、激素和某些维生素的组成成分。

2. 用做动物体的调节剂　矿物质可以调节血液、淋巴液的渗透压，使体液渗透压恒定，保证细胞获得营养，以维持细胞的正常生命活动。矿物质可以调节血液的酸碱平衡，维持肌肉的兴奋性，还可以影响其他养分在体内的溶解度，激活某些酶的活性，促进各种养分的消化及利用。

3. 构成畜产品的成分　牛奶、牛肉的干物质中含有动物所必需的全部矿物质元素。而这些矿物质必须间接或直接来自动物采食的饲料和饮水之中。

二、钙和磷

在体内钙、磷是灰分中主要的矿物元素，约占 70%，其中有 99%的钙和 80%的磷存在于骨骼和牙齿。

此外，血浆中含有钙。每 100 mL 的血浆约含钙 10 mg。在血浆中以 3 种形式存在：游离的钙离子约占 60%；与蛋白质结合的钙约 35%；与有机酸柠檬酸或无机磷酸结合的盐类 5%～7%。

影响动物钙、磷利用的因素很多，如钙、磷的来源、比例、小肠内的 pH 值、维生素 D 以及日粮中乳糖、脂肪和铁、镁、铝等的水平。一般植物性饲料中含钙量较少，禾本科的子实及其副产品中含磷较多，但其中大部分磷与肌醇结合成植酸盐形式而利用率不高。豆科牧草虽含钙较丰富，但不能作为幼畜主要饲料，因此必须补充含钙、磷丰富的骨粉、石粉、贝壳粉等矿物质饲料。日粮中钙、磷的供给量应保持适当的比例，一般应为 1～2∶1。任一元素过量都是有害的，如钙过量则与磷酸根形成不溶解的磷酸三钙而影响磷的吸收；反之，过量的磷酸根与钙结合而减低了钙的利用率。维生素 D 可使小肠内 pH 值降低，有利于钙、磷吸收。钙、磷比例合适时，对维生素 D 的需要量较少。日粮中脂肪过多，能与钙形成难溶的钙皂。

三、氯和钠(食盐)

各种动物都需要适量的食盐,对草食类动物尤为重要。钠主要存在于体液及软组织中,如血液中含0.22%的钠,对维持体液的酸碱平衡、细胞与体液的渗透压有重要作用。钠也参与体内水的代谢,并对肌肉与心脏活动起调节作用,血液缺钠则心肌的收缩与舒张减缓。氯又是胃液中盐酸的成分。缺乏时食欲不振,并有异嗜现象。

一般植物性饲料含钠、氯较少,不能满足动物的需要,须在配合日粮时补充适量的食盐,一般以0.5%左右为宜,喂量过多会引起中毒。

第六节　维生素对奶牛的营养作用

维生素是一大类有机化合物,它在畜体内既不能提供能量,也不是构成体组织的成分。它的功能是调节动物体内各种生理机能正常进行,即它是动物正常生产、繁殖和健康所必需的微量营养物质。

维生素按其溶解性分为两大类:一类为脂溶性维生素,包括维生素A、维生素D、维生素E、维生素K,在动物体内有相当量的储存;另一类为水溶性维生素,包括B族与维生素C。B族维生素有硫胺素(B_1)、核黄素(B_2)、泛酸(B_3)、胆碱(B_4)、烟酸(B_5)、吡哆醇(B_6)、生物素(B_7)、叶酸(B_{11})和维生素B_{12}等。除维生素B_{12}外,其他水溶性维生素并不在动物体内储藏,摄入过多时会从动物尿中迅速排出,因此必须每日供给水溶性维生素。反刍动物瘤胃微生物能够合成B族维生素和维生素K,不必依赖外源供给,而猪、禽和瘤胃未发达的犊牛、羔羊则必须由饲料供给。

第七节　水分对奶牛的营养作用

水是动物所必需的养分，占动物体重的60%～70%，如果动物严重缺水或失水达20%时可危及生命。动物体内没有纯水，水通常是溶解于其中的无机物和有机物，以体液形式存在。体液包括细胞内液和外液，外液又分为血浆和细胞间液。体内水分的分布比例，细胞内液中65%～75%，间液中20%，血浆中5%。

一、水在奶牛体内的功能

1. 水参与维持组织器官的形态　水能与蛋白质结合成胶体，使组织器官呈现一定的形态、硬度和弹性。

2. 水是一种重要溶剂　体内养分的吸收和运输，代谢废物的排出均需有水分作为载体。

3. 水参与体内许多生化反应　动物体内消化、代谢过程中的生化反应都必须有水的参与，如淀粉、碳水化合物、蛋白质的水解反应，氧化还原反应以及加水反应均都有水参与。

4. 水有调节体温的功能　由于水的比热值大，导热性和蒸发性都高，借助水的吸热和放热可以维持体温的恒定。

5. 水还作为润滑液　水分使骨骼的关节面保持润滑和活动自如。

二、水的来源及损失

动物所需水的主要来源是饮水和饲料中的水分，即外源水，它经肠壁吸收进入血液和淋巴的细胞外液，参与体内各代谢过程。另外，营养物质在动物体内氧化分解时，可同时产生少量的代谢水，即内源水，但内源水远远不能满足动物的正常活动的需要。因此，动物所需的水分主要来自充足的饮水。动物体内的水分排出主要是通过肾脏(尿)、肺(呼吸)、皮肤(汗)及消化道(粪)。泌乳家畜每天通过泌乳排出大量的水分。

三、缺水的后果

动物缺水或长期饮水不足时,会使健康受到损害。当饮水不足,动物体内水分减少8%时,表现严重的干渴感觉、食欲丧失、消化机能减弱。体内水分减少10%时,将导致代谢紊乱。损失20%时,可引起死亡。长期缺水时,血液变得浓稠。缺水也使其生产力下降,如幼畜生长发育迟缓,泌乳母畜的泌乳量急剧下降。

四、奶牛的需水量

奶牛的需水量因年龄、生理状态、日粮的组成、饲料的形态以及气候条件等因素的影响而有很大的差异。以单位体重计算,幼牛较成年牛的需水量为多,泌乳牛较肥育牛为多,日粮中蛋白质、粗饲料和盐类含量高时需水量多,夏季比冬季需水量多。

动物的需水量(不包括代谢水)通常是以采食的饲料干物质的量来计算。因为在适宜的温度条件下,采食饲料干物质的量与其需水量之间有密切的相关。按每采食1 kg饲料干物质计算,牛、羊、猪需水3～5 kg,马和家禽2～3 kg。在生产中各类家畜都应供应充足清洁的饮水,集约化生产采用自动饮水装置效果较好。

复习思考题

1. 饲料中的营养物质,按化学性质和生物学作用可分为几类?
2. 蛋白质的营养功能有哪些?必需氨基酸与非必需氨基酸的概念是什么?
3. 碳水化合物对奶牛有哪些作用?
4. 粗纤维在奶牛饲养中的作用是什么?
5. 脂肪的营养作用有哪些?

6. 试述常量元素和微量元素的概念。

7. 说明维生素的分类并简要说明其作用。

8. 水在奶牛体内的功能及缺水的后果是什么？

第二章　奶牛的饲料资源及其特点

重点提示：本章重点学习目前国际上惯用的和我国现行的饲料编码分类体系；各类饲料的营养特性。

第一节　饲料的分类

饲料是发展畜牧业的物质基础。为了科学合理地利用饲料及便于进行日粮配合，有必要建立现代化的饲料分类体系和饲料数据库。美国学者 Harris(1956)提出了一套饲料分类方法，即按照饲料的营养特性等将饲料分为：粗饲料，青绿饲料，青贮饲料，能量饲料，蛋白质饲料，矿物质饲料，维生素饲料和添加剂饲料等 8 大类，每一类又分为若干亚类，之后又对每类饲料进行相应的编码(6 位数字)，以便于建立电脑化饲料数据管理系统。这一分类体系目前已被多数学者所认同，并已成为许多国家建立本国饲料分类体系的基本模式。

我国现行使用的饲料编码分类体系是在 20 世纪 80 年代初开始建立的，该体系也是按照上述国际惯用的分类原则，将饲料分为 8 大类(表 2-1)，然后结合我国传统饲料分类习惯再分为 16 个亚类(表 2-2)，并对每类饲料进行相应的编码。我国的饲料编码为 7 位数字，首位为分类编码；2～3 位数为亚类编码；4～7 位数为个别饲料属性编码，如玉米的编码为 4-07-0279。

表 2-1　目前国际惯用的饲料分类体系(括号内数字为饲料分类编码)

饲料	高水分饲料 (*DM*＜55%)	青饲料:青绿多汁饲料,草地牧草和树叶等(2) 青贮饲料(3)
	低水分饲料 (*DM*＞80%)	粗饲料(CF≥18%):干草、秸秆、秕壳(1) 能量饲料(CF＜18%,CP＜20%):谷实及其副产品、脱水块根、块茎瓜果类(4) 蛋白质饲料(CF＜18%,CP≥20%):(5) 矿物质饲料:指人工合成或天然的常量、微量矿物质饲料(6) 维生素饲料:指工业合成或提纯的单一或复合维生素(7) 添加剂:指非营养性添加剂(8)

表 2-2　中国现行饲料编码分类

饲料分类(亚类)	小类及其饲料编码(1～3 位编码)	粗纤维(%)	粗蛋白(%)
一、青绿饲料	2-01-0000		
二、树叶类	①鲜树叶 2-02-0000;②风干树叶 1-02-0000	≥18	
三、青贮饲料	①常规青贮料 3-03-0000;②半干青贮料 3-03-0000;③谷实类青贮料 4-03-0000	＜18	＜20
四、块根、块茎、瓜果类	①含天然水分的块根、块茎、瓜果 2-04-0000;②脱水的块根、块茎、瓜果 4-04-0000	＜18	＜20
五、干草	①第一类干草 1-05-0000	≥18	
	②第二类干草 4-05-0000	＜18	＜20
	③第三类干草 5-05-0000	＜18	≥20
六、农副产品	①第一类农副产品 1-06-0000	≥18	
	②第二类农副产品 4-06-0000	＜18	＜20
	③第三类农副产品 5-06-0000	＜18	≥20

续表 2-2

饲料分类（亚类）	小类及其饲料编码(1-3 位编码)	粗纤维（%）	粗蛋白（%）
七、谷实类	4-07-0000	<18	<20
八、糠麸类	①第一类糠麸 4-08-0000	<18	<20
	②第二类糠麸 1-08-0000	≥18	
九、豆类	①第一类豆类 5-09-0000	<18	≥20
	②第二类豆类 4-09-0000	<18	<20
十、饼粕类	①第一类饼粕 5-10-0000	<18	≥20
	②第二类饼粕 1-10-0000	≥18	≥20
	③第三类饼粕 4-10-0000	<18	<20
十一、糟渣类	①第一类糟渣 1-11-0000	≥18	
	②第二类糟渣 4-11-0000	<18	<20
	③第三类糟渣 5-10-0000	<18	≥20
十二、草子、树实	①第一类草子、树实 1-12-0000	≥18	
	②第二类草子、树实 4-12-0000	<18	<20
	③第三类草子、树实 5-12-0000	<18	≥20
十三、动物性饲料	①第一类动物性饲料 5-13-0000		≥20
	②第二类动物性饲料 4-13-0000		<20
	③第三类动物性饲料 6-13-0000		<20
十四、矿物质饲料	6-14-0000		
十五、维生素饲料	7-15-0000		
十六、添加剂及其他	8-16-0000		

第二节　粗　饲　料

粗饲料是指饲料干物质中粗纤维的含量大于或等于18%，并以风干物形式饲喂的一类饲料，由于粗饲料的粗纤维含量高，体积大，难以消化，故其营养价值较低。粗饲料主要包括干草类、农副产品类（农作物的荚、壳、藤、蔓、秸、秧等）、树叶类、糟渣类等。它们的来源广，种类多，产量大，价格低，是草食家畜冬春季节的主要饲料来源。

粗饲料的营养特点是:①粗纤维含量高,有机物的消化率低;②粗蛋白质含量很低;③维生素含量极低;④含钙较多,而含磷低;⑤无氮浸出物含量低,因而有效能值低。

一、干草

干草是指青草或其他青绿饲料植物在未结实以前刈割下来,经天然或人工干燥而制成的粗饲料。由于干草是由青绿植物制成,在干制后仍然保留一定的青绿颜色,故有人又称之为青干草。晒制干草的目的主要是为了保存青饲料的营养成分,解决青饲料缺乏季节尤其是冬春季饲草的供应问题,也是饲料生产的重要内容之一。

干草的营养价值取决于干草的种类、收割时期和干制方法等因素。就原料而言,由豆科植物制成的干草比禾本科干草含有较多的蛋白质,而在能值方面,豆科牧草、禾本科牧草调制的干草没有显著的差别。一般来说,优质干草颜色青绿,有香味,维生素、蛋白质含量较多,可消化粗蛋白质的含量在12%以上,干物质的含量在80%～90%,适口性好,所以奶牛的采食量大,用于喂奶牛可提高乳脂率。

几种干草的营养成分含量见表2-3。

表2-3 几种干草的营养成分含量(干物质基础)

干草名称	干物质(%)	产奶净能(MJ/kg)	奶牛能量单位(NND/kg)	粗蛋白质	粗纤维(%)	钙(%)	磷(%)
苜蓿	87.7	5.86	1.87	20.9	35.9	1.68	0.22
苜蓿	86.1	5.61	1.79	18.4	29.0	2.42	0.29
红三叶	87.0	5.43	1.73	19.6	28.8	1.32	0.33
白三叶	86.8	5.59	1.78	19.5	34.2	1.93	0.27
苕子	90.5	5.99	1.91	21.1	32.9	1.29	0.36
野干草	93.1	4.65	1.48	7.9	28.0	0.66	0.42
羊草	91.6	4.73	1.51	8.1	32.1	0.40	0.20

二、农副产品类

该类粗饲料主要包括秸秆类、荚壳类以及作物的秧蔓等。

(一)秸秆类

秸秆类是农作物收获子实后的茎秆和残存叶片。秸秆可分豆科与禾本科两大类,豆科包括大豆秸、蚕豆秸和豌豆秸等,禾本科包括稻草、玉米秸、小麦秸、谷草等。秸秆类饲料的突出特点是粗纤维含量高,多数在30%～40%,少数可达45%以上,且粗纤维中不易消化的木质素与硅酸盐含量高,故消化率低,牛、羊很少超过50%,消化能一般在6.69～9.20 MJ/kg。蛋白质含量低,一般在3%～9%,可消化粗蛋白质则更少。此类饲料缺乏维生素,尽管它们的灰分含量较高,但钙磷含量很低。部分秸秆的营养成分含量见表2-4。

秸秆类饲料虽然营养价值低,但对草食家畜来说,仍是基础日粮的重要组成部分,草食家畜足够采食时,可满足维持营养需要。同时这类饲料产量大,来源广,价格低,可节约精饲料并换取大量畜产品。这类饲料主要适合饲喂草食家畜,因其具有较大的容积,与草食家畜庞大的消化器官相适应,可起到填充作用,给家畜以饱的感觉。同时可促进胃肠道蠕动,保证消化的正常进行。使用这类饲料时,应注意蛋白质、维生素和矿物质的补充。

(二)荚壳类

荚壳类是指农作物的子实收获脱粒后所剩余的颖壳、荚壳和外皮等。荚壳中常混杂有尘土、异物及成熟程度不等的瘪粒、碎子实等,因而其成分和营养价值差异很大。但总的来说,它们的营养价值一般略高于同一作物的秸秆。

该类饲料中以各种豆荚的饲用价值较高,尤其适合反刍动物利用。稻壳、棉子壳、玉米芯的营养价值低,大麦秕壳带有芒刺,均不宜用做饲料。几种荚壳类的营养成分含量见表2-5。

表 2-4 秸秆的营养成分含量

（黄泽元，1990） %

名称	干物质	粗蛋白质	粗脂肪	粗纤维	无氮浸出物	粗灰分	钙	磷
大豆秸	87.5	4.5	1.3	38.8	37.3	5.0	1.39	0.05
蚕豆秸	86.8	8.4	1.3	36.0	33.6	7.6	—	—
豌豆秸	84.7	7.9	1.5	33.4	36.7	5.5	—	—
豇豆秸	91.2	6.6	1.2	43.7	33.9	5.4	—	—
玉米秸	86.0	5.4	1.4	29.5	43.8	6.0	0.52	0.09
高粱秸	90.1	4.5	1.5	31.1	55.2	7.7	0.20	0.17
稻草	90.5	4.0	1.3	31.8	38.0	15.4	0.19	0.07
小麦秸	87.8	3.2	1.4	38.3	38.6	6.3	0.14	0.07
大麦秸	86.9	3.6	1.7	36.2	39.5	6.0	0.31	0.09
荞麦秸	88.4	4.3	1.0	36.1	38.7	8.3	1.24	0.11
燕麦秸	88.6	3.8	2.1	36.3	39.6	6.8	0.24	0.09

表 2-5 几种荚壳的营养成分含量（干物质基础）

名称	可消化蛋白质(g/kg)	粗纤维(%)	木质素(%)	灰分(%)	钙(%)	磷(%)
大豆荚皮	20.0	33.7	—	9.4	0.99	0.20
大豆皮	76.0	36.1	6.5	4.2	0.59	0.17
豌豆荚	63.0	35.6	0.6	5.3	—	—
燕麦颖壳	13.0	32.2	14.2	6.8	0.16	0.11
大麦皮壳	38.0	23.7	9.3	—	—	—
玉米芯	−8.0	35.5	—	1.8	0.12	0.04
玉米苞皮	2.0	33.0	—	3.6	—	—
粟谷壳	8.0	51.8	—	10.8	—	—
稻谷壳	−3.0	44.5	21.4	19.9	0.09	0.08

第三节　青绿饲料

青绿多汁饲料来源广，营养价值高，多汁柔软，适口性好，消化率高，具有轻泻止渴作用，是家畜的优良饲料，由于含水分较多（70%～95%），每单位重量的养分含量相对地较少。

一、青绿多汁饲料的种类

青绿多汁饲料种类很多，包括天然牧草、人工栽培牧草、叶菜类、树叶、水生植物、块根、块茎及瓜类等。按饲料的分类，该类饲料主要包括饲料中自然水分含量大于60%的青绿多汁饲料。

二、青绿多汁饲料的营养特性

1. 含水量高　陆生植物的水分含量在75%～90%，而水生植物在95%左右。因此，鲜草的热能值较低。陆生植物饲料每千克鲜重的消化能在1.20～2.50 MJ。如以干物质作基础计算，由于粗纤维含量较高（18%～30%），其热能营养价值也较能量饲料低，其能量含量为10 MJ/kg左右，约接近麦麸所含的能值，青饲料含有酶、激素、有机酸，有助于消化。青饲料中有机物质的消化率：反刍动物为75%～85%、马为50%～60%、猪为40%～50%。由于青饲料具有多汁性与柔嫩性，草食动物在牧地可大量采食，牛每天可达50～70 kg。

2. 青饲料蛋白质含量较高　一般豆科青饲料的粗蛋白质在3.2%～4.4%，禾木科牧草和蔬菜类饲料在1.5%～3%。按干物质计算前者可达18%～24%，后者为13%～15%。含赖氨酸较多，可补充谷物饲料中赖氨酸不足。青饲料蛋白质中氨化物（游离氨基酸、酰氨、硝酸盐等）占总氮量的30%～60%，氨化物中游离氨基酸占60%～70%，对单胃动物来说，其蛋白质的营养价值接近纯蛋白质，对反刍动物可由瘤胃微生物利用转化为菌体蛋白质。生长旺盛的植物氨化物含量高，但随着植物生长、纤维素的增加而其含量逐渐减少。

3. 维生素含量丰富　青绿饲料胡萝卜素含量较高，每千克约含 50～80 mg 的胡萝卜素，另外还含有丰富的核黄素、烟酸、B 族维生素和维生素 C、维生素 E、维生素 K 等，但维生素 B_6 很少，缺乏维生素 D。

4. 钙、磷丰富，比例适宜，尤以豆科植物含钙量多，钙磷比例适宜。

5. 粗纤维含量较低　青饲料含粗纤维较少，木质素低，无氮浸出物较高。青饲料干物质中粗纤维不超过 30%，叶菜类不超过 15%，多汁饲料仅占 3%～10%，青饲料中粗纤维的含量随着植物生长期延长而增加，木质素含量也显著地增加。一般来说，植物开花或抽穗之前，粗纤维含量较低。木质素每增加 1%，有机物消化率下降 4.7%。

6. 多汁饲料（块根、块茎、瓜类等）　一般粗蛋白质含量按干物质计算约占 10%。胡萝卜素的含量差异很大，除胡萝卜、南瓜、西葫芦等含量丰富外，其余都很缺乏。维生素 C 较丰富，B 族维生素较少。

三、常用的几类青绿多汁饲料

1. 天然牧草　包括各种野草及野菜，如禾本科的早熟禾、野雀麦、鸡脚草等。豆科的野豌豆、三叶草等，其他如莎草科、菊科、十字花科及蓼科等。野菜如苋科、灰菜以及马齿苋、扫帚菜、荠菜等。

2. 栽培牧草　如苜蓿、紫云英、草木樨、沙打旺、三叶草等。

3. 树叶类　我国早有利用修剪的树叶作饲料的习惯，可供饲用的树种有槐、桑、榆、杨、松、柳等。

4. 叶菜类　包括作物及蔬菜的副产品，如甘薯藤、青玉米、甘蓝外叶、聚合草、猪苋菜等。这类饲料产量高，可结合各地的耕作制度套作轮种，以解决动物的青饲料供应。

5. 水生植物　这类饲料具有生长快、产量高、不占耕地等特点，在我国南方地区利用的较多。这类饲料如浮莲、水葫芦、水花生、浮萍等。

6. 块根类　如胡萝卜、甘薯、饲用甜菜等。胡萝卜是冬季和早春季节各种动物较好的多汁饲料，在日粮中配合这一部分时能较大地提高其营养价值。对幼畜有促进生长的作用，对泌乳的母畜可提高泌乳量，对种畜可保持正常的繁殖力。

7. 块茎类　如马铃薯，含有大量的淀粉，但其含有龙葵精，是一种有毒的苷（茄碱），特别在已发芽的马铃薯中含量很多，饲喂前应切除发芽部分，并经煮熟去掉蒸煮的水后饲喂。

8. 瓜类　如南瓜、西葫芦等都是家畜喜爱采食的多汁饲料，可提高食欲，可提高奶牛的产奶量。

四、影响青饲料营养价值的因素

同一种类的青饲料某些重要成分的含量范围变化很大，说明同一种类饲料本身营养价值有很大差异，甚至有时会超过种类间差异，其主要因素如下：

1. 土壤与肥料的影响　青饲料中一些矿物质的含量在很大程度上受土壤中元素含量与活性的影响。如泥炭土和沼泽土中钙、磷缺乏，干旱的盐碱地植物含钙量就少。有些地区土壤中缺硒和锌，植物中也缺乏硒和锌，由于地区性缺乏某种元素或者过多，都会影响植物中元素的含量，也往往形成地区性的营养缺乏症或中毒症。施肥可以显著地影响植物中各种营养物质的含量，增施氮肥，可提高青饲料中蛋白质的含量，使其生长旺盛，茎叶颜色变得青绿，增加胡萝卜素的含量。

2. 植物的生长阶段　幼嫩的植物含水多，干物质少，蛋白质含量较多，而粗纤维含量较低，所以生长在早期阶段的各种牧草有较高的消化率，其营养价值也高。随着植物生长期的延长，水分含量逐渐减少，干物质中粗蛋白也随着下降，粗纤维含量上升。

3. 植物不同部位的影响　植物不同部位的营养成分差别很大。例如：苜蓿上部茎叶中蛋白质含量高于下部茎叶，而粗纤维含量低于下部，但无论什么部位，茎中蛋白质含量少，粗纤维含量高；叶中则相反。因此，叶占全株比例愈大，则营养价值就愈高。

第四节　青贮饲料

青贮是保存青绿饲料品质的一种良好方法，通过青贮可以保持青绿饲料固有的营养特性，减少青绿饲料中营养物质的损失，并达到长期储存青绿饲料营养品质的目的。因此，它是解决牛对青绿饲料常年均衡供应需要的重要技术措施。目前，在养牛生产上常用的青贮饲料有青贮玉米、青贮番薯藤、青贮黑麦草、青贮大头菜和青贮紫云英等，尤以青贮玉米居多。

一、青贮原理

青贮饲料实质上是通过控制高水分饲料的发酵作用，特别是抑制有害微生物的生长繁殖，防止饲料发生腐败变质，以改变饲料性质的调制过程。青贮饲料因种类的不同，其调制原理也各不相同。

1. 常规青贮　常规青贮主要是利用乳酸菌的发酵作用。在青绿饲料作物上所附着的微生物主要是好氧真菌和细菌，随着青贮的进程而逐渐被厌氧菌及兼性厌氧菌所取代。乳酸菌也是一种兼性厌氧菌，仅少量存在于生长作物的表面，在青贮过程中，乳酸菌快速增殖，将青贮原料中的水溶性碳水化合物发酵而形成有机酸，主要是乳酸。乳酸可降低原料的 pH 值，当 pH 值降至 3.8～4.0

时，各种微生物包括乳酸菌本身的活动全部终止。此时，青贮发酵过程就告完成，已经调制而成含有相当数量乳酸和少量乙酸，以及微量丙酸和丁酸的青贮饲料。

2. 半干青贮　半干青贮是将青贮原料预先风干，使其水分含量降至40%～50%，使植物细胞质的渗透压达到500万～600万Pa，从而可以抑制各种有害微生物的生长。在半干青贮条件下，虽然某些乳酸菌仍能生长和增殖，但其作用已无关紧要。

3. 外加添加剂青贮　当青贮原料中水溶性碳水化合物的含量较低时，如豆科植物青贮的情况，可通过外加添加剂的方法，来保证青贮饲料的品质。常用的青贮添加剂可分为两类：一类是促进乳酸菌发酵的物质，如糖蜜、乳酸菌制剂等；另一类是抑制微生物生长的物质，如甲酸、甲醛等。通过外加添加剂，可以促进乳酸菌的生长和增殖，或使青贮原料的pH值迅速降至3.8～4.0，从而达到调制优质青贮饲料的目的。

4. 谷实青贮　指饲用谷物如玉米、大麦、高粱和燕麦等，在子粒成熟后（水分含量25%～40%），不经干燥即直接储存于密闭的青贮设备中，经乳酸发酵即可制成谷物青贮饲料。

二、青贮饲料的品质鉴定

为确保动物采食到品质优良的青贮饲料，在青贮料饲用前必须进行品质的评定，评定方法主要有：

（一）感官鉴定法

在农牧场或其他现场情况下，一般可采用感官鉴定方法来鉴定青贮料的品质，即通过青贮料的气味、颜色和结构等指标进行评定。

气味：青贮料的气味及评级标准见表2-6。

颜色：品质良好的青贮饲料呈青绿色或黄绿色，近于原色；中等品质的青贮料呈黄褐色或暗绿色；品质低劣的青贮料多为暗色、褐色、墨绿色或黑色，与青贮原料原来的颜色有显著的差异，这种青贮料是不宜饲喂家畜的。

表 2-6 青贮饲料的气味及其评级表

气 味	评定结果	可饲喂的家畜
具有酸香味，略有醇香味，给人以舒适的感觉	品质良好	可饲喂各种家畜
香味极淡或没有，具有强烈的醋酸味	品质中等	除妊娠家畜、幼畜外，可饲喂各种家畜
具有一种特殊的臭味，腐败发霉	品质低劣	不宜饲喂任何家畜，洗涤后也不能饲用

结构：品质良好的青贮料压得非常紧密，但拿在手上又很松散，质地柔软，略带湿润，叶、茎、花瓣能保持原来的状态，并能清楚地分辨出；相反，如果青贮料黏成团，好像一块污泥，或者质地松散、干燥、粗硬，这表示水分过多或过少，不是优质的青贮饲料。发黏、霉烂的青贮饲料不适于饲用。

(二)实验室鉴定法

1. 试液及试剂

青贮料指示剂：A＋B 的混合液。

A 液：溴代麝香草酚蓝 0.1 g＋NaOH(0.05 mol/L)3 mL＋H_2O 250 mL。

B 液：甲基红 0.1 g＋乙醇(95%)60 mL＋H_2O 190 mL

盐酸＋酒精＋乙醚混合液：比重 1.19 的盐酸，95%酒精，乙醚按 1∶3∶1 的体积比混合。

硝酸，3%硝酸银，HCl(1∶3)，10% $BaCl_2$

2. 鉴定方法

(1)青贮饲料酸度测定法。取 400 mL 烧杯，加入半杯青贮料，注入蒸馏水浸没，不断用玻璃棒搅拌，经过 15～20 min 用滤纸过滤，将滤液 2 滴滴于点滴板上，加入指示剂；或将滤液 2 mL 注入试管中，加入 2 滴指示剂。可在 3.6～6.0 范围内表现不同的颜色，并可按三级评分，详见表 2-6。

（2）三级综合评定法　按以上的酸度、气味和颜色三级指标综合评定青贮料的品质，详见表 2-7、表 2-8 和表 2-9。

表 2-7　青贮料 H^+ 浓度评级表

pH 值范围	指示颜色	评定结果
3.8～4.4	红色-紫红色	良好
4.6～5.2	紫色-暗紫蓝色	中等
5.4～6.0	蓝绿色-绿色	低劣

表 2-8　青贮饲料综合评定标准

按示剂的颜色评定			按青贮饲料的气味评定		按青贮饲料的颜色评定	
颜色	pH 值	分数	气味	分数	颜色	分数
红	4.0～4.2	5	水果芳香味，弱酸味，面包味	5	绿色	3
橙红	4.2～4.6	4	微香味，醋酸味，酸黄瓜味	4	黄绿色，褐色	2
橙	4.6～5.3	3	浓脂酸味，丁酸味	2	黑绿色，黑色	1
黄绿	5.3～6.1	2	腐烂味，臭味，浓丁酸味	1		
黄绿	6.1～6.4	1				
绿	6.4～7.2	0				
蓝绿	7.2～7.9	0				

表 2-9 青贮饲料总评定表

青贮饲料评定等级	总评分	青贮饲料评定等级	总评分
最好	11～12	劣质	4～6
良好	9～10	不能用	<3
中等	7～8		

三、青贮饲料的营养特性

1. 青贮过程中的营养损耗　青绿饲料在青贮过程中其营养物质和能量有一定的损耗，其中发酵损耗和氧化损耗可达5%～6%，而田间损耗和汁液流失损耗则随青贮设备和技术不同而异。据研究表明，青贮过程中的营养物质总损耗为8%～27%；其中半干青贮的营养损耗较低，为8%～16%。

2. 青贮饲料的主要营养特性　品质优良的青贮饲料的主要营养品质与其青贮原料相近，主要表现为青贮饲料具有良好的适口性，其反刍动物的采食量、有机物质消化率和有效能值均与青贮原料相似，青贮饲料的维生素含量和能量水平较高，营养品质较好。但是，青贮饲料的氮利用率常低于原料或同源干草。几种青贮饲料的营养成分含量见表2-10。

表 2-10 常用青贮饲料的营养成分（干物质基础）

种类	干物质（%）	产奶净能（MJ/kg）	奶牛能量单位（NND/kg）	粗蛋白质（%）	粗纤维（%）	钙（%）	磷（%）
青贮玉米	29.2	5.03	1.60	5.5	31.5	0.31	0.27
青贮苜蓿	33.7	4.82	1.53	15.7	38.4	1.48	0.30
青贮甘薯藤	33.1	4.48	1.43	6.0	18.4	1.39	0.45
青贮甜菜叶	37.5	5.78	1.84	12.3	19.7	1.04	0.26
青贮胡萝卜	23.6	5.90	1.88	8.9	18.6	1.06	0.13

青贮饲料是草食动物的基础饲料，其喂量一般以不超过日粮的 30%～50%为宜。

四、决定青贮饲料品质的主要因素

青贮饲料的品质优劣主要取决于以下几方面的因素：

(一)青贮技术

青贮技术是决定青贮饲料品质好坏的重要因素。

1. 半干青贮　先将青贮原料的水分预干至 50%或以下再进行青贮效果较好，一般可获得优质的青贮饲料，但在我国南方地区和多雨季节常常难以做到。

2. 加酸青贮　在青贮原料装窖的同时，添加一定量的酸，如甲酸、苯甲酸、丙酸或硫酸等，可使青贮料的 pH 值迅速降至 4.0 以下，而达到抑菌保存的目的。但须注意防止开窖后的二次发酵问题。

3. 混合青贮　将豆科牧草与可溶性碳水化合物含量高的原料，如麸皮、谷物精料等混合后青贮；或将高水分的青绿饲料(如黑麦草)与低水分原料(如秸秆)混合青贮，则可以提高青贮饲料的品质。

4. 加酶青贮　秸秆类饲料如玉米秸秆、稻草等的青贮，原料中的可溶性碳水化合物的含量相对不足，若添加适量纤维素酶制剂，则可以改善秸秆青贮饲料的品质。

(二)青贮原料的质量

原料质量适宜与否，也是决定青贮质量的关键性因素，适宜的青贮原料应具备以下几个条件：

(1)青贮原料应含有相当数量的可溶性碳水化合物，要求在新鲜原料中的含量≥2%。

(2)青贮原料的水分含量不宜过高，以 60%～70%为宜。

(3)原料中的蛋白质含量不能太高。

第五节 能量饲料

能量饲料是指饲料干物质中粗蛋白含量在20%以下，粗纤维含量在18%以下的一类饲料。主要包括谷实类、糠麸类、块根块茎类和饲用油脂类等。这类饲料的突出特点是无氮浸出物含量高，而且其中主要是淀粉，消化率可达90%左右，如玉米的无氮浸出物的消化率达90%以上，因此这类饲料的能量含量很高，这种高能量的特性是这类饲料的突出优点。

但这类饲料的营养缺陷也很多，主要表现为：第一，蛋白质和必需氨基酸含量不足，蛋白能量比过低。按干物质计，能量饲料中蛋白质含量占8.9%～13.5%，这样的蛋白能量比就显得过低，同时某些必需氨基酸含量也不足，特别是赖氨酸和蛋氨酸含量不足，不能满足动物的需要，因此这类饲料饲喂动物特别是单胃动物时，必须与其他质、量均优的蛋白质饲料配合使用；第二，含有一定量的脂肪，一般占干物质的4%～5%，但大部分为不饱和脂肪酸，饲喂动物后特别是用于喂猪，易产生软脂现象；第三，缺少钙，钙磷比不适宜。谷实类饲料中含钙量一般低于0.1%，而磷的含量可达0.31%～0.45%，这样的钙磷比例对任何动物都是不适宜的，而且其中含有的磷有40%～70%的植酸磷，单胃动物对其利用率很差。因此，在应用这类饲料时应注意补充钙、磷。

基于能量饲料所含养分的突出优点和缺点，在饲喂时既要扬其所长，发挥其所含高能量的作用，又要避其所短，补充其所含养分之不足。

一、谷实类

1. 玉米　玉米有许多品种，可分为马牙、硬粒、马牙硬粒、圆柱角质和角质5种类型；按颜色可分为黄色、白色和红色玉米，饲料用玉米以黄色为主。玉米的适口性好,适宜饲喂各种动物。

玉米的营养特点:无氮浸出物含量高(70%～75%),其中82%～90%是易被消化利用的淀粉;粗纤维含量很少(2%左右);因此,它所含的能量浓度最高,在粮食饲料中可列首位,常作为衡量其他能量饲料能量价值的基础。在所有的谷实类饲料中,玉米含亚油酸最高(2%),此外,黄玉米中含有玉米黄素和隐黄素,玉米黄素为胡萝卜素的一种,具有一定的营养作用;隐黄素主要是色素,无营养作用。因此,玉米是一种优质能量饲料,是动物配合饲料的主要原料之一,有人称之为“饲料之王”。

然而,玉米也有很多营养缺陷。一是玉米的粗蛋白质含量低,仅8.6%,而且品质较差,缺乏赖氨酸、蛋氨酸和色氨酸等限制性氨基酸;二是玉米含有较多的脂肪,而且其中多为不饱和脂肪酸(以油酸和亚油酸居多),所以粉碎的玉米易于酸败变质,不宜长久保存。

为确保饲料用玉米的质量,我国国家标准规定:玉米感官性状应子粒整齐、均匀;色泽呈黄色或白色,无发酵、霉变、结块及异味异臭。水分含量一般地区不得超过14.0%,东北、内蒙古、新疆地区不得超过18.0%,分级标准是以粗蛋白、粗纤维、粗灰分百分含量为质量控制指标而分为三级,各项指标含量均以86%干物质为基础计算;三项质量指标必须全部符合相应等级规定,二级为中等质量标准,低于三级者为等外品。详见表2-11。

表2-11 我国饲料用玉米质量标准(GB 10963—89) %

项目	一级	二级	三级
粗蛋白质	≥9.0	≥8.0	≥7.0
粗纤维	<1.5	<2.0	<2.5
粗灰分	<2.3	<2.6	<3.0

2. 高粱　营养价值与玉米相近,一般认为高粱的营养价值为

玉米的95%左右。高粱的淀粉含量与玉米相近，但高粱的淀粉粒受蛋白质覆盖程度较高，可能因此而影响消化率，使高粱的有效能值低于玉米。高粱的蛋白质含量略高于玉米，但因高粱蛋白质与淀粉粒间有非常强的结合键，故较玉米蛋白质的消化率低，高粱也缺乏赖氨酸、蛋氨酸等必需氨基酸。此外，高粱的单宁含量高，不但降低适口性，而且会降低蛋白质及氨基酸的利用率。高粱在动物配合饲料中的用量一般为10%～20%。我国饲料用高粱的质量标准见表2-12。

表2-12 我国饲料用高粱质量标准(GB 10364—89) %

项目	一级	二级	三级
粗蛋白质	≥9.0	≥7.0	≥6.0
粗纤维	<2.0	<2.0	<3.0
粗灰分	<2.0	<2.0	<3.0

玉米和高粱易被黄曲霉菌污染。若在高温下黄曲霉菌能产生大量黄曲霉菌毒素，已知黄曲霉菌毒素具有强烈的致肝癌作用，所以玉米和高粱粉碎后，不宜存放太久，特别是在夏季，应防止霉菌污染，造成人畜中毒。

3. 大麦 大麦有带壳的“皮大麦”(草大麦)和不带壳的“裸大麦”(青稞)两种，通常饲用的大麦系指皮大麦。大麦的粗蛋白质含量高于玉米(11%～14%)，蛋白质品质比玉米好，赖氨酸含量高(0.42%～0.44%)，某些品种的赖氨酸含量比玉米高1倍。皮大麦的蛋白质含量比裸大麦低，而粗纤维含量则高于裸大麦，故皮大麦的能值较裸大麦低。但大麦的增重效果和饲料利用率不如玉米，其饲料价值相当于玉米的90%，故用大麦替代玉米以不超过50%为宜，或在饲料中的用量不超过25%。我国饲料用大麦的质量标准见表2-13。

表 2-13　饲料用皮大麦质量标准(GB 10367—89)　%

项目	一级	二级	三级
粗蛋白质	≥11.0	≥10.0	≥9.0
粗纤维	<5.0	<5.5	<6.0
粗灰分	<3.0	<3.0	<3.0

4. 小麦　小麦的粗蛋白质含量为 11%～16%，高于玉米、高粱和大麦，但蛋白质品质仍较差，缺乏赖氨酸等必需氨基酸；含有较多的 B 族维生素和维生素 E，尤其胚芽富含维生素 E。所含能值低于玉米；含有的矿物质中钙少磷多，且 70%的磷为植酸磷。取代量以 1/3～1/2 为宜。我国饲料用小麦的质量标准见表 2-14。

表 2-14　饲料用皮小麦质量标准(GB 10366—89)　%

项目	一级	二级	三级
粗蛋白质	≥14.0	≥12.0	≥10.0
粗纤维	<2.0	<3.0	<3.5
粗灰分	<2.0	<2.0	<3.0

二、糠麸类

糠麸类饲料是谷实加工的副产品，包括谷实的种皮、糊粉层、胚及部分胚乳，其产品主要有麦麸、米糠、次粉等。由于加工工艺不同，不同的糠麸类饲料所含的种皮、糊粉层、胚及胚乳间的比例不同，营养成分也有较大差别。与原粮成分相比，除淀粉和消化能含量较低外，其他营养成分均相对增多。粗蛋白质、粗纤维、维生素尤其是 B 族维生素及矿物质含量均有所提高。

1. 小麦麸　小麦麸又称麸皮，是小麦制粉工业的副产品，由种皮、糊粉层、胚和少量面粉组成。随加工要求不同，出粉率不同，其营养成分的变化幅度较大。小麦出粉率越高，则麸皮的粗纤维含量越高，营养价值越低。一般而言，小麦麸的粗蛋白质含量可达到

14%～17%，且蛋白质品质比麦粒好，赖氨酸含量高达0.67%，但蛋氨酸含量较低。粗脂肪含量为4.5%，粗纤维含量一般在10%左右，还含有较多的B族维生素，尤其是维生素B_1和维生素B_2的含量很高。

小麦麸含磷高而含钙少，钙磷比例极不平衡(钙磷比为1∶8左右)。小麦麸中磷的含量特高，但其中大部分为植酸磷(占70%以上)，反刍动物可以很好地利用，但单胃动物的利用率很差，应用时要加以注意。

我国饲用小麦麸的质量等级标准要求小麦麸的水分含量不得超过13%，其他质量指标见表2-15。

表2-15 饲料用小麦麸质量标准(GB 10368—89) %

项目	一级	二级	三级
粗蛋白质	≥15.0	≥13.0	≥11.0
粗纤维	<9.0	<10.0	<11.0
粗灰分	<6.0	<6.0	<6.0

2. 稻糠　稻谷的加工副产品称为稻糠，可分为砻糠、米糠和统糠。砻糠是由粉碎的稻壳组成，营养价值极低；米糠是大米精制时产生的种皮、果皮、外胚层和糊粉层的混合物；统糠是米糠与砻糠不同比例的混合物，又分为三七统糠、二八统糠和四六统糠等，营养价值差异很大。在动物生产中应用价值最大的是米糠，米糠的营养价值因大米的精制程度而不同，精制程度越高，胚乳中的物质进入米糠越多，则米糠的营养价值就越高。

米糠又有全脂米糠和脱脂米糠之分，通常说的米糠系指全脂米糠。米糠的营养特点是：粗脂肪含量高(12%～22%)，有的米糠含脂量接近大豆；能量含量高；粗蛋白质含量高达13%，且品质较好，必需氨基酸尤其是赖氨酸含量多；还含有丰富的B族维生素和维生素E；米糠中还含有丰富的磷、铁、锰，但缺少钙，钙少磷多，钙磷比例严重失调,且其中含有的磷大部分为植酸磷;粗纤维含量高达13%。

由于米糠中脂肪的含量高,且其中大部分是不饱和脂肪酸,同时米糠中的色素很容易转移到肉、奶中去,影响产品品质,因而应限制饲喂。另外,由于米糠的粗脂肪含量高,不易储存,尤其是在高温高湿环境条件下,易于氧化、霉变、酸败,所以通常情况下要对其进行脱脂处理。

脱脂后的米糠称为米糠饼(粕),其营养成分主要受脱脂工艺条件的影响而有变化。米糠饼的粗蛋白质含量一般在15%左右,粗脂肪含量大为降低,一般在2%~9%,易于保存。

我国饲料用米糠和米糠饼的质量等级标准要求水分含量应低于13%,其分级标准见表2-16和表2-17。

表2-16 饲料用米糠质量标准(GB 10371—89) %

项目	一级	二级	三级
粗蛋白质	≥13.0	≥12.0	≥11.0
粗纤维	<6.0	<7.0	<8.0
粗灰分	<8.0	<9.0	<10.0

表2-17 饲料用米糠饼(粕)质量标准(GB 10373—89) %

项目	一级	二级	三级
粗蛋白质	≥15.0	≥14.0	≥13.0
粗纤维	<8.0	<10.0	<12.0
粗灰分	<9.0	<10.0	<12.0

三、块根、块茎及瓜果类饲料

块根、块茎及瓜果类饲料主要包括胡萝卜、甘薯、木薯、饲用甜菜、马铃薯、南瓜等,它们之间不仅种类不同,而且化学成分各异,因此，其营养价值差异较大。这类饲料的营养特点是:水分含量高达75%~90%，干物质含量少，因此，单位重量的鲜样中所含的营养成分较低;无氮浸出物含量高，干物质中无氮浸出物的含量为67%~88%，而且是易消化的淀粉，故干物质的能值较高;粗纤维含量较低，一般不超过干物质的10%，且不含木质素;粗蛋白质含量较低，以鲜样计一般为1%~2%，而且其中大多是非蛋白氮;矿物质的含量不一致，缺少钙、磷、钠，钾的含量较高;维生素的含量和种类也差别很大，南瓜中核黄素含量较高，胡萝卜中胡萝卜素含量高达430 mg/kg。此外，该类饲料脆嫩多汁，能刺激食欲，有机物质消化率高，在冬季缺乏青绿饲料的情况下，适当补充对改善日粮的营养成分，提高精料的消化率具有重要作用。

1. 胡萝卜　由于其鲜样中水分含量多，容积大，因此在生产中并不依赖它供给能量。它的主要作用是在冬季饲喂动物时作为多汁饲料以及提供胡萝卜素，是冬季幼畜、种畜的良好补充饲料，适量饲喂可以提高种公畜的精液质量，促进母畜发情排卵，提高产奶量。胡萝卜以生喂效果最好。

2. 甘薯　俗称地瓜等，是我国种植面积最广、产量最大的薯类作物，它的块根富含淀粉，茎叶是良好的青饲料。甘薯的粗蛋白质含量低，无氮浸出物含量较高，缺乏钙、磷，是一种营养价值不完全的饲料。

3. 马铃薯　又称土豆，其茎叶可作青贮料，块茎干物质中80%左右是淀粉，消化利用率高;粗蛋白质和粗脂肪含量都很低;钙多磷少。熟喂可提高其适口性和消化率，生喂不仅消化率降低，而且还会使生长受阻。在同样条件下，熟喂比生喂提高增重30%。饲喂马铃薯时，应与蛋白质饲料、谷实类饲料等混合饲喂效果较好。此外，在马铃薯的芽中含有龙葵素，是一种有毒物质，吃后神经系统和消化系统受到破坏，引起中毒，所以，对于发芽的土豆不能饲喂。

4. 饲用甜菜　饲用甜菜水分含量高，鲜样中消化能的含量低，粗蛋白质的含量低；草酸含量高，影响钙的吸收利用，饲喂时要补充钙。饲用甜菜主要用于喂牛，但喂量不宜过多，尤其是刚收获的甜菜不宜马上投喂，否则易引起下痢。

甜菜渣是制糖工业的副产品，是甜菜块根经过浸泡、压榨提取糖液后的残渣。甜菜渣含钙较丰富，且钙多于磷，多用于饲喂肥育牛。饲喂前要先用 2～3 倍重量的水浸泡，以避免干饲后在消化道内大量吸水而引起膨胀。此外，甜菜渣中含有大量的游离有机酸，常能引起动物腹泻。

四、液体能量饲料

液体能量饲料主要包括糖浆和油脂 2 类，其主要营养成分如下：

1. 糖浆　又称糖蜜，是含糖的废液，它是制糖工业的副产品。饲用糖浆主要有甘蔗糖浆和甜菜糖浆两种，其作用为提高饲料的适口性，减少饲料的粉尘，作为颗粒饲料的黏结剂，提供部分能源，提高反刍动物瘤胃微生物的活性。糖浆用量一般占日粮的 3%左右。为了增加非蛋白氮，改进对反刍动物的饲喂效果，常在糖浆中加入尿素，制成氨化糖浆。

2. 油脂　油脂是能量含量最高的饲料，其能值为淀粉或谷实类饲料的 3 倍左右。配合饲料中使用油脂的主要目的是为提高其能量水平；防止产生粉尘；提高适口性，改善饲料外观；提高颗粒饲料的制粒效果；补充必需脂肪酸如亚油酸等，以调节饱和脂肪酸与不饱和脂肪酸的比值；减轻热应激的损失等。饲用油脂有动物油脂和植物油脂两类。

(1)动物油脂。来源于肉类加工副产品，如切削下来的碎脂肪，屠宰场废弃的肉屑、内脏、不可食屠体、下脚料等。动物油脂总脂肪酸含量在 90%以上，游离脂肪酸 4%～35%，不皂化物 2.5%以下，不溶物 1%以下。熔点在 40℃以上者称为脂，40℃以下者称为油。良好的动物油脂来源于牛脂、猪脂、羊脂和鸡油；劣质油脂来源于鲸和一般鱼油。

(2)植物油脂。是萃取自植物种子或果实的油脂，成分以甘油三酯为主，总脂肪酸含量在 90%以下，不皂化物 2%以下，不溶物 1%以下。除来源和加工技术不同外，其他特性与动物油脂相同。饲用植物油的优劣与原料的品种有关，玉米油、大豆油、花生油、芝麻油和向日葵油的品质优良，而棉子油、椰子油、蓖麻油、菜子油等的质量较差，且含有部分毒素，使用时应加以注意。

第六节　蛋白质饲料

蛋白质饲料是指干物质中粗纤维含量在 18%以下，粗蛋白质含量在 20%以上的饲料。这一类饲料也是动物配合饲料的主要组成部分，又分为植物性蛋白质饲料、动物性蛋白质饲料、单细胞蛋白质饲料和非蛋白氮饲料。

一、植物性蛋白质饲料

(一)豆类子实

绝大多数的豆科子实用做人类的食物，只有在必要的情况下少量用做饲料。它们的共同特点是：蛋白质含量丰富(20%～40%)，无氮浸出物含量较谷实类低(28%～62%)；蛋白质品质好，是植物性蛋白质饲料中较好的，主要表现为植物性蛋白质饲料中最缺的限制性氨基酸之一的赖氨酸含量较高。在脂肪含量方面，大豆含脂量高(19%)，而蚕豆、豌豆等豆科子实含脂量较少(1.4%～1.5%)。由于蛋白质和脂肪含量高，故有效能值高。所含矿物质和维生素类似于谷实类，不过维生素 B_1 和维生素 B_2 的含量较高，钙的含量虽然稍高，但仍然是磷多钙少，比例不适宜。这类饲料主要包括大豆、蚕豆、豌豆、黑豆和秣食豆(饲料豆)等,它们的营养成分见表 2-18。

表 2-18　几种豆类子实的成分及营养价值

饲料	干物质(%)	粗蛋白质(%)	粗脂肪(%)	粗纤维(%)	无氮浸出物(%)	钙(%)	磷(%)	总能量(MJ/kg)	奶牛能量单位(NND/kg)
大豆	88.0	37.0	16.2	5.1	25.1	0.27	0.48	20.55	2.76
蚕豆	88.0	24.9	1.4	7.5	50.9	0.15	0.40	16.45	2.25
豇豆	86.4	18.7	1.4	3.4	59.8	—	0.12	—	—
豌豆	88.0	22.6	1.5	5.9	55.1	0.13	0.39	—	—
黑豆	88.0	36.1	14.5	6.8	29.4	0.24	0.48	—	—
秣食豆	86.3	36.2	16.1	3.8	26.2	—	—	—	—

尽管豆类子实有许多优点,但也有很多缺点,所以在应用时应注意。其主要营养缺陷表现为:

1. 豆类子实含有一些抗营养因子　如大豆中含有抗胰蛋白酶、血细胞凝集素、皂素、促甲状腺肿物质等,它们不仅影响豆类子实的适口性,而且还影响动物的消化率和机体的代谢过程。消除这些抗营养因子常采用加热处理,如焙炒法,但处理温度一定要适宜,温度太低不足以破坏这些抗营养因子,温度过高又会损坏蛋白质,降低蛋白质的消化利用率,尤其是赖氨酸的利用率。蚕豆、豌豆中也都含有一些对神经系统有害的生物碱,如前者含嘧啶核苷,而后者则含有葫芦巴碱,加热处理可使其灭活。

2. 豆类子实蛋氨酸含量较低　因此,在以大豆为主要蛋白源的饲料中应添加蛋氨酸,以提高饲料蛋白质的利用率。

3. 豆类子实植酸含量高　故使用过多会降低饲料中钙、磷、镁、锌等矿物元素的利用率。由于其中的磷大多以植酸磷的形式存在,故有效磷不足。

目前,国内外有增加使用全脂大豆作饲料的趋势。由于全脂大豆粗脂肪含量高，且多属不饱和脂肪酸，在缺乏油脂添加设备的饲料厂中，应用全脂大豆可生产出相当于添加油脂的高能量饲料，在颗粒饲料中可减少油脂的添加量，有利于获得较佳品质的颗粒饲料。但全脂大豆的用量不可过多，一般在配合饲料中的比例不超过30%，而且要使用膨化或熟化全脂大豆。

我国饲料用大豆规定大豆中异色粒不得超过5.0%，秣食豆不得超过1.0%，水分含量不得超过13.0%，熟化全脂大豆脲酶活性不得超过0.4。其分级标准如表2-19所示。

表2-19 饲料用大豆质量标准(GB 10384—89) %

项目	一级	二级	三级
粗蛋白质	≥36.0	≥35.0	≥34.0
粗纤维	<5.0	<5.5	<6.5
粗灰分	<5.0	<5.0	<5.0

(二)饼(粕)类饲料

饼(粕)类饲料是油料子实提取油后的副产品。饼(粕)类饲料的生产方法有两种，即压榨法和溶剂浸提法。一般用压榨法榨油后的副产品称为饼，如各种榨油厂的副产品；用溶剂浸出油后的副产品称为粕，如各种浸出油厂的副产品。由于加工方法不同，饼、粕的营养价值略有差异，“粕”的浸出过程由于无高温处理，故油粕与原料相比除油脂被浸出外，其他成分的性质与原料相似，也存在某些抗营养因子；而压榨法榨油时，由于先进行高温蒸炒，常导致某些蛋白质、氨基酸破坏，特别是赖氨酸、精氨酸损失更为严重，但高温处理也可破坏饼类饲料中存在的抗营养因子。这类饲料主要包括大豆饼(粕)、棉子饼(粕)、花生饼(粕)、菜子饼(粕)、芝麻饼(粕)、向日葵饼(粕)等，它们的共同特点是蛋白质含量高，可达40%左右，且品质较好。粕类比同种饼类的粗蛋白质含量要高一些，而在有效能值方面则与此相反，这是由于残油量多少所致。油料子实机榨提油后，在饼中仍含有较多的残油，高者可达10%，有时用溶剂再次浸提，称复浸。浸提或复浸后的粕中残油很低，只有1%左右。

1. 大豆饼(粕)　大豆饼(粕)是我国最常用的一种主要植物性蛋白质饲料，粗蛋白质含量通常在43%以上，且品质好，必需氨基酸种类齐全，比例合适，特别是赖氨酸含量高。动物对其中粗蛋白质的消化率一般都在80%以上。按干物质计算，大豆粕中粗蛋白质含量在49%，而大豆饼则为47%。

大豆饼(粕)的主要营养缺陷在于：

(1)蛋氨酸的含量较低，为第一限制性氨基酸。因此，如用大豆饼(粕)替代鱼粉应补充蛋氨酸。

(2)热处理不够的大豆饼(粕)中含有抗胰蛋白酶、脲酶、血细胞凝集素、皂素、促甲状腺肿因子等抗营养因子，从而影响动物的消化利用率和生长速度。但这些抗营养因子大都不耐热，经适当加热处理(110℃，3 min)，即可钝化，其有害作用即可消失。

购买大豆饼(粕)时，要注意鉴定生、熟大豆饼(粕)，通常要测定其中的脲酶和抗胰蛋白酶的活性，对于酶活性过高的大豆饼(粕)，则须加热处理。鉴定方法与指标见表2-20。

表2-20　大豆饼(粕)品质测定方法与指标

项目	正常		异常(参考数据)	
	最低	最高	生黄豆	加热过度
水溶氮指数(NSI)	15%	30%	80%～90%	15%以下
维生素 B_1(mg/g)	约2.0	约2.0	10.0	1.0
脲酶活性(pH值增值法)	0.03	0.03	1.75	0.05以下
抗胰蛋白酶(每千克中活性)	约 2.575×10^4	2.575×10^4	9.35×10^4	1.785×10^4

饲料用大豆粕国家标准规定的感官性状为：本品呈浅黄褐色或淡黄色不规则的碎片状，色泽一致，无发酵、霉变、结块、虫蛀及异味异嗅；水分含量不得超过13.0%；不得掺入饲料用大豆粕以

外的物质;若加入抗氧化剂、防霉剂类时应作相应说明。饲料用大豆粕的脲酶活性不得超过0.4。其分级标准见表2-21。

表 2-21 饲料用大豆粕质量标准(GB 10380—89) %

项目	一级	二级	三级
粗蛋白质	≥44.0	≥42.0	≥40.0
粗纤维	<5.0	<6.0	<7.0
粗灰分	<6.0	<7.0	<8.0

饲料用大豆饼国家标准规定的感官性状为:本品呈黄褐色饼状或小片状。色泽新鲜一致,无发酵、霉变、结块、虫蛀及异味异嗅;水分含量不得超过13.0%;夹杂物不得掺入饲料用大豆饼以外的物质,分级标准见表2-22。

表 2-22 饲料用大豆饼质量标准(GB 10379—89) %

项目	一级	二级	三级
粗蛋白质	≥41.0	≥39.0	≥37.0
粗脂肪	<8.0	<8.0	<8.0
粗纤维	<5.0	<6.0	<7.0
粗灰分	<6.0	<7.0	<8.0

2. 棉子饼(粕) 棉子饼(粕)是棉子提取油后的副产品。我国棉子饼资源也极为丰富,产量仅次于大豆饼,也是一项重要的蛋白质资源。棉子饼的粗蛋白质含量一般不超过40%,主要取决于去壳的程度和出油率,去壳彻底、残油量低的棉子饼粗蛋白质含量可高达40%,而带壳多的棉子饼粗蛋白质含量较低,一般在32%~37%。由于棉子饼中含有棉酚等抗营养因子,因而限制了它的利用。

棉子饼的主要营养缺陷表现为:

(1)棉子饼的必需氨基酸含量低,尤其是赖氨酸含量低,且利用率低。

(2)棉子饼含有棉酚,对动物有毒害作用。棉酚有游离棉酚和结合棉酚两种存在形式。游离棉酚毒性强,对动物有害,而结合棉酚主要与蛋白质、氨基酸(如赖氨酸)、脂类(如磷脂)等成分结合,对动物无害;游离棉酚对动物的毒害作用主要表现在对肝、肾、神经及血管的毒性。

(3)棉子饼中含有环丙烯类脂肪酸,这是棉子饼中的又一种抗营养因子,包括棉葵酸、苹婆酸等,其毒性比棉酚还强,是黄曲霉毒素的增效剂,但通常由于棉子饼中环丙烯脂肪酸的含量低,不至于对动物造成太大影响。

(4)棉子饼中含有单宁和植酸。单宁易与消化道中的蛋白质、消化酶结合,降低饲料蛋白质、氨基酸及其他营养物质的利用率;植酸含量高影响钙、磷、镁等矿物元素的利用。

棉子饼的脱毒方法主要有:

(1)培育无腺体棉花新品种,其中棉酚的含量很低或没有,同时其粗蛋白质的含量可达45%,比有腺体棉高很多,赖氨酸和蛋氨酸的利用率均达95%左右。因此,无腺体棉子饼(粕)可直接饲喂。我国20世纪70年代引进该品种,现已推广应用。

(2)加热处理。一般认为100℃下加热1 h,即可使棉酚失去毒性。加热方法是将粉碎好的棉子饼放入锅中,加入3倍的清水煮沸,煮时经常搅拌,煮沸约1 h后捞出,晾干,即可使用。

(3)加碱处理。可用2%的石灰水或1%的NaOH溶液或2.5%的Na_2CO_3溶液,浸泡一昼夜,然后用清水冲洗即可饲用。

(4)硫酸亚铁法。通常是用硫酸亚铁溶液浸泡棉子饼,硫酸亚铁的添加量一般为棉子饼中游离棉酚含量的5倍,浸泡一昼夜即可。该方法成本低,操作简单,去毒彻底,营养物质几乎没有损失,是目前公认的最有效方法。

棉子饼饲喂反刍动物历史悠久,一般不过量或单独饲喂,无毒害作用。对犊牛，其用量可占精料的20%。饲喂奶牛应与谷实类饲料混合，否则会降低奶的质量，而且对奶牛的健康和繁殖有害。对肉牛，可以棉子饼为主要精料，并充分喂给青、粗饲料，再补充些钙等元素，其增重效果良好。

饲料用棉子饼国家标准规定：棉子饼的感官性状应为小瓦片状或饼状，色泽呈新鲜一致的黄褐色；无发酵、霉变、虫蛀及异味异嗅；水分含量不得超过12.0%。其分级标准见表2-23。

表2-23　饲料用棉子饼质量标准(GB 10378—89)　%

项目	一级	二级	三级
粗蛋白质	≥40.0	≥36.0	≥32.0
粗纤维	<10.0	<12.0	<14.0
粗灰分	<6.0	<7.0	<8.0

3.花生饼(粕)　花生饼(粕)是花生提取油后的副产品。目前市售的花生饼(粕)主要有以下几种：一种是花生米加热压榨后的副产品，称花生饼；一种是花生米用溶剂提取油后的副产品，称花生粕；还有一种是带壳花生压榨后的副产品，也称花生饼。第一种含油量略高，粗蛋白质含量略低，一般为45%左右；第二种含油量低而粗蛋白质含量较高(48%～50%)；而带壳花生饼粗蛋白质含量低(26%～28%)，粗纤维含量高(15%以上)，饲用价值低。花生饼(粕)的蛋白质品质不如大豆饼，除精氨酸含量较高外，其他必需氨基酸的含量，如赖氨酸、蛋氨酸的含量均低于大豆饼，因此若用花生饼代替大豆饼，则需补充赖氨酸和蛋氨酸。

花生饼中含维生素B_1较多，但维生素A、维生素D、维生素B_2含量较低；矿物质中钙少磷多，且磷多属植酸磷。去壳和带壳花生饼均可作为牛的蛋白质饲料。

生花生仁和生大豆一样，也含有抗胰蛋白酶因子，因此纯浸提法的花生粕，宜加热处理后饲用。此外，花生饼最易感染黄曲霉菌，产生黄曲霉毒素，对人畜具有强烈毒性，并具有致癌作用，故应注意储存，防止发霉。

国家标准规定花生饼（粕）中黄曲霉毒素的含量不得大于0.05 mg/kg；水分含量不得超过12.0%；感官性状为碎屑状，色泽呈新鲜一致的黄褐色或浅褐色，无发酵、霉变、虫蛀、结块及异味异嗅。其分级标准见表2-24。

表2-24　饲料用花生粕质量标准（GB 10382—89）　%

项目	一级	二级	三级
粗蛋白质	≥51.0	≥42.0	≥37.0
粗纤维	<7.0	<9.0	<11.0
粗灰分	<6.0	<7.0	<8.0

4. 菜子饼（粕）　菜子饼（粕）是油菜子提取油后的副产品。由于油菜的适应性强，产量高，出油率高，在国内外都广泛种植。目前，我国的菜子饼（粕）大部分直接作为肥料使用，用做饲料的仅占很少一部分，这显然是很大的浪费。从营养学角度来看，菜子饼（粕）也是一种优质的蛋白质饲料，粗蛋白质含量一般为35%～38%。导致菜子饼（粕）利用率低的原因主要有两个方面：

(1)菜子饼（粕）的蛋白质品质较差，氨基酸组成不合理，表现为赖氨酸和蛋氨酸的含量较低，蛋白质消化率不高。

(2)菜子饼（粕）中含有抗营养因子，影响了动物的消化吸收和利用，甚至影响机体的健康，导致中毒。这些抗营养因子主要包括单宁、植酸、硫葡萄糖甙、芥子酸、皂甙等。其中，单宁、植酸主要影响饲料的适口性和矿物元素的利用率；而含量较高，影响最大的当数硫葡萄糖苷，但硫葡萄糖苷本身并无毒性，只是在有水的情况下，经芥子酶的作用水解成有毒的异硫氰酸盐、恶唑烷硫酮和腈。异硫氰酸盐是一种挥发性的辛辣物质，严重影响适口性并能破坏消化道的表层黏膜，而恶唑烷硫酮具有促甲状腺肿的作用，能抑制酪氨酸的碘化作用，严重的可使甲状腺分泌失调，动物代谢紊乱，以至中毒死亡；而腈对机体的毒害作用更大，有人把它列为菜子饼(粕)中的生长抑制剂，严重影响动物的生长发育。芥子酸对肠胃有剧烈刺激性，并有强烈的辛辣味，适口性差。目前，恶唑烷硫酮和异硫氰酸盐已被许多国家列为饲料卫生标准的重要指标之一。我国国家标准规定，菜子饼中异硫氰酸盐的含量不得大于4 000 mg/kg。我国菜子饼中异硫氰酸盐的含量，一般在2 000 mg/kg以下，按菜子饼在饲粮中的最大配合量20%计，菜子饼含异硫氰酸盐控制在4 000 mg/kg以下是安全的。

为提高使用效果，避免中毒，生产中一般采用限量饲喂的方法，用量控制在10%以下，并搭配鱼粉、豆饼等优质蛋白质饲料。用量较大时宜作脱毒处理。

菜子饼的脱毒处理方法有：坑埋法、水浸法、加热处理法、氨碱处理法、有机溶剂浸提法、微生物发酵法、硫酸亚铁法等。但这些方法都是在严格控制原料、生产工艺的特定条件下取得的效果，由于成本设备等诸多原因，有关菜子饼的脱毒处理未能在生产实践中推广应用。解决菜子饼的毒性问题，根本途径是培育低毒或无毒的油菜品种，如加拿大已培育出低硫葡萄糖甙(含量2.46 mg/g)和低芥酸(0.15%)的“双低”品种——“托尔”(Tower)，近年又育成了Candle品种，该品种除具有“双低”特性外，粗纤维含量也较低，这便从根本上摆脱了菜子饼(粕)有效能值低、毒害成分很难解决的问题。我国在改进、培育和种植“双低”油菜品种方面也取得了一些成绩，但因其产量低，油菜子售价不高，使推广利用受到限制。

饲料用菜子饼国家标准规定：感官性状为褐色，小瓦片状、片状或饼状，具有菜子油的香味，无发酵、霉变及异味异嗅；水分含量不得超过12.0%。其分级标准见表2-25。

表 2-25 饲料用菜子饼质量标准(GB 10374—89) %

项目	一级	二级	三级
粗蛋白质	≥37.0	≥34.0	≥30.0
粗脂肪	<10.0	<10.0	<10.0
粗纤维	<14.0	<14.0	<14.0
粗灰分	<12.0	<12.0	<12.0

饲料用菜子粕国家标准规定:感官性状为黄色或浅褐色,碎片或粗粉状,具有菜子油的香味,无发酵、霉变及异味异嗅;水分含量不得超过12.0%。其分级标准见表2-26。

表 2-26 饲料用菜子粕质量标准(GB 10375—89) %

项目	一级	二级	三级
粗蛋白质	≥40.0	≥37.0	≥33.0
粗纤维	<14.0	<14.0	<14.0
粗灰分	<8.0	<8.0	<8.0

(三)草粉及叶蛋白类

1. 草粉　我国目前作为蛋白质饲料应用的主要有优质豆科牧草粉,包括苜蓿草粉和白三叶草粉两大类,随茎叶比不同,粗蛋白质含量有一定变化。优质苜蓿草粉粗蛋白质含量可达26%,赖氨酸含量高达0.8%,必需氨基酸组成比较平衡,且含较多的类胡萝卜素、多种矿物元素及未知促生长因子(草汁因子),是各类动物配合饲料的常用原料之一。优质白三叶草粉中粗蛋白质含量可达22%,赖氨酸含量达0.84%,且含较多的胡萝卜素,其营养缺陷是含硫氨基酸及色氨酸含量低。两种草粉共同的营养缺陷是,粗纤维含量较高,并含有一些抗营养因子,如抗胰蛋白酶因子、单宁、生物碱等,故应用时要加以注意。

2. 浓缩叶蛋白　又称维生素-蛋白质胶剂,是从鲜绿植物汁液中提取的一种优质蛋白质补充料。其生产工艺流程是首先将刈割的新鲜优质青饲料粉碎、打浆并榨取汁液，再将汁液中的蛋白质凝集后进行分离，最后将分离后的凝集物干燥，即为叶蛋白饲料。目前，惟一商品化生产的是浓缩苜蓿叶蛋白，其粗蛋白质含量在38%～61%，蛋白质消化率比苜蓿草粉高得多，效果仅次于鱼粉而优于大豆饼(粕)，且蛋白质品质好，赖氨酸、精氨酸、亮氨酸等必需氨基酸的含量较高，含有较多的叶黄素。营养缺陷为蛋氨酸含量低，属第一限制性氨基酸。

(四)糟渣类

糟渣类饲料是酿造、制糖和淀粉加工业的副产品，常见的有玉米蛋白粉、酒糟、豆腐渣、酱渣等。其特点是水分含量高(65%～90%)，蛋白质含量以干物质计算均在20%以上，故归入蛋白质饲料，但蛋白质品质较差，必需氨基酸含量低。

1. 玉米蛋白粉　又称玉米面筋粉，是淀粉加工业的副产品，包括玉米中除淀粉之外的所有其他物质。粗蛋白质含量可达40%～60%，氨基酸组成中含有大量的蛋氨酸、胱氨酸和亮氨酸，但赖氨酸和色氨酸明显不足。黄色玉米蛋白粉含大量的叶黄素和玉米黄素，可作为着色剂。

2. 酒糟　是酿造工业的副产品，包括白酒糟和啤酒糟。酒糟的营养价值因原料和辅料种类、用量不同而有很大变化，干物质中粗蛋白质含量一般在20%～30%；粗纤维含量高；B族维生素的含量较多，可作为B族维生素的良好来源。新鲜的酒糟常含有一定量的酒精，对于妊娠和哺乳母牛以及幼牛一定要限量饲喂，高粱酒糟还含有一定量的单宁，应和青绿饲料混合饲用。

3. 豆腐渣、酱渣及粉渣　这些渣类多数是用豆类子实生产豆制品、酱油、粉丝后剩余的残渣，与原料子实相比，粗蛋白质含量明显降低，但干物质中粗蛋白质含量仍在20%以上。其无氮浸出物含量也比原料低，粗纤维含量明显增加，矿物质略增，维生素缺乏，消化率也比较低。此外，豆腐渣仍含有抗胰蛋白酶等有害物质，饲喂时应煮熟。粉渣由于乳酸菌的作用而有酸味，一般新鲜的不宜存放过久，否则易被霉菌污染变质。酱渣中盐分含量高，用量过大易导致食盐中毒。一般占风干日粮的5%左右。

糟渣类饲料如适量喂给，可获得良好效果。但若用量过大，易引起下痢。

二、动物性蛋白质饲料

动物性蛋白质饲料包括水产副产品和动物副产品等，它们的蛋白质含量较高，氨基酸组成比较全面，是营养价值比较高的一类饲料。

(一)动物性蛋白质饲料的营养特点

动物性蛋白质饲料的营养价值虽因来源不同而异，但其共同的特点是蛋白质含量高，而且品质好，是植物性蛋白质饲料所不能及的。其主要营养特点为：

(1)粗蛋白质含量高，品质好。一般动物性蛋白质饲料中蛋白质的含量都在50%左右，蛋白质的组成特点是氨基酸比较平衡，必需氨基酸齐全，蛋白质的生物学价值高，特别是赖氨酸的含量高。

(2)除乳品外，动物性蛋白质饲料一般含碳水化合物极少，不含粗纤维，消化利用率高。

(3)含有较多的钙磷，且比例合适，利用率高。

(4)B族维生素含量高，特别是核黄素、维生素B_{12}的含量相当高。一般核黄素的含量可达6～50 mg/kg，维生素B_{12}在每千克干物质中的含量为44.0～541.6 μg。此外，还含有包括维生素B_{12}在内的动物蛋白因子，能够促进动物对营养物质的利用。

(5)有效能值高。动物性蛋白质饲料除具以上优点外，仍有不足之处，即蛋氨酸含量略嫌不足，特别是个别饲料如血粉氨基酸很不平衡。这说明在配合日粮时，还需要与其他饲料互相补充使用。

（二）常用的动物性蛋白质饲料

1. 鱼粉　鱼粉系由整鱼或渔业加工废弃物制成。各类鱼粉的营养成分与品质，因鱼的种类、鱼体加工部位（如全鱼或鱼头、鱼骨、鱼内脏、鱼肉比例）、鱼油提取程度、鱼汁加入与否以及加工制造方法和干燥加热温度等的差异而不同。鱼粉生产一般有干法、土法和湿法等三种方法。目前，我国鱼粉生产多用干法生产，其粗蛋白质含量为40%～50%，粗脂肪8%～17%，水分10%，食盐4%，砂分4%以下，这种鱼粉经过高温消毒，符合卫生标准，品质较好；土法生产的鱼粉，粗蛋白质含量多在40%以下，含盐量高达25%左右，一般不经消毒，不符合卫生标准；湿法生产的鱼粉质量最好，一般粗蛋白质含量在60%以上，粗脂肪含量在8%以下，符合卫生标准。进口鱼粉多用湿法生产。

鱼粉是优质的蛋白质饲料，不仅蛋白质含量高，而且各种必需氨基酸如赖氨酸、色氨酸等含量丰富；矿物质中钙、磷含量丰富，是动物钙磷的良好来源；鱼粉中还含有丰富的B族维生素，特别是B_2和B_{12}的含量很多，还含有较多的维生素A、D，并含有未知促生长因子。因此，适当添加鱼粉，可显著提高生产性能，增强抗病能力。一般幼龄动物饲粮中，鱼粉可添加到10%，年龄较大的动物添加量在5%以下。鱼粉的缺点是含有少量组织胺、糜烂素。

国产鱼粉一般质量不够稳定，而且粗脂肪含量高，很易酸败变质，极需在工艺及原料等方面改进。为控制鱼粉的质量，我国颁布了有关鱼粉的质量标准，见表2-27。

由于鱼粉的品质不稳定以及储存期间的品质变化，在实际应用时应注意以下问题：

（1）注意区别优质鱼粉和劣质鱼粉。新鲜鱼粉有烤鱼香味并多见鱼肉丝，而劣质鱼粉鱼骨和鳞片较多，混入鱼溶浆者腥味较重。除应用感官鉴定外，还应测定鱼粉的粗蛋白质含量和纯蛋白质含量。

(2)应注意鉴别鱼粉的掺假。目前,鱼粉的掺假物比较多,主要有以下几种:血粉、羽毛粉、皮革粉、尿素、肉骨粉、木屑、花生壳粉、棉子粕、蹄角粉、粗糠、贝壳粉等,大多是一些价廉而不易消化的物质,可通过感官检查、显微镜检验和化验分析予以鉴别。

表 2-27　我国鱼粉质量标准(GB 13078—91)　　%

项目	一级品	二级品	三级品
颜色	黄棕色	黄褐色	黄褐色
气味	具有鱼粉正常气味,无异臭及焦灼味		
颗粒细度	至少 98%能通过筛孔宽度为 2.80 mm 的标准筛网		
粗蛋白质	≥55	≥50	≥45
粗脂肪	≤10	≤12	≤14
水分	≤12	≤12	≤12
盐分	≤4	≤4	≤5
砂分	≤4	≤4	≤5

注:国产鱼粉不许有非蛋白含氮物,不得有寄生虫及发霉现象,不得有沙门氏菌属和志贺氏菌属,细菌总数少于 200 万/g。

(3)注意鱼粉储存期间的品质变化。①褐变与脂肪氧化:储存不良时,鱼粉表面出现黄褐色油脂,味变涩,难消化,甚至有很强的油臭使动物拒食;②发霉及虫害:高温高湿季节鱼粉易发霉变质,一年四季均可发生虫害;③焦化:鱼粉含磷高,长期运输或储藏,易升温自燃而呈烧焦状态失去使用价值。

2. 鱼溶粉　鱼溶粉系制造鱼粉时所得的鱼黏液,经浓缩干燥而成。其粗蛋白质含量通常在 35%～60%,且含有较多的水溶性维生素和矿物质以及未知促生长因子,是各种动物的良好饲料。

3. 肉骨粉和肉粉　肉骨粉系卫生检验不合格的动物屠体和内脏等经高温高压处理后脱脂干燥而成。肉骨粉的营养价值取决于所用的原料,原料中骨肉比例不同,其制成品的蛋白质含量有明显差异,若原料中骨骼较多,则制成品中蛋白质含量相对较少。一般含骨量大于 10%的称为肉骨粉,低于 10%的称为肉粉。一般肉骨粉的粗蛋白质含量在35%～40%，钙、磷含量高，且比例合适；肉粉的粗蛋白质含量一般为50%～60%。

4. 血粉　血粉是宰杀动物的鲜血，经加热凝固、烘干或浓缩、喷雾干燥而制成的粉状物。血粉的蛋白质含量高达80%以上，但其蛋白质的消化利用率较其他动物性饲料差，主要原因是血粉中的氨基酸含量很不平衡，赖氨酸含量较多，高达7%～8%，比鱼粉高近1倍，而蛋氨酸和异亮氨酸的含量较低，所以其蛋白质的营养价值较低。而且血粉中的血纤维蛋白质不易消化，赖氨酸利用率低。此外，血粉中钙、磷含量很少，而含铁量很高，其铁的含量在1 000 mg/kg左右，是所有饲料中含铁最丰富的。但血粉有腥味，适口性差，饲喂效果也不如鱼粉和肉粉。在日粮中的适宜用量为3%～4%。

5. 水解羽毛粉　水解羽毛粉是禽类的羽毛经清洗、高压水解后再干燥粉碎而制成的一种饲用产品。优质羽毛粉的蛋白质含量很高，通常在80%以上，蛋白质的消化率可达75%以上。羽毛粉蛋白质的主要成分为含双硫键的角蛋白，利用率很低，但通过加热水解可提高其利用率。因此，影响羽毛粉品质的主要因素是水解的程度。过度水解即蒸煮过度，会破坏氨基酸，降低蛋白质品质；水解不足，部分双硫键未被破坏，蛋白质利用率不良。此外，水解羽毛粉的氨基酸组成也很不平衡，含有较多的胱氨酸、精氨酸、甘氨酸和苯丙氨酸，而蛋氨酸、赖氨酸和色氨酸的含量都很少，故其蛋白质的生物学价值较低。

虽然动物性蛋白质饲料具有上述诸多优点，但是，为了彻底切断疯牛病在我国的传播途径，防止疯牛病在我国境内发生，农业部决定，从2001年3月1日起，禁止在反刍动物饲料中添加使用以下动物性饲料：肉骨粉、骨粉、血粉、血浆粉、动物下脚料、动物脂肪、干血浆及其他血液制品、脱水蛋白、蹄粉、角粉、鸡杂碎粉、羽毛粉、油渣、鱼粉骨胶等动物性饲料产品。

三、单细胞蛋白质饲料

单细胞蛋白质饲料是由单细胞有机体获得的蛋白质。一般包括酵母、藻类蛋白、菌类蛋白等。这类饲料蛋白质含量高(30%～70%),品质好,消化率高,同时还含有较多的维生素、矿物质。单细胞蛋白质饲料的生产有以下特点:生产原料丰富,能变废为宝,如各种有机垃圾、酿造业和淀粉加工业的废液、纸浆、糖蜜等都可作为原料;生产设备比较简单,生产周期快,效率高,如在适宜的条件下细菌 0.5～1 h、酵母 1～3 h、微型藻 2～6 h 即可增殖 1 倍。

1. 酵母类　目前,工业化生产的单细胞蛋白质饲料几乎全是酵母,也称干酵母或酵母粉。是以碳源(如糖蜜、纸浆废液、石油等)及氮源(硫酸铵、尿素等)作营养源利用酵母菌培养,经干燥而制得的产品。酵母类营养成分含量高,维生素的含量比鱼粉高 30 倍以上,干物质中蛋白质含量达 50%左右,必需氨基酸含量较高,尤其是赖氨酸含量高,还含有多种酶和激素。

由于培养基不同,一般有啤酒酵母、饲料酵母、石油酵母和海洋酵母之分。啤酒酵母是酿造啤酒后沉淀在桶底的酵母菌生物体经干燥制得,由于混有啤酒花而略带苦味,适口性较差;饲料酵母泛指以糖蜜、味精、酒精、造纸等的废液为培养基生产的酵母菌菌体,外观多呈淡褐色,粗蛋白质含量一般为 40%～60%,与鱼粉相比,蛋氨酸略低;石油酵母是一类以正烷烃、甲醇、乙醇等石油化工产品为基质培养的酵母,石油酵母的生产和使用在国际上尚有争议,因其含有致癌物质 3,4-苯并芘,在有些国家禁止使用,我国尚无此种产品出售;海洋酵母是从海水中分离出的一类圆酵母,由于这类酵母对环境的适应能力强,生产周期短,生产成本低,目前日本已将其应用于水产养殖业。

2. 藻类　常见的为螺旋藻,是蓝藻的一个属,因体内含有 58%～71%的蛋白质及人和动物所必需的多种氨基酸和维生素,而受到人们的重视，并且成为联合国粮农组织向世界各国推广的典型产品。据报道，美国、法国、日本、意大利等国家自1974年起就开始了对螺旋藻的开发研究、综合利用和大规模生产。我国起步较晚，但也已在医药、食品、饲料等行业进行了广泛应用。

四、非蛋白氮饲料

非蛋白氮饲料是指尿素、双缩脲及某些胺盐的统称。它们都是化工合成的简单含氮化合物，不能提供能量。根据反刍动物的瘤胃代谢特点，其营养作用主要是作为瘤胃微生物合成蛋白质的氮源，从而起到补充蛋白质的营养作用，节约蛋白质饲料。

1. 尿素　尿素价格低，含氮量高达46%，每千克尿素相当于2.8 kg的粗蛋白质，或相当于7 kg大豆饼的粗蛋白质含量。试验证明，用适量的尿素取代牛、羊日粮中的蛋白质饲料，不仅降低成本，而且还能提高生产力。

尿素主要用于成年反刍动物，对于瘤胃机能尚未发育完全的犊牛和羔羊不宜补饲。在添加尿素时，必须注意：

(1)供给足够数量的易溶性碳水化合物，为瘤胃微生物提供能源。

(2)日粮中含有一定数量的蛋白质，试验证明，当日粮粗蛋白质含量在11%～12%时，尿素的利用效果最好。

(3)供给适量而又平衡的矿物质，其中包括钙、镁和微量元素钴、锌等。

(4)保证适量维生素特别是维生素A、维生素D的供给。

尿素在瘤胃中降解和释放氨的速度很快，使用不当易引起中毒。为此，在饲喂剂量和方法上要特别注意。对于生长牛，尿素喂量一般占日粮干物质的1%，或占混合精料的2%，但尿素氮的含量以不超过日粮总氮量的25%～30%为宜。饲喂尿素时，其量应由少到多，使瘤胃微生物区系有一段适应的时间。在饲喂方法上应注意，尿素不宜单独饲喂，应与其他饲料合理搭配，以免引起中毒。饲喂方法主要有：调制成尿素溶液喷洒或浸泡粗饲料投喂，或调制成尿素青贮料(0.3%～0.5%)饲喂，或与糖浆制成液体尿素精料投喂，或制成尿素颗粒料，或制成尿素食盐舔砖供牛、羊舔食。

2. 双缩脲　这是尿素的一种缩合物，其最大的优点是在瘤胃中释放氨的速度比较慢，因而不易中毒。但其价格较高，利用率也比尿素低。因此，目前很少单独使用，多与尿素一起，按各种不同比例配合应用。

第七节　矿物质饲料

矿物质饲料是补充动物矿物质需要的饲料。常用的矿物质饲料以补充钙、磷、钠、氯等常量元素为主，常用的微量元素一般是以添加剂的形式补充，有关内容放在添加剂一节中介绍。

一、食盐

植物性饲料中大都含钠和氯较少，而含钾丰富，为了创造生理上的平衡，以植物性饲料为主的动物应补充食盐。食盐可改善口味，刺激唾液分泌，增进动物食欲，具有调味剂的作用。一般精制食盐含氯化钠 99%，粗盐含氯化钠 95%。纯净的食盐含钠 39%，含氯 60%。食盐用量不可过多，否则易发生食盐中毒。牛、羊食盐的用量为占日粮的 0.5%左右。

二、含钙的矿物质饲料

1. 石粉　即石灰石粉，是天然的碳酸钙，是补充钙质营养最经济的矿物质饲料。石粉一般含钙 38%左右。我国国家标准适用于沉淀法制得的饲料级轻质碳酸钙，见表 2-28。

表 2-28 饲料级轻质碳酸钙质量标准(GB 8257—87) %

指标名称	指标	指标名称	指标
碳酸钙(以干基计)	≥98.0	钡盐	≤0.005
碳酸钙(以钙计)	≥39.2	重金属	≤0.003
盐酸不溶物	≥0.2	砷	≤0.000 2
水分	≤1.0		

2. 贝壳粉　为各种贝类的外壳经加工粉碎而成的粉状或颗粒产品,主要成分为碳酸钙,一般产品的含钙量在33%以上。在生产中可等量替代石粉。

3. 蛋壳粉　是蛋壳经干燥、灭菌粉碎而得的产品。本品含钙34%左右,另含有7%的蛋白质及0.09%的磷,为理想的钙源,利用率较高。

三、含磷的矿物质饲料

含磷的矿物质饲料主要有磷酸钙类、磷酸钠类、骨粉及磷矿石等。由于磷的来源相当复杂,利用率和价格也差异很大,为了选购经济有效的磷源,应注意以下事项:成分与标示量或结构式是否相符;不同来源、不同化学形态的磷源有不同的利用率;原料处理工艺影响利用率,一般而言粒度细的(0.3 mm 以下)比粒度粗的(0.5 mm 以上)磷的利用率高;原料中的有害物质,如氟、砷、汞等的含量是否超标。

1. 磷酸钙类　包括磷酸一钙(也称磷酸二氢钙)、磷酸二钙(又称磷酸氢钙)、磷酸三钙(又称磷酸钙)及脱氟磷酸钙等。

磷酸一钙:纯品为白色结晶粉末,含磷量在25%左右。注意氟的含量不可超标。

磷酸二钙:为白色或灰白色粉末,分无水盐和二水盐两种形态,后者的钙、磷利用率较好。本产品磷的含量在16%以上,钙的含量在21%以上,国家标准规定氟的含量不得超过0.18%。

磷酸三钙:为白色粉末,其形态有一水磷酸盐和无水磷酸盐两种。经脱氟处理后,称脱氟磷酸钙,呈灰白色或茶褐色粉末。本产品含磷20%左右,含钙30%左右。

2. 骨粉 骨粉是以家畜的骨骼为原料经蒸汽高压灭菌后再粉碎而制成的产品,是动物钙、磷的良好补充饲料,所含磷的利用率较高。本品一般为黄褐色至灰白色粉末,有肉骨蒸煮过的味道。骨粉的含氟量低,只要消毒彻底,便可安全使用。但因其成分变化大,来源不稳定而且常有异臭影响其利用。目前在国外配合饲料中已较少使用。按其加工方法可分为蒸制骨粉、脱胶骨粉和焙烧骨粉。

蒸制骨粉:是原料骨在高压(2×101.3 kPa)蒸汽条件下加热,除去脂肪和肉屑,使骨骼变脆后干燥粉碎而成的,含磷10%左右。

脱胶骨粉:也称特级蒸制骨粉,制法与蒸制骨粉基本相同,用4个大气压蒸制处理,或利用提出骨胶的骨骼蒸制处理而得。这种骨粉可将骨髓和脂肪除去,呈白色无异臭的粉末,含磷量可达12%。

焙烧骨粉(骨灰):是将骨骼堆放在金属容器内煅烧制成。这是全部利用废弃骨骼的可靠方法,烧透即可灭菌,又易粉碎。

未用加压蒸汽或锅炉煮沸直接粉碎制成的骨粉为生骨粉。该产品品质不稳定,劣质产品有异臭呈灰泥色,往往含有大量致病菌,不宜饲用。掺假骨粉通常混有石粉或贝壳粉,含磷量多在10%以下。

3. 磷酸钠类 常见的有以下几种:

磷酸一钠:也称磷酸二氢钠。本品有无水盐和二水盐两种,均为白色粉末。磷的含量通常在26%左右,钠的含量为20%。

磷酸氢二钠:为白色无味的粉末,一般含磷18%~22%,含钠27%~32%。

第八节　饲料添加剂

饲料添加剂是指为了某些特殊需要向各种配合、混合饲料中人工另行加入的具有各种不同生物活性的特殊物质，它是配合饲料的重要成分。其作用是用以完善饲料的营养性，提高饲料的利用率，促进动物的生长发育和预防疾病，减少饲料在储存期间的营养物质损失以及改进畜产品的质量。

饲料添加剂的种类繁多，性质各异，其分类方法也很不一致。按国内较为常用或习惯的分类方法，可大致分为营养性和非营养性两类。

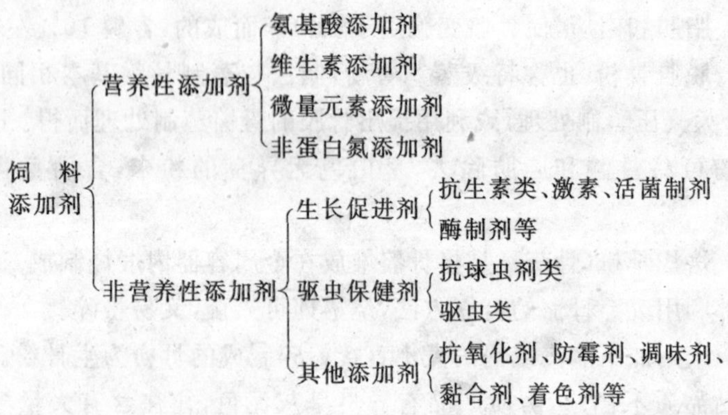

一、维生素添加剂

维生素是维持动物正常生理机能不可缺少的营养物质。动物对维生素的需要量虽然较少，但其作用是非常显著的。在粗放的饲养条件下，动物能采食大量的新鲜饲料，一般不会出现缺乏维生素，但是由于近些年来动物的生产水平大幅度提高及高密度的饲养，对维生素的需求量也急剧增加，再加上动物在集约化、工厂化饲养中基本上脱离了阳光、土壤、青绿饲料等条件，所采食的是经过加工储藏过的饲料，因此会出现维生素缺乏的问题。在这种情况下，动物生产性能的提高，对维生素的需要一般要比正常需要量大一倍左右，因此必须向饲料中添加各种各样的维生素。

近些年来，维生素工业得到了迅速的发展，现已能合成各种维生素，成本也大幅度降低，而饲料用维生素添加剂得以广泛的应用，目前国外已列入饲料添加剂的维生素有15种以上。其中最大的用量是氯化胆碱，再依次是维生素A和维生素E，这三种占饲用维生素总量的90%。动物对维生素的需要量，常以美国的NRC动物饲养标准中的最低需要量来表示，该需要量是在试验条件下以不发生特定的缺乏病为主要依据测定的，在实际生产中，由于严重缺乏某些维生素，而出现的非特异状态。例如，皮肤变粗、生长缓慢、生产水平下降、抗病力减弱等，产生非特异状态的原因是多种多样的，与饲料或饲养中的一些因素相互影响有关。当影响某些维生素吸收利用的因素存在时，就应增加这种维生素的给量，提高给量的幅度，即为安全系数。例如，饲料中添加了抗生素，就会产生对肠道细菌的干扰，减少了维生素的合成，因而添加量要求多些。饲料中蛋白质供给量高时，用于蛋白质代谢的酶量也就要大了，故酶中所含维生素 B_6 的量也要增加。

在饲料工业中，维生素不是按传统作用去治疗某些维生素缺乏症，而是作为饲料中营养的补充剂，增加动物抗病或抗应激反应的能力，或是促进生长提高某些畜产品的产量和质量而添加的。由于动物的品种、年龄、饲养方式和条件、天然饲料中维生素的含量不同，产肉、产奶的生产目的也不同，所设计的维生素配比的适用范围是广些还是专用性强些等因素的制约，不同国家或不同研究单位推荐维生素供给量有各自的特点。维生素添加剂多是采取配制复合添加剂的形式，即将几种维生素配合添加。

在生产中要充分注意，维生素在制剂中的有效含量与配制添加剂的用量之间的关系，还有其亲水性强弱则决定其吸潮结块性能的高低及流散性。另外，要特别注意有金属元素存在时，对维生素A、维生素D等破坏较快。

二、微量元素添加剂

微量元素在动物体内含量虽然很少，但它起着重要的作用。微量元素在体内不能合成，只能由饮水和饲料供给。不同的元素在体内的形态结构不同，不同的形态所起的生化作用也不同。它们对维持动物的健康，促进生长和繁殖，提高畜产品的产量都起着重要的作用。如果动物摄取的各种元素太少会产生缺乏症，但太多也会中毒或产生不平衡，这些都会使畜牧业生产受损，严重时会使动物死亡。集约化饲养和人工配制饲料，使动物与自然界的生态平衡的物质交换关系改变了，因此根据动物的生长需要，在饲料中添加矿物元素是十分必要的。微量元素添加剂所用的原料，是含有微量元素的化合物。我国使用的铜、铁、锰、锌基本是硫酸盐，它们一般含结晶水较高，易造成设备腐蚀，国外则还有其氧化物、氟化物或碳酸盐。碘我们一般用的是碘化钾和碘酸钙，由于刺激性强，国外已多数改用碘酸盐，近几年，国外已从无机矿物盐发展到应用有机酸金属螯合物和氨基酸金属螯合物。如柠檬酸盐、乳酸盐、延胡索酸盐、蛋氨酸、赖氨酸盐等，应用于生产中效果明显提高。

在使用微量元素添加剂原料时，应首先了解微量元素在其常用的化合物中的含量。见表2-29。

不同品种及在不同生长期的动物对微量元素的需求也不同。各国研究机构公布的数值也略有区别。这里主要归纳美国国家科学院研究委员会(NRC)和其食品药物管理局(FDA)公布的数值(见表2-30)。

表 2-29　微量元素化合物中微量元素的含量　%

微量元素	化合物	化学式	微量元素含量
铁	硫酸亚铁	$FeSO_4 \cdot 7H_2O$	Fe—20.1
		$FeSO_4 \cdot H_2O$	Fe—32.9
	碳酸亚铁	$FeCO_3$	Fe—41.7
铜	硫酸铜	$CuSO_4 \cdot 5H_2O$	Cu—25.5
		$CuSO_4 \cdot H_2O$	Cu—38.8
	碳酸铜	$CuCO_3$	Cu—51.4
锌	硫酸锌	$ZnSO_4 \cdot 7H_2O$	Zn—22.72
		$ZnSO_4 \cdot H_2O$	Zn—36.45
	氧化锌	ZnO	Zn—80.30
锰	硫酸锰	$MnSO_4 \cdot 5H_2O$	Mn—22.8
		$MnSO_4 \cdot H_2O$	Mn—32.8
	碳酸锰	$MnCO_3$	Mn—47.8
硒	亚硒酸钠	$NaSeO_3$	Se—45.6
碘	碘化钾	KI	I—76.45
	碘酸钙	$Ca(IO_3)_2$	I—65.1

在饲料中添加微量元素时，不仅要考虑上述的需要量及各元素之间的协同和拮抗作用，还要考查各地区元素的分布特点和所用饲料中各元素的含量。以饲料中添加亚硒酸钠为例，其添加量应是安全的，在我国许多缺硒地区，如果在饲料中加足，其效果很好，而在个别高硒地区，再添加硒会造成中毒。

在配合饲料加工过程中，要特别注意计量、混合等工序，必须严格控制，加强管理，严防因计量失误、配混不匀及严重残留污染造成微量元素过量引起中毒。在选用微量元素的原料时，应选用安全、有害杂质少、利用率高的饲料级原料。不能选用工业级原料，因工业级含重金属高，如果较长时间应用，会造成动物中毒及畜产品的残留量高，危害人的健康。

表 2-30　几种动物微量元素的添加量　　mg/kg

动物种别	铁		铜		锌		锰	
	需要量	最大添加量	需要量	最大添加量	需要量	最大添加量	需要量	最大添加量
猪	50～120	3 000	10～15	250	50～80	1 000	30～50	400
禽	50～80	1 000	4～8	300	50～60	1 000	40～60	1 000
牛	40～60	1 000	5～10	100	50～100	400	40～100	1 000
羊	30～40	500	5～6	15	50～60	300	30～40	1 000

动物种别	硒		碘		钴	
	需要量	最大添加量	需要量	最大添加量	需要量	最大添加量
猪	0.1～0.2	4	0.1～0.2	400	0.1	50
禽	0.1～0.2	4	0.3～0.4	300	—	20
牛	0.1～0.2	3	0.2～0.4	20	0.1～0.2	30
羊	0.1～0.2	2	0.2～0.4	20	0.1～0.2	50

三、生长促进剂

生长促进剂可以提高动物的日增重和饲料利用率、提高动物的生产能力，节省饲料开支。

(一)抗生素添加剂

抗生素添加剂应用的时间长，范围广，争论也很多，这类添加剂的主要作用是抑制病原微生物的繁殖、增进动物的健康；控制与宿主争夺营养成分的微生物；或者促进消化道的吸收能力，提高动物对饲料的利用率，从而提高动物的生产性能。

使用这类药物，引起争议的主要原因有以下几个方面。

(1)这些药物在畜产品中的残留问题。在食品烹调过程中，残留的抗生素不能完全失效，会影响人类的健康。

(2)由于长期使用抗生素，病原微生物产生耐药菌株，不仅增加兽医的困难，更重要的是通过耐药遗传因子的传递，是否会影响人类疾病的防治问题。

(3)这类药物使用时间较长，过去对特殊毒理实验认识不足，对这些药物的致突变和致癌作用需重新评价。为了合理利用抗生素添加剂，防止病菌产生抗药性及畜产品的残留问题应注意以下几点：

①最好选用动物专用的、吸收和残留少的，不产生抗药性的品种。目前国外多采用动物专用的抗生素，其中使用最多的是以杆菌肽为代表的多肽类抗生素。近几年来我国也逐步开始采用。这类抗生素吸收差，几乎不产生抗药性，使用效果好。

再如瘤胃素(莫能菌素)既是牛、羊的生长促进剂，又可用做家禽的防球虫药。

②要严格控制使用量，保证使用效果，防止出现不良作用。抗生素用量过少不起作用，过多亦不好，因此应限量使用，其具体用量应根据所用抗生素的种类、饲喂的对象、应用的目的而定。如用

于防治疾病则用量比用做生长促进剂要高。

如用土霉素等，用于治疗量为 100～200 mg/kg，用于预防量为 50～100 mg/kg，用做生长促进剂则为 10～50 mg/kg。

③大多数抗生素消失时间为 3～6 天，故一般规定在屠宰前 7 天停止添加。

饲料中应用抗生素添加剂的种类，按其化合物结构归纳以下几类：

A. 多肽类：杆菌肽锌、维吉尼亚霉素、恩拉霉素、黏杆菌素、阿伏霉素、硫肽菌素等。

B. 大环内酯类：泰乐菌素、北里霉素、螺旋霉素、竹桃霉素、红霉素等。

C. 四环素类：四环素、土霉素、金霉素等。

D. 聚醚类：莫能霉素（瘤胃素）、盐霉素等。

E. 氨基糖苷类：链霉素、卡那霉素、新霉素等。

F. 磷酸化多糖类：黄霉素等。

G. 青霉素类：青霉素。

H. 其他：阿布拉霉素、卑霉素、喹乙醇、氯霉素、结霉素等。

从抗生素添加剂的发展趋势看，今后将向着专用饲料添加剂诸如多肽类、聚醚类和磷酸化多糖类方向发展。下面介绍几种主要的抗生素添加剂品种。

1. 杆菌肽锌　杆菌肽锌是应用比较广的抗生素添加剂。生产中是在发酵达到杆菌肽锌效价最高时，直接于培养液中加入硫酸锌或氯化锌，以生成杆菌肽锌络合物，再经干燥、粉碎和筛分制取的。其含锌为 2%～12%。杆菌肽锌使用安全，体内不残留，几乎不产生耐药性，与其他药物也不易产生交叉性耐药。它的使用对象广泛，猪、鸡、牛、羊均可。室温下鸡粪中的杆菌肽锌可稳定 3～4 天，猪粪中可稳定 5～6 天，但在堆肥中迅速分解。农作物不吸收杆菌肽锌，因而不会污染环境，由于杆菌肽锌具有高效、低毒和吸收残留量少的优点，各国均批准使用。我国规定的用量：牛在3月龄以内每吨饲料添加10～100 g，3～6月龄为每吨饲料用4～10 g。均无停药期的要求。

2. 盐霉素　盐霉素在1968年从白色链球菌的培养液中获得，具有抗球虫作用，效果显著。在动物消化道中几乎不吸收，故不存在组织残留问题，盐霉素具有促进动物生长和改善日粮利用效率的作用。

（二）活菌制剂

活菌制剂是由一些通过改善肠道菌群平衡而对动物施加有利影响的活微生物添加剂。由于活菌剂是天然产品，相对于合成或发酵产物抗生素有其独特的优越性，因其作用效果好，安全无残留，副作用少等，越来越受到人们的关注和重视。

1. 活菌制剂的种类　按微生物的种类可划分为芽孢杆菌类微生物添加剂、乳酸杆菌类微生物添加剂和酵母类微生物添加剂。美国FDA和饲料控制官员协会，1989年公布的可饲用的安全菌株共43种，但由于饲料的活性微生物产品不多，目前各种活菌制剂按其作用特点可分为分泌乳酸及短链脂肪酸的乳酸杆菌类，如嗜酸乳酸杆菌、发酵乳酸杆菌、乳酸乳杆菌和植物乳酸杆菌等；能产生乳酸，合成维生素的双歧杆菌类，如青春双歧杆菌、动物双歧杆菌等；能为动物提供蛋白质的酵母菌类，如酿酒酵母、石油酵母等；可分泌多量乳酸和短链脂肪酸、类杀菌素等的乳酸类链球菌；在无氧条件下不繁殖的芽孢菌，如蜡样芽孢杆菌、地衣形芽孢杆菌及枯草杆菌等。

2. 活菌制剂的作用

（1）饲用活菌制剂的作用特点是安全无毒、无积蓄残留、无引进潜在致病菌危害，不会带来环境污染等。

（2）维持肠道菌群平衡，预防动物特别是幼畜肠道疾病。使健康动物肠道菌群保持动态平衡，有害菌和致病菌在肠道保持一定比例。饲喂活菌剂后，有益菌在肠道大量增殖，在数量上占优势，而大肠杆菌等有害菌减少。

(3)当活菌制剂以孢子状态进入动物消化道后迅速增殖，消耗肠内大量的氧气，致使致病性需氧菌和嫌氧菌大幅度下降，达到防治疾病和促生长的作用。饲用微生物添加剂进入肠道后，能与有害菌竞争定居部位，抑制病原菌附着到肠细胞上，与病原菌发生竞争性拮抗作用，建立有益的微生物区系。

(4)产生有机酸，降低 pH 值，能抑制大肠杆菌和多种沙门氏杆菌。而且在酸性环境下有利于蛋白质的消化吸收。

(5)减少氨及其他腐败物质的生成，肠内容物、粪便中氨量等减少，从而减少粪便的臭气。

(6)一些饲用微生物在体内可产生各种消化酶，从而提高饲料效率。还有些在动物体内能够合成 B 族维生素和维生素 K，这些营养物质可以加强动物体的营养代谢，促进生长。

(7)产生抗生素类物质，某些乳酸杆菌、链球菌及芽孢杆菌可以产生抗生素，能抑制有害菌的生长。

(8)刺激肠管免疫系统细胞，提高局部免疫功能和抗病力。

3. 活菌制剂的用法　在生产中采用单一菌株作添加剂的很少，一般是由几种菌株组成，其最普通的使用方法是加入饲料内饲喂，因在饲料中具有一定的稳定性。由于活菌制剂的组成千差万别，使用对象和条件各不相同，因此，剂量和浓度也不可能有一个特定限度用量，在应用中应适当高于某一特定值用量，才能产生最佳效果。我国在正式批准生产的活菌剂中，对含菌数量及用量也有规定，规定芽孢杆菌每克含量不少于 5 亿个，治疗量视动物不同，每日喂量为 0.5～6 g，而乳酸杆菌则因制剂不同而有差异，每克含菌数不少于 1 000 万个，每日用 0.1～3 g。粪链球菌，单一菌制剂，每克不少于200亿个，混合菌剂每克含菌数不少于50～100亿个。应用活菌制剂时，应根据其特性、作用方式、功能及所用目的选择不同种类活菌制剂。如乳酸类链球菌(SF-68)乳酸杆菌、双歧杆菌、优格等都能分泌乳酸，有助于饲料的消化吸收，还可以抑杀肠道内大肠杆菌等病原菌；芽孢菌有良好的助消化作用，SF-68菌抗菌力最强。不同饲料类型和营养水平使用活菌制剂效果不同。据报道，营养水平很高的全价配合饲料再添加活菌制剂的效果不如低营养水平使用的效果显著。因此，合理使用活菌制剂的饲粮，应对其营养水平、饲料添加剂的使用品种和使用数量作必要的调整。

(三)酶制剂

酶是动物机体合成的具有特异功能的蛋白质。它的主要功能是催化机体内的生化反应，促进机体的新陈代谢，对促进动物的生长发育有着重要作用。随着生物工程技术的发展，酶制剂的生产方式已由生物提取转向工业发酵，使酶制剂的应用变为现实。

目前使用的酶制剂主要是消化酶，目的是为了促进饲料的消化吸收，主要用于消化机能尚未健全的幼畜，尤其早期断奶的犊牛和仔猪，在其开食料中添加这种酶制剂。作为饲料添加剂使用的酶制剂主要有蛋白酶、纤维素酶、脂肪酶、果胶酶、淀粉酶等单一酶制剂和混合酶制剂，其生产方式大体有三种：一是发酵法提取酶、制取酶类添加剂；二是将培养混合物直接制取酶类饲料添加剂；三是将酵母菌和培养基混合制成酶制剂，后者在我国应用较多。

四、驱虫保健剂

在高密度集约化饲养中，动物的寄生虫病危害很大，一旦发病，传染快，减产以致死亡。造成严重的经济损失。因而预防寄生虫的发生很重要。驱虫药种类很多，但一般毒性较大，只能在发病时作治疗药物短期使用，不能长期添加在饲料中当作添加剂使用。

目前有人把磺胺类、呋喃类及有机砷类驱虫药当做饲料添加剂使用是不当的，因这些驱虫药都有一定的副作用，若长期使用会影响动物的生长，产生耐药性，尤其是这些药物残留在畜产品中，危害人的健康。

1. 抗球虫药

(1)聚醚类抗生素抗球虫剂，主要包括莫能菌素、盐霉素抗杀星菌素，马杜霉素等。其中莫能菌素应用很广，它是广谱抗球虫药。

(2)合成抗球虫药，如球痢灵、氯苯胍、磺胺类、硫胺类等多种。

2. 驱虫类抗生素　主要指驱除消化道内的蠕虫制剂。包括有氨基糖苷类抗生素的越霉素A和潮霉素B。

五、其他添加剂

(一)抗氧化剂

通常用来保护易氧化的成分，其中包括天然的或人工合成的生育酚、卵磷脂以及其他人工合成的产品。抗氧化剂特别用来保护脂肪和油中不饱和脂肪酸、维生素A、胡萝卜素和类胡萝卜素等。目前使用最多的有乙氧喹、二丁基羟基甲苯、丁羟基苯甲醚等。

(二)防霉剂

对于水分含量高的饲料或储藏于高温、高湿条件下的饲料都需加入防霉剂。目前常用的丙酸类防霉剂有3种，即丙酸、丙酸钙、丙酸钠等。丙酸主要用做青贮的防腐败霉变。丙酸盐类没有臭味，饲料添加丙酸盐不影响饲料的适口性，而且没有挥发性，故防霉的持久性比丙酸好。丙酸及其盐类的防霉剂添加量，丙酸在青贮饲料中要求在1%以下，在配合饲料中要求在0.3%以下，实际添加量往往视具体情况而定，如含水多易发霉的饲料应添加防霉剂。其他防霉剂还有山梨醇与山梨酸钾、甲酸与甲酸钠、柠檬酸与柠檬酸钠、富马酸等。

（三）调味剂（诱食剂）

为了增进动物的食欲，或者掩盖饲料中某种不愉快的气味，或者增加某种动物喜爱的气味，在饲料中加入香料、调味、诱食剂，从而提高饲料的效率。

常用的调味剂有天然和合成的两种，主要有香草醛、肉桂醛、茴香醛、丁香醛、果酯等香料，还有谷氨酸钠、糖精等。

（四）流散剂

流散剂又称抗结块剂，它的主要作用是使饲料和添加剂保持较好的流动性，如果饲料形成坚固的块状，则难以在自动控制的饲料加工厂的混合及在输送系统中操作，食盐和尿素最易吸湿和结块，使用流散剂可以调整这些形状，使它们容易流动、散开、不黏着，提高了泻注性。常用的流散剂有天然和合成的硅酸化合物和硬脂酸盐类。如沸石、膨润土、硅藻土、硬脂酸钾、硬脂酸钠、硅酸钙等，其用量为配合饲料的0.5%～2%。

（五）黏合剂

用于颗粒饲料的制作，目的是减少粉尘损失，提高颗粒的牢固程度，便于采食等，可提高饲料报酬，还可防止水质的污染，特别对加油不易结粒的饲料，更要使用黏合剂。常用的黏合剂有木质素磺酸盐、羟甲基纤维素及其钠盐、陶土、聚甲基脲等。还有藻酸钠、聚丙烯酸钠、淀粉以及一些树脂类。

复习思考题

1. 简述现行的饲料分类体系。
2. 说明各类饲料的主要营养特性及其代表性饲料品种。
3. 说明青贮饲料的制作原理。
4. 简述常用饼（粕）类饲料的主要营养特点及其所含的毒素或抗营养因子。

5. 说明饲料添加剂、营养性添加剂、非营养性添加剂和生长促进剂的概念。

6. 简述常用饲料添加剂的主要种类和营养生理功能。

第三章　奶牛饲料的生产、加工调制技术

重点提示：本章重点学习几种主要的优良青绿多汁饲料的生产技术、利用时应注意的问题；秸秆饲料的加工调制技术；青贮饲料的制作与利用技术；青干草的调制技术；精饲料加工技术；工业副产品的加工和利用方法及奶牛饲料的储藏技术。

第一节　青绿多汁饲料生产技术

一、几种主要的优良青绿多汁饲料的生产、利用

(一)苜蓿

苜蓿是我国栽培时间较长，面积较广的一种优良牧草，它是多年生豆科植物，可连续利用3～5年，在通常种植的青饲料作物中，苜蓿的饲喂价值最好，产量也较高。以干物质计算，开花初期的苜蓿含粗蛋白质21.12%左右，可消化粗蛋白质为13.9%，粗脂肪4.34%左右，无氮浸出物35.83%左右。苜蓿的叶子营养价值高于茎1～2倍，粗蛋白含量叶比茎高1～1.5倍，而粗纤维含量低1.5倍以上，因此叶多茎少的苜蓿质量好。苜蓿含多种维生素和矿物质，钙、钾的含量也较高，组成较合理，赖氨酸含量达1.34%，比大麦、玉米等谷物含量都高，胡萝卜素、维生素B_1、维生素B_2、维生素A、维生素D、维生素E、维生素K、维生素B_{12}的含量都比较丰富，用它饲喂家畜效果都很好，各种家畜都喜欢采食。用苜蓿喂奶牛，既可保证牛奶产量，又可节约精料，每日可喂给鲜苜蓿10～15 kg。

苜蓿生长需良好的土壤，土壤 pH 值接近碱性，需大量雨水，如有灌溉条件的地，可增加收割次数，提高产量。苜蓿收割的时间是很重要的，既要保证质量又要保证高产，人们通常收割都在现蕾期、开花初期及盛花期进行，此时收割营养价值较高，而其产量是随着生长发育逐渐减少，粗蛋白质的含量正好相反，是生长前期含量高，以后随着粗纤维的增加逐渐减少。苜蓿每年可收割 4～5 次。苜蓿的利用大多是割后青饲，也可晒制成干草，粉碎成干草粉，加工成全价料或颗粒料，也有的同禾本科草或青玉米混合青贮，但不宜单独青贮，因其粗蛋白含量高，碳水化合物少，容易腐烂发臭。

(二)草木樨

草木樨是一种两年生的优良豆科牧草，它具有抗逆性强，耐低温，抗干旱，耐瘠薄，生长快，产量高，利用价值高等优点，以干物质为基础，其营养成分的含量：粗蛋白 17.51%，粗脂肪 3.17%，无氮浸出物 34.55%，它也是奶牛的一种较好青饲料。

草木樨的利用应掌握好时间，当其长到 50～70 cm 时，就可开始收割利用，应尽量在现蕾开花前收割。开花后茎秆迅速木质化，质量降低，收割时留茬 15 cm 左右，以利再生。草木樨是牛、羊、兔等动物的好饲料，可以放牧、青饲，制成干草粉或青贮后饲喂。草木樨含有特殊气味的香豆素，适口性差，开始饲喂时牲畜不爱吃，经过一段时间后也就适应了。香豆素在开花结实时含量最多，幼嫩时及晒干后含量少，气味较轻，因此应尽量在幼嫩时或晒干后饲喂，以提高适口性和利用率。发霉和腐败的草木樨中香豆素就会变成抗凝血素，家畜吃到这种牧草时，如果遇到伤口，血液不易凝固，常常引起出血死亡，尤以小牛突出。因此，要特别注意。草木樨的种子含粗蛋白质 76.35%，是各种家畜良好的精料。

(三)沙打旺

沙打旺是多年生豆科黄芪属植物，播种一次可以生长 4～5 年，从第二年起可刈割 2～3 茬，产量较高，每公顷 15 000～

45 000 kg,适应性较强。沙打旺营养丰富,其鲜草中含粗蛋白质4.85%,粗脂肪1.89%,无氮浸出物15.20%。由此可见,沙打旺粗蛋白质含量高。其氨基酸组成与苜蓿相似,是一种营养价值较高的牧草。沙打旺为低毒黄芪属植物,所含毒素主要为有机硝基化合物,有苦味、适口性不如苜蓿,但家畜习惯后均喜食。最好不要单喂,要与其他饲料一起喂,可青饲、放牧,饲喂牛、羊,亦可调制干草或晒制草粉,沙打旺可以与青刈玉米或禾本科草混合青贮。沙打旺老化后茎秆粗硬,品质低劣,适口性下降,刈割应不迟于现蕾期。

(四)聚合草

聚合草是紫草科多年生草本植物。鲜草含蛋白质3.4%~4.9%,晒干后约含22.5%,纤维素含量极低,鲜草含纤维1.2%,干草粉含9.14%,赖氨酸含0.96%左右,并具有多种维生素,每千克鲜草含胡萝卜素1.7 mg,烟酸50 mg,维生素B_1 50 mg,维生素B_{12}10 mg,泛酸42 mg,维生素E 300 mg。它是奶牛的一种高产优质饲料,切碎或打浆后与其他精料合理搭配生喂效果较好。

聚合草与紫花苜蓿相比,其含水量较高,因而鲜草中的营养成分含量比紫花苜蓿低,但其干物质中粗蛋白质和其他营养成分相当于紫花苜蓿,粗纤维含量比紫花苜蓿低得多。

聚合草是一种适应性很强的植物,具有耐盐碱和耐阴的特点,在闲散地或与其他作物套种均可,易于繁殖,每年可多次收割,产量很高,每公顷产量可高达22~30万kg。在集约化饲养条件下,饲喂奶牛存在配合饲料上的困难,但对于农户养殖来说,将聚合草切碎后与精料混合饲喂,适口性好,饲用价值高,可提高经济效益。开花期的聚合草可以单独制作优质青贮料,也可以与其他禾本科青饲料混合青贮。聚合草的纤维素含量变化很大,因此质量在鲜嫩与老化间差别很大,而且还含有尿囊素的不利因素。

(五)苦荬菜和猪苋菜

这两种青饲料在我国种植广泛,是高产优质的青饲料,含有丰富的蛋白质和维生素，柔嫩多汁，对各种动物的适口性都特别好，对繁殖性能有益。

（六）树叶类

我国林业青绿饲料资源相当丰富，全国树叶产量约有 3 亿 t，目前用做饲料的仅占可利用量的 1%，如果开发利用树叶青绿饲料资源，也是解决饲料供应的一个重要途径，可以作为饲料的树叶种类很多，在养殖业中常用的有槐树、桑树、杨柳树、银合欢树、榆树、泡桐树等。

树叶若适时采集，其营养价值较高，特别是粗蛋白质含量较高，如槐树叶，按干物质计，其粗蛋白质含量为 29.3%，钙含量也很高，含 0.97%～1.23%。但是树叶饲料的营养价值由于季节不同而有差异。在春季时，叶中蛋白含量高，夏季逐渐降低；相反，粗脂肪和粗纤维含量则渐增，无氮浸出物变化不太显著，总的看来以春季的质量较好，但水分含量较高，干物质较少，消化能含量较少。树叶通常用其叶粉较多，把它加在配合饲料或颗粒中饲喂奶牛。

（七）青刈玉米

青刈玉米在我国北方地区用做家畜的优良青饲料，它是优质的青贮原料，在奶牛日粮中十分重要。青刈玉米无氮浸出物含量较高，但赖氨酸、蛋氨酸含量不足。青刈玉米柔嫩多汁，适口性好，且粗蛋白和粗纤维的消化率较高，是喂牛的好饲料。青刈玉米一般作青贮饲料的较多。青刈玉米的主要收获期一般是在营养物质总产量最高又适于青贮时收获。实验证明，以乳熟期到蜡熟期收割最好，此期无论是产量还是作专门生产青贮玉米的地，由于气候和轮作倒茬的原因，常常是在抽穗期到乳熟期收割。提早收割粗纤维含量低，可消化粗蛋白较高，但收获量减少了。因此，可根据实际需要适当调整收获期。

（八）甘薯

甘薯是一种高产的粮食作物，也是一种高产的饲料作物，在我国栽培比较广泛。甘薯块根是营养价值很高的饲料,鲜甘薯粗蛋白含量为1.8%,粗脂肪为0.6%,无氮浸出物为26.4%,粗纤维为1.3%。甘薯秧也是很好的青饲料,鲜秧其粗蛋白含量为1.4%,粗脂肪为0.4%,无氮浸出物为5%,粗纤维为3.3%,每千克干物质中含胡萝卜素158.2 mg。作为饲料用的甘薯块根,可以切碎鲜喂,如数量较大需保存利用时,一般是切片晒干,粉碎作精料,也可切碎后青贮,还可保存较多的营养成分和维生素,青贮时可以均匀加入5%~10%的麸皮,以吸收多余的水分。甘薯的茎叶适口性很好,无论猪、鸡、牛,各种动物都喜欢采食,切碎后鲜喂。在收获薯块的同时,可以收到大量的薯秧,一般多晒干粉碎作粗饲料用。在晒干过程中,营养损失很大,为了减少损失,甘薯秧以青贮保存利用最好,并尽量在初霜降临前收割。因甘薯叶中的成分比茎高的多,霜后收获和晒干则会损失一半以上的叶片,其营养价值大大降低。

二、利用青绿多汁饲料时应注意的问题

(一)在反刍动物日粮中的用量

青绿多汁饲料作为动物的优良饲料,在动物日粮中的用量受动物种类的限制,反刍动物可以大量利用。对反刍动物而言,青饲料可以作为惟一的饲料来源而并不影响其生产力(对高产奶牛例外)。

(二)防止亚硝酸盐、氢氰酸和氟化物中毒

在青饲料中,蔬菜、饲用甜菜、萝卜叶、芥菜叶、油菜叶中都含有硝酸盐,硝酸盐本身无毒或毒性很低,但在细菌作用下,引起硝酸盐还原为亚硝酸盐时才具有毒性。青绿饲料堆放时间长,发霉腐败或者在锅里加热或蒸煮后闷在锅里等,都会促使细菌将硝酸盐还原为亚硝酸盐。亚硝酸盐中毒发病很快,多在1天内死亡,重者在半小时内就能死亡。发病症状表现为动物不安,腹痛,呕吐,流涎,吐白沫,呼吸困难,心跳加快,全身振颤,行走摇晃,后肢麻痹,

体温无变化或偏低，血流呈酱油色，治疗可用1%美蓝溶液或用甲苯胺蓝药物，还可用维生素C加到5%～10%葡萄糖注射液中注射。

氰化物是剧毒物质，即使在饲料中含量很低也会造成中毒。在青饲料中一般不含氢氰酸，但在高粱苗、玉米苗、马铃薯幼苗、木薯、三叶草、南瓜叶、亚麻叶、蓖麻子饼等中含有氰苷配糖体，含氰苷的饲料经过堆放发霉或霜冻枯萎，在植物体内特殊酶的作用下，氰苷被水解而形成氢氰酸。含氰苷的饲料进入反刍动物的瘤胃，在微生物的作用下，可分解成氢氰酸。玉米、高粱收割后的再生苗，经霜冻后危害更大。氢氰酸中毒后的主要症状为腹痛或腹胀，呼吸快而困难，呼出气体有苦味，黏膜由红变白或带紫色，肌肉痉挛、牙关禁闭、瞳孔放大、行走站立不稳，最后卧地不起、四肢划动，呼吸麻痹死亡。治疗可用1%亚硝酸钠溶液或用1%～2%美蓝溶液注射。在生产中经常会发生亚硝酸盐和氰化物中毒，必须注意。

(三)防止农药中毒

牧草、蔬菜等喷过农药后以及青绿饲料临近植物喷过农药后，不能用做饲料，等下过雨或隔1个月后再割草利用，以防引起农药中毒。

第二节　秸秆饲料的加工调制技术

一、秸秆饲料化的意义及限制因素

(一)秸秆饲料化的意义

作物秸秆是世界上数量最多的一种农业生产副产品，如何利用好光合作用形成的这部分人类不能直接利用的有机物质(植物性收获)，具有很重要的经济意义。秸秆一般被人们用做燃料、肥料、饲料、褥草、造纸原料、建筑材料、培养食用菌的原料及编织材料等。但在世界上许多地区，每年仍有大量的秸秆作为废物就地焚烧。我国近年来随着粮食的增产，秸秆产量也明显增加，许多地方将其付之一炬，烟雾弥漫，污染环境，影响交通，甚至酿成火灾。秸秆经过加工处理后饲喂草食家畜，尤其反刍动物，可以把秸秆所含的营养物质更有效地转化为肉、奶等畜产品，秸秆“过腹还田”，又可增加肥效，改良土壤结构，提高农业生产，变恶性循环为良性循环。可见，秸秆饲料化有助于加强农牧结合，有效地节约专用饲料地或草地面积，减少畜牧业对粮食的依赖。这对于我们这样一个人均耕地少的国家来说，秸秆饲料化对于改善膳食结构意义更为重大。

（二）实现秸秆饲料化的限制性因素

作物秸秆的总能含量与干草相似，但其营养价值只相当于干草的一半，或谷物的1/4。影响秸秆饲料化的主要因素是它的木质素含量高、蛋白质含量低，所以消化率和适口性都差，即饲用价值低。

1. 木质素含量高　秸秆是纤维性物质，粗纤维是秸秆有机物含量最高的一种成分，而木质素又占有相当的比例。所以秸秆的多糖含量尽管与牧草相近，但由于木质化程度较高，其消化率却低得多。

粗纤维主要包括纤维素、半纤维素和木质素。纤维素和半纤素均属多糖，其中纤维素是高分子量的葡聚糖，半纤维素主要是木聚糖，它们可以在瘤胃的纤维素消化菌所分泌的酶的作用下分解成单糖，进而被微生物酵解成挥发性脂肪酸，然后被反刍动物用作能源，或作为合成乳脂肪和乳糖的原料，但是在秸秆粗纤维中，纤维素和半纤维素与木质素紧密地结合在一起。木质素是结构牢固的酚聚物，不受微生物所分解。当秸秆进入瘤胃后，迅速群集附着上去的瘤胃微生物可酶解暴露在秸秆表层的一部分多糖，同时，留下来的木质素也就开始在秸秆细胞壁的表面形成一个保护层，使深层的多糖不能继续被瘤胃微生物所利用。另外，木质素对纤维素消化菌具有抑制作用。

2. 粗蛋白质含量低　一般来说，反刍动物饲料的粗蛋白质含量应不低于8%，且须有较高的生物学价值，但是，各种秸秆类饲料的蛋白质含量均很低，一般为3%左右，且生物学价值又很低，所以不能为瘤胃微生物的生长和繁殖提供充分的氮源，瘤胃微生物生长和繁殖受阻，秸秆有机物的消化、利用必然受到影响，故消化和利用率低。

3. 矿物质含量也不合适　秸秆的矿物质含量是比较高的，但这些矿物质中大量的是硅酸盐，不仅对家畜没有营养价值，反而对钙的吸收利用不利，容易引起钙的负平衡。如稻草的含硅量很高，硅跟纤维素和半纤维素结合在一起，是导致秸秆消化率低的又一因素。

二、秸秆的加工调制与利用

秸秆作为一种粗饲料，确有其不利的一面，但通过科学合理的加工调制，完全可以成为反刍家畜的好饲料。研究表明，秸秆通过加工调制，可以改变原来的体积和理化性质，提高适口性，增加牛羊的采食量，减少浪费，同时还可改变和增加某些营养成分，缩小或消除秸秆饲料化的限制因素，为瘤胃微生物的生长繁殖创造了适宜的条件，从而提高了秸秆的营养价值和消化利用率。秸秆类饲料的加工调制方法有物理处理法、化学处理法和生物处理法。饲料青贮技术实质上是生物处理法之列（微生物发酵），但因其处理的秸秆和其他方法处理的秸秆在收刈时间上有严格的不同，故不列本节之内。

（一）物理处理法

把秸秆切短、撕裂或粉碎、浸湿或蒸煮软化等，都是我们熟知的秸秆处理方法。这些方法在我国广大农村早已被证明是行之有效的。近年来，随着科学技术水平的提高，秸秆压粒成型、秸秆热喷技术及秸秆揉搓机相继问世，这使传统的秸秆物理处理法有了新的内涵。

1. 秸秆切短、粉碎及软化　将秸秆切短、粉碎及软化，以增加与瘤胃微生物的接触面，这样的处理可提高秸秆的采食量和通过瘤胃的速度，但其消化率并不能得到改进。

(1)切短　实践证明，如果未经切短的秸秆家畜只能采食70%～80%的话，那么，切短的秸秆，几乎全部可以被吃尽。秸秆切短的程度要适宜，过长作用不大，过细也不利咀嚼与反刍，加工所花费的劳力也多。一般牛以 3～4 cm 为宜(马、骡 2～3 cm，羊1.5～2.5 cm)。如果将切短的多种秸秆混合饲喂，则可起到营养互补作用，效果比单独饲喂要好；如果将禾本科秸秆与豆科秸秆或青贮饲料混合，再适当补充精料并添加食盐喂牛，效果会更理想。

(2)粉碎　牛所用的秸秆饲料一般不粉碎，但有一些研究证实，在肉牛日粮中适当混合一些秸秆粉，可以提高采食量，采食增加的部分所含的能量可以补偿秸秆本身所含能量之不足，而有利于肉牛的肥育。

(3)软化　常用的软化法有浸湿软化和蒸煮软化两种。用食盐水将秸秆浸湿软化，并用少量精料进行拌和调味，可使家畜对秸秆类粗饲料食入量提高 1～2 kg。如果将秸秆浸湿软化后与块根类饲料按 1∶2 的比例调配成混合饲料，奶牛每昼夜的食入量可达5 kg。如果奶牛能在 100 min 内分 3～5 次吃完 3.2 kg 未经加工调制的秸秆，那么，掺有少量精料的 5 kg 软化秸秆可以分两次在88 min 内吃完。而 5.3 kg 的软化秸秆和芜菁混合料，牛在 59 min内一次就可吃完。因此，秸秆浸湿软化和拌入少量精料或块根、块茎类饲料，不仅可以增加牛的采食量，而且可明显加快采食速度。秸秆蒸煮软化，可以使秸秆的适口性得到改善，如果添加某些物质，则可以提高它的消化率。如加入尿素，可以将纤维素的消化率提高 10%；添加玉米面，可将纤维素的消化率由 43%提高到 54%。这是因为瘤胃纤维素细菌的营养条件得到改善的缘故。

2. 秸秆粉碎后压制成颗粒　由于牛不喜欢采食秸秆类粗饲料，但就形态而言，牛最喜欢采食颗粒饲料，故将秸秆粉碎后压制成颗粒饲料，可以有效提高牛对秸秆类粗饲料的采食量。其颗粒直径以 6～8 mm 为宜。

3. 秸秆揉搓处理　用铡草机将秸秆切断后直接喂牛，吃净率只有 70%，浪费很大，如果使用揉搓机将秸秆揉搓成柔软的丝条状后直接喂牛，则吃净率可提高到 90%以上。如果经揉搓处理后再进行氨化，不仅氨化效果好，而且可进一步提高吃净率。秸秆揉搓机的工作原理是将物料送进喂入槽，在锤片及空气流的作用下，进入揉搓室，受到锤片、定刀、斜龄板及抛送叶片的综合作用，把物料切断，揉搓成丝条状，经出料口送出机外。

4. 秸秆热喷处理　饲料热喷技术是内蒙古畜牧科学院经过 7 年的时间研制成功的。其原理是利用热喷效应，使饲料木质素熔化，纤维结晶度降低，饲料颗粒变小，消化总面积增加，从而达到提高家畜采食和消化吸收率以及由于高温高压而杀虫、灭菌的目的。用这项技术对秸秆、秕壳、劣质蒿草、灌木、林木副产品等粗饲料进行热喷处理，使全株采食率由 0%～50%提高到 95%以上，消化率提高到 50%，两项叠加可使全株利用率提高 2～3 倍。结合“氨化”对粗精饲料进行迅速的热喷处理，可将氨、尿素、氯化氨、碳酸氢铵、磷酸铵等多种工业氮源安全地用于牛、羊等反刍家畜的饲料中，使粗饲料及精饲料的粗蛋白质水平成倍提高。另外，饲料热喷技术还具有对菜子饼、棉子饼、生大豆等含毒素的原料进行热去毒的作用，从而使这些高蛋白饲料得到充分利用。由此可见，推广应用饲料热喷技术，对开发农区秸秆资源，缓解饲料紧缺，促进秸秆畜牧业发展，必将产生较高的社会经济效益。

(二)化学处理法

物理处理粗饲料,一般只能改变粗饲料的物理性质,对于粗饲料营养价值的提高作用不大,而化学处理法则有一定的作用。用碱性化合物如氢氧化钠、石灰、氨及尿素等处理秸秆可以打开纤维素、半纤维素与木质素之间的对碱不稳定的酯键,溶解半纤维素和一部分木质素及硅,使纤维素膨胀,暴露出其超微结构,从而便于微生物所产生的消化酶与之接触,有利于纤维素的消化。强碱,如氢氧化钠,可以使多达50%的木质素水解。化学处理不仅可以提高秸秆的消化率,而且能够改进适口性,增加采食量。这也是目前研究最多,在生产中较实用的一种途径。

1. 氢氧化钠处理

(1)湿式处理法。其基本做法是把秸秆在8倍于其重量的1.5%氢氧化钠溶液中浸泡一昼夜,然后再用大量的清水漂洗,去除余碱,这样便可使秸秆的消化率提高24%,并使其净能达到优质干草的水平,适口性增强,采食量提高。但这种方法存在着费劳力、漂洗过程中干物质损失较多,以及洗碱造成河水污染等缺点,因而未能普及。

(2)干式碱化法。1964年,Wilson提出了干式碱化法,即改用氢氧化钠溶液喷洒,每100 kg碎秸秆用30 kg 1.5%的氢氧化钠溶液喷,边喷边拌。处理后的秸秆可以堆存在仓库或窖里,也可以压制成颗粒饲料,其pH值虽然升到11,但喂前不需要清洗,秸秆的消化率一般可提高12%~15%,因而应用较广,目前虽无报道这种碱化秸秆对家畜有害,但因家畜饲用这种饲料后,饮水排尿增多,钠排出量加大,会污染土壤和水质,因此,目前也很少采用这种方法处理秸秆。

2. 石灰处理

(1)石灰乳碱化法。将切短的秸秆浸入4.5%的石灰乳中3~5 min,把秸秆捞出后,经24 h即可给牛饲喂。捞出的秸秆不必用水清洗，石灰乳也可以继续使用1～2次。此法简便易行，也比较经济。

(2)生石灰碱化法。取相当于秸秆重量的3%～6%的生石灰，加适量水以使秸秆浸透，然后在潮湿状态下保持3～4昼夜。这种加工处理方法，可以使秸秆的消化率达到中等干草的水平。石灰处理秸秆，其效果虽不如氢氧化钠处理得好，且秸秆易发霉，但因石灰来源广，成本低，对土壤无害，钙对动物也有好处，故可以使用。饲用这类饲料时，应补充脱氟磷酸盐(如脱氟磷肥)等矿物质补充料，以使其钙、磷比例保持平衡。为防止秸秆发霉，可再加入1%的氨，以抑制霉菌生长。

3. 氨化处理　20世纪60年代以来，氨化秸秆在欧洲得到大规模推广应用。我国秸秆资源十分丰富，但浪费极大，利用极不合理，氨化秸秆是廉价、经济效益显著的秸秆类粗饲料加工方法。氨化后的秸秆是反刍家畜的良好粗饲料，其营养价值几乎能与优质干草媲美。资料表明，100 kg氨化秸秆的营养相当于100 kg普通秸秆与20～25 kg混合精料的总和。20世纪80年代以来，我国北方许多地区农村用氨化麦秸饲喂牛，普遍反映效果良好。据山西农业大学黄应祥试验，氨化后可使麦秸的有机物和粗纤维的消化率分别提高7.33%和9.34%。

(1)秸秆氨化原理。氨化的原理是利用氨溶于水中形成氢氧化铵，氢氧化铵是一种强碱，它和氢氧化钠一样对秸秆起碱化作用，不过其碱化效果稍逊于氢氧化钠。但氨本身能与秸秆中有机物产生化学作用，生成铵盐和含氨的络合物，使秸秆的粗蛋白质从3%～4%提高到8%以上，从而大大地提高了秸秆的营养价值。饲喂氨化秸秆所排的粪便不具碱性，不会使土壤碱化，并且由于含氮量提高而使肥效也有所增加，这些优点是苛性钠处理所不及的，故氨化秸秆得以在国内外反刍家畜养殖业迅速推广。

(2)饲喂氨化秸秆饲料的好处。氨化秸秆除具有可使秸秆有机物和粗纤维消化率提高及粗蛋白质含量大大提高等优点外，还具有以下好处：

①提高适口性，增加采食量。氨化秸秆具有秸秆的香味，晒干后质地较原秸秆蓬松、酥脆，故可提高适口性，增加采食量。据用乳牛、黄牛等做综合测定，采食速度可提高20%，采食量提高15%～20%，能量利用转化率提高1倍以上。

②提高生产性能，降低饲养成本。饲喂氨化秸秆，可以节约大量粮食，降低饲养成本，提高养牛经济效益。

③有防病作用。氨是一种杀菌剂，1%的氨溶液可以杀灭普通细菌。在氨化过程中氨的浓度为3%左右，因此，等于对秸秆进行了一次全面消毒，消灭了病原体和寄生虫卵。此外，氨化过程中由于使粗纤维变松软，容易消化，也减少了胃肠道疾病的发生。

④可以缓冲瘤胃内的酸度。减少精料蛋白质在瘤胃中的降解，增加了过瘤胃蛋白质，进而提高了蛋白质的利用率；防止瘤胃酸中毒和胃溃疡。

⑤氨化饲料可以长期保存。开封后，若1周内不能喂完，可以把全部秸秆摊开晾晒，待其水分含量低于15%时堆垛保存，只要能保证不漏水，就不会发霉、腐烂。因而，氨化饲料可以长期保存。

(3)氨化秸秆制作方法与步骤。

①纯氨(无水氨或液氨)法。在地面或地窖底部铺塑料膜，膜的接缝均用烫斗焊接牢固。通常秸秆垛宽为2 m，高(厚)2 m，垛的长短则依秸秆的数量而定。铺垫及覆盖的塑料膜四周要富余出0.7 m，以便封口。把切碎(或打捆)的秸秆喷入适量水分，使其含水量达到15%～20%，混入堆垛，在长轴的中心埋入一根带孔的硬塑管或胶管，覆盖塑料膜，在一端留孔露出管端。覆膜与垫膜对齐折叠封口，用沙袋、泥土把折叠部分压紧，使其密封。然后用耐压橡胶管连接纯氨运输器与垛中胶管，按冬天(8℃时)每100 kg干秸秆加纯氨2 kg，夏天(25℃时)加4 kg的量通入纯氨，然后把管子抽

出封口。夏天不少于30天，冬天不少于60天即能氨化完全。操作人员必须戴防毒面具、防碱的橡胶或塑料手套。纯氨法成本低，效果好，但需用专门的纯氨贮运设备与计量设备(可向氮肥厂租用)。适用于大规模制作氨化秸秆，若国家或集体投资制作氨化秸秆服务站，向用户供应氨时，则以纯氨法为最好。

②尿素法或碳铵法。尿素或碳铵(碳酸氢铵)与秸秆储存在一定温度和湿度下，能分解出氨，因此使用尿素或碳铵处理秸秆均能获得近似氨的效果，只是成本稍高。其各自的用量见表3-1。

表3-1 使用尿素或碳铵制作氨化秸秆的用量

(每100 kg干秸秆的用量) kg

氨源	8℃	25℃	加水量
尿素	3	5.5	60左右
碳铵	6	15	60左右

制作时，先将尿素(或碳铵)按秸秆重量称出，再称出加水量，使尿素溶于水，然后将溶液喷到切碎的秸秆上，边喷洒边拌匀。接着装入容器内压实密封，密封的要求与纯氨法相同，但氨化时间则宜长一点，特别在气温较低时更应延长，此法简单易行，在制作时无需使用防护用具也十分安全，宜于一家一户应用，但所需成本较纯氨法及氨水法稍高一些。饲喂效果与纯氨法近似。在解决纯氨贮运设备之前，此法不失为有效的好方法。

(4)使用方法。经过一定时间氨化的秸秆可开封使用。开封后，一般要晾24～48 h，以使多余的氨挥发尽。若1周内不能喂完，则应把全部秸秆摊开晾晒1～2天，待其水分含量低于15%时垛好(最好贮于草房或草棚内)保存，否则会逐渐发霉而造成损失。氨化秸秆只适于饲喂反刍动物，且饲喂时要由少到多，经5～7天增到最大量。如果日粮总粗蛋白质含量低于12%时，则可以氨化秸秆代替全部粗料。若预计日粮粗蛋白远高于12%时，则可以少喂或不喂氨化秸秆。试验证明，氨化秸秆的安全性是可靠的，是尿素拌料喂牛所不能比拟的。

良好的氨化秸秆色泽应较原秸秆为深，呈黄褐色，无氨味、霉味，具有秸秆的香味；晒干后质地较原秸秆蓬松、酥脆，故可使采食速度明显提高；干物质采食量也有所改善，粗蛋白质含量应达到8%～12%；秸秆上不含未分解的尿素或碳酸氢铵。

(5)注意事项。

①制作氨化秸秆时容器的密封性必须可靠，否则由于氨泄漏，轻则影响氨化效果，严重时秸秆发霉腐败。容器密封后，仍应经常检查是否漏气，方法是经常在容器周围嗅一嗅，如果嗅到氨味，找出漏洞及时修补。

②尿素或碳铵处理秸秆最好在气温较高的时期进行，如果气温偏低，延长氨化时间会更有效。温度低于 8℃时应采取保温措施，即覆盖秸秆、草垫等保温材料。

③开封后一时喂不完的应及早晾干储存，以免发霉。霉坏的秸秆不能饲喂，原秸秆发霉也不可用做氨化的原料。

④氨水处理的秸秆，最好晾干混匀后再喂，以免非蛋白氮含量不匀，影响饲喂效果。

⑤尽管氨化秸秆饲喂安全，一般不会发生氨中毒，但为了预防，在使用头半个月的过程中，必须经常观察有无轻度氨中毒征兆，如采食量减少，前胃蠕动迟缓、反刍次数减少、精神沉郁等。

⑥氨化秸秆中胡萝卜素缺乏，应注意补充。苜蓿干草含胡萝卜素较丰富，大约每 100 kg 体重每日补充 350 g 苜蓿干草即可。

虽然氨化是比较成熟的技术，但氨化处理存在两个明显的缺点，一是提高消化率的幅度不大，明显低于氢氧化钠处理。如尿素处理，尿素用量达 6%时，秸秆消化率只提高 12%左右；若只用 3%的尿素处理，秸秆消化率只提高 6%～8%；第二个不足是氨化秸秆在饲喂前必须挥发掉部分氨，即加入的氮源约 2/3 要损失掉。

为了解决此问题，经过科研人员反复研究，采用尿素加 $Ca(OH)_2$ 的复合化学处理可获得较满意的效果。

4. 复合化学处理法　麦秸（还有大麦秸、黑麦秸和稻草）经 2.5%尿素＋5.0% $Ca(OH)_2$ 复合化学处理（并压粒）后，粗纤维含量下降（中性洗涤纤维 NDF 下降到 67%～75%），平均下降 6.5%；粗蛋白从 3.5%～5.6%提高到 9.5%～11.4%，平均提高了 1 倍多；体外有机物消化率从 38%～45%提高到 57%～65%，平均提高了 17.5%，接近或超过了东北羊草和玉米青贮的水平。复合化学处理还提高了秸秆在瘤胃的降解率和降解速度。

（三）生物处理法

1. 秸秆微贮技术　秸秆微贮技术就是向农作物秸秆中加入微生物高效活性菌种，放入密封的容器中储藏，经一定的发酵过程，使农作物秸秆变成带有酸、香、酒味的、草食家畜喜食的饲料。因为它是通过微生物对储藏中的饲料进行发酵，故简称微贮饲料。

(1)微贮饲料的优点。

①成本低。据实验，微贮饲料与氨化饲料相比，成本仅为尿素氨化饲料的 20%左右。

②提高了消化率和营养价值。微贮饲料含有丰富的有机酸，而且粗纤维少，适口性好，易于咀嚼；同时微贮饲料还利用牛、羊瘤胃可利用有机酸这一功能，加上所含的酶与菌素的作用，激活了牛、羊瘤胃微生物区系，在提高秸秆消化利用率的同时，又提高了对精料的消化利用率。经微贮处理过的秸秆其净能有较大的提高，3 kg 微贮秸秆相当于 1 kg 玉米的营养价值。

③适口性改善。未经处理的秸秆中粗纤维含量高，而且粗纤维中木质素的含量尤高，若长期饲喂未经处理的秸秆，会导致牛、羊食欲不振、采食量减少，影响消化，造成能量和蛋白质缺乏，直接影响生长发育和繁殖；而经微贮处理过的秸秆，在其发酵过程中，由于高效活性菌种的作用，使原来硬秸秆变软，变成牛、羊喜食的酸

香型，刺激了家畜的食欲，从而提高了采食量。一般采食速度可提高 43%，采食量可增加 20%，而且长期饲喂无毒、无害、安全可靠。能解决部分地区畜牧业与农业争化肥的矛盾。

④来源广泛。麦秸、稻秸、黄干玉米秸和山芋秧、青玉米秸、树叶、野草、青绿无毒植物等，无论干秸秆或青秸秆都可用微贮方法变成优质饲料。

⑤久存不坏，经济安全，不但保存时间长，而且存采方便，随采随喂，不需晾晒。作业季节长。室外温度 10～40℃均可处理发酵，北方春、夏、秋三季均可制作，南方部分省区全年都可制作。

(2)微贮的原理。在饲料微贮的过程中，由于加入了高效活性发酵菌种，使饲料中能分解纤维的菌数大幅度提高，发酵菌在适宜的厌氧环境下，分解大量的粗纤维，转化为糖类，糖类又经有机酸发酵转化为乳酸、醋酸和丙酸，使 pH 值降至 4.5～5.0，加速了微贮饲料的生物化学作用，抑制了丁酸菌、腐败菌等有害菌的繁殖。微贮饲料的含水量一般为 60%～65%，最少不能低于 55%，当含水量过多时，则会造成秸秆中糖和胶状物浓度变稀，破坏了产酸菌所要求的浓度，使产酸菌不能正常生长，使饲料中有害菌生长迅速，导致饲料腐烂变质。而含水量过少时，秸秆不易被踩实，饲料中残留空气过多，保证不了厌氧发酵的条件，使产酸菌发酵不够，而有害菌种大量繁殖，容易霉烂。

(3)制作方法与步骤。

①菌种的复活。秸秆发酵活干菌每 3 g(1 袋)可处理麦秸、稻秸、干玉米秸 1 t 或青饲料 2 t。处理前，先将铝箔袋剪开，将菌种倒入 250 mL 水中，充分溶解。有条件的情况下，可在水中加白糖数克，溶解后，再加入活干菌，这样可以提高复活率，保证微贮饲料质量。然后在常温下放置 1～2 h 使菌种复活，成为复活好的菌剂。配制好的菌剂一定要当天用完。

②菌液的配制。将复活好的菌剂倒入充分溶解的 0.8%～

1.0%的食盐水中拌匀。食盐水及菌种用量的计算方法见表 3-2。

表 3-2 食盐水和菌液量计算表 kg

秸秆种类	秸秆重	活干菌用量	食盐	水用量	贮料含水量
麦、稻草	1 000	3	9～12	1 200～1 400	60～65
干玉米秸	1 000	3	6～8	800～1 000	60～65
青玉米秸	1 000	1.5	适量	适量	60～65

③微贮技术。将秸秆铡成长 3～5 cm，装入池中(若是砖窖或土窖，应在四周及底部衬铺塑料布，以确保密封性)，20～25 cm 为一层，均匀地喷洒菌液，压实后，再铺 20～25 cm 秸秆，再喷洒菌液，压实，直至高出窖口 40 cm，再封口。如果当天装填窖没装满，可盖上塑料薄膜，第 2 天装窖时揭开塑料薄膜继续装填。

④封窖。分层压实至高出窖口 40 cm，再充分压实后，在最上面撒上少量食盐粉，再压实后盖塑料布。食盐用量为每平方米 50 g，其目的是确保微贮饲料上部不产生霉烂变质。盖上塑料布后，在上面撒上 20～30 cm 厚的稻、麦秸，在其上面覆土 15～20 cm，密封。

⑤开窖。一般要在窖内储藏 30 天后才能开窖取用，取用时要从一角开始，从上到下逐段取用，每次取用量应以当天喂完为宜。每次取完后，要用塑料布将窖口封严，以免水浸入引起变质。

(4)微贮饲料质量的识别。根据微贮饲料的外部特征，用看、嗅和手触摸的方法，鉴定其优劣。

①看。优质微贮青玉米秸色泽呈橄榄绿，稻麦秸呈金黄褐色。如果变成褐色或墨绿色则质量低劣。

②嗅。微贮饲料以具有一种带醇香和果香气味，并具弱酸味为佳。若为强酸味，表明醋酸较多，这是由于水分过多和高温发酵所造成的。若带有腐臭的丁酸味、发霉味则不能饲喂。

③手触摸。优质的微贮饲料拿到手里感到很松散，而且质地柔

软湿润。与此相反,拿到手里发黏,或者黏在一块,说明质量不佳,有的虽然松散,但干燥粗硬,也属不良。

(5)饲喂。微贮饲料可以作为牛的主要粗饲料。日饲喂量可根据牛每昼夜能采食饲料干物质的数量进行换算,饲喂时要与其他精料混合饲喂。开始饲喂时,牛对微贮饲料有一个适应过程,其喂量由少到多,逐渐增加微贮料的饲喂量,不要操之过急。一般奶牛每头日喂量为 15～20 kg。

2. 酵母菌处理　利用酵母菌对秸秆进行发酵处理,生产酵母发酵饲料,用其喂牛具有增加产奶量、降低成本、提高效益等优点。

(1)制作方法。用缸、池作为发酵容器,用前熏蒸消毒。秸秆切成 1 cm 长,用水浸数小时,以浸软、浸透为宜,一般含水量达 50%～60%,按 100∶1 的比例加入酵母粉菌种。为了撒布均匀,可先将菌种拌入玉米面中,每吨玉米秸加 10 kg 玉米面。搅拌均匀,入缸或池,踏实,用塑料薄膜封严。15℃以下发酵 21 天,15℃以上发酵 15 天即可完成发酵过程。

(2)酵母发酵饲料的品质。经发酵后玉米秸、稻草和麦秸的粗蛋白质水平分别提高 43.1%、20.3%和 58.4%;赖氨酸水平分别提高 87.5%、100%和 100%。精氨酸、胱氨酸、组氨酸水平也大幅度提高,同时维生素的含量丰富。

秸秆类饲料的生物处理法还有酶酵母加工处理,这种处理的工艺是传统的粉碎、蒸煮、水解和发酵等方法有效结合起来的一种高效的新工艺。据有关资料,经这种方法处理的秸秆,每千克中含蛋白质 80～100 g,糖 40～50 g,脂肪 30 g 以及维生素 B、维生素 D、维生素 E 等多种维生素。另外,利用食用菌的生长繁殖来分解农作物秸秆中的粗纤维,然后将食用菌的菌丝体及经酶分解后的秸秆(称为菌糠)一并用做饲料,具有质地松软、气味芳香、适口性好、饲用价值高等特点。

第三节 青贮饲料的制作与利用技术

一、青贮技术要点

1. 排除空气　乳酸菌是厌气菌，只有在没有空气的条件下才能进行生长繁殖。如不排除空气，就没有乳酸菌存在的余地，而好气的霉菌、腐败菌会乘机滋生，导致青贮失败。因此在青贮过程中原料要切短(3 cm 以下)，踩实，密封严。

2. 创造适宜的温度　青贮原料温度在 25～35℃时，乳酸菌会大量繁殖，很快便占主导优势，致使其他一切杂菌都无法活动繁殖，若料温达 50℃时，丁酸菌就会生长繁殖，使青贮料出现臭味，以至腐败。因此除要尽量踩实，排除空气外，还要尽可能地缩短铡草装料过程，以减少氧化产热。

3. 掌握好水分　适于乳酸菌繁殖的含水量为 60%～70%，过干不易踩实，温度易升高；过湿则酸度大，牲畜不爱吃。60%～70%的含水量，相当于玉米植株下边有 3～5 片干叶；如果全株青绿，砍后可以晾半天；青黄叶比例各半，只要设法踏实，不加水同样可获成功。

4. 原料的选择　乳酸菌发酵需要一定的糖分，原料含糖多的易贮，如玉米秸、瓜秧、青草等。含糖少的难贮，如花生秧、大豆秸等。对于含糖少的原料，可以和含糖多的原料混合贮，也可以添加 3%～5%的玉米面或麦麸单贮。

5. 时间的确定　利用农作物秸秆青贮，要掌握好时机。过早会影响粮食生产，过迟会影响青贮品质。玉米秸秆的收贮时间，一看子实成熟程度，乳熟早，枯熟迟，蜡熟正适时；二看青黄叶比例，黄叶差，青叶好，各占一半就嫌老；一般中熟品种 110 天就基本成熟，就是说套播玉米在 9 月 10 日左右，麦后直播玉米在 9 月 20 日左右，就应收割青贮。

6. 装填及封窖　装填青贮饲料时要逐层装入，每层 15～20 cm，装一层踩实一层，边装边踏实，直至装满并超出窖口 20～30 cm为止。窖顶用厚塑料布封好，四周用泥土把塑料布压实，防止漏气和雨水流入。冬季为了保温，顶部可以适当压些湿土或铺放一些玉米秸。

二、青贮饲料的利用

青贮饲料装窖密封，经过 1.5 个月后，便可以开窖饲喂。如果暂时不需要，就不要开封，什么时候喂什么时候开。在利用青贮饲料时应注意以下几方面的问题。

1. 喂青贮饲科之前应检查质量　优质青贮饲料应当是色、香、味和质地俱佳，即颜色黄绿，柔软多汁，气味酸香，适口性好。如果是玉米秸秆青贮则带有很浓的酒香味。

2. 防止二次发酵和发霉变质　饲喂时，青贮窖只能打开一头，要分段开窖取用，取后要盖好，防止日晒、雨淋和二次发酵，避免养分流失、质量下降或发霉变质。发霉、发黏、黑色及结块的不能用。

3. 掌握好喂量　青贮饲料的用量，应视牛的品种、年龄、用途和青贮饲料的质量而定，(除高产奶牛外)一般情况可以作为惟一的粗饲料使用。但应注意，鲜嫩的青草、菜叶青贮后仍然含有大量轻泻物质，喂量过大往往造成拉稀，影响消化吸收。开始饲喂青贮料时，要由少到多，逐渐增加。停止饲喂时，也应由多到少逐步减少。使牛有一个适应过程，防止暴食和食欲突然下降。奶牛通常喂量 15～25 kg。

三、青贮添加剂的使用

为了使青贮饲料营养更加完善，或使不容易青贮的原料更好地储存起来，或使营养物质在动物消化道内更好地被利用，在青贮过程中添加一些特定的物质是必不可少的。

1. 提高青贮料中蛋白质含量的添加剂　如原料中含蛋白质并不高，装窖时向原料中均匀地撒上尿素或硫酸铵混合物0.3%～0.5%，青贮后，每千克青贮料中可消化蛋白质增加 8～11 g。玉米青贮料加 0.2%～0.3%的硫酸钠，可使含硫氨基酸增加 2 倍；添加 0.5%～0.7%的尿素，亦可提高青贮料中的粗蛋白质含量。这是由于添加物通过青贮微生物的利用形成菌体蛋白所致。

2. 化学防腐添加剂　添加甲醛、甲酸、蚁酸等，以制止微生物的活动，使不容易青贮的原料更好地储存起来，达到保存的目的。

3. 使养分能被动物更好地利用的添加剂　如日本产“百宝”牌青贮饲料添加剂系淡黄色易溶于水的粉末，是一种附着有淀粉酶和纤维素酶的干燥浓缩乳酸菌。其主要特征：一是其中 4 种纯发酵型乳酸菌（类链球菌、啤酒小球菌、胚芽乳杆菌和干酪乳杆菌）促成饲料发酵；二是淀粉酶可将青贮的淀粉转化为葡萄糖，纤维素酶可将纤维素转化为葡萄糖。“百宝”具体使用方法：用玉米面作载体，将 1 份“百宝”添加剂与 99 份载体均匀混合，每吨青贮玉米加混合好的“百宝”添加剂 500 g。此外，添加胚芽乳酸杆菌或 0.05%的“α 淀粉酶”，也有利于发酵。

第四节　青干草的调制技术

一、干制过程中的化学变化和营养物质的损失

青绿植物在干制过程中会发生许多化学变化，导致营养物质的损失，从而降低干草的营养价值。因此，在干草的生产过程中，必须有效地控制这些变化，最大限度地降低干草营养物质的损失。

1. 植物饥饿代谢阶段的变化　刚刈割的青绿植物，细胞并不

立即死亡，它们仍然利用储存的营养物质进行蒸腾作用和呼吸作用，继续进行体内代谢。由于没有根部水分和营养物质的供应，异化过程始终超过了同化过程。因此，体内一部分可溶性碳水化合物被消耗，糖类被氧化分解为二氧化碳和水而被损失掉。与此同时，蛋白质也有少量降解为氨基酸，这些易溶性氨基酸在不良条件下容易流失或进一步分解成氨气损失。为了使细胞尽快死亡，以减少营养物质的损失，应使植物的含水量由80%快速下降到40%。

2. 外界环境条件对植物体的影响　青绿植物体内的水分含量降低到40%左右时，植物细胞濒临死亡，此时外界环境条件对其品质的影响很大，如温度、日光、空气、植物本身存在的酶以及植物体表附着的微生物等。温度继续使水分蒸发，日光与空气使一些色素氧化而被破坏，胡萝卜素可从干物质含量的150～200 mg/kg下降到2～20 mg/kg。此外，植物本身的酶类和微生物活动产生的分解酶联合作用，使物质进一步被分解为二氧化碳和水。当水分含量降到17%时，酶类的作用方停止。

雨淋可使干草的品质更为降低。一方面因渗滤而流失许多营养物质，如可溶性的矿物质、糖分和氨基酸等。另一方面由于水分的回升，许多微生物滋生繁殖，并延长植物细胞内各种酶的作用而继续分解其中的营养成分。严重时可导致青干草霉烂，不堪饲用。所以此阶段应避免雨淋。

3. 机械损失　植物的叶与茎比较，叶片干燥较快，特别是豆科茎秆比较坚实更不易干燥，故全株植物曝晒时，往往叶片先干并变得脆弱易折，在进行翻动和堆垛时就可引起大量叶片脱落而损失。由于叶片营养较茎为高，这样也就引起营养价值大幅度降低。避免这种损失的方法可以采用压榨后晒干法，因为压榨后的茎、叶干燥速度相近，或者当植物体水分下降到40%时立即打捆，而后进行人工通风干燥，也可大幅度降低这种机械损失。

二、干草储存过程中的变化

干草水分含量达到14%～17%时可以上垛或打包储存。在我国北方干燥地区可以在17%限度内储存，而在南方地区则不应超过14%。在这样水分限度内储存的干草，营养成分的变化可以降低到最低限度。然而由于种种原因，干草上垛储存时的水分含量往往在20%以上甚至30%，这些多余的水分将留在上垛后继续干燥。因此，上垛干草中的化学变化也就不能完全停止，此时微生物和酶仍起作用。

三、干草的调制方法

1. 地面晒干法　这是最常用的一种干草调制方法。方法是将青草平摊于地面上，利用阳光进行自然干燥。该方法操作简便，省工省时，但由于干燥过程缓慢，植物的分解破坏过程持续过久，因而其中的营养成分损失较多。

2. 草架干燥法　将青草搭于架上进行干燥的方法。该法调制的干草比地面干燥的干草质量好，但对青草原料的营养成分保存仍不多。

3. 人工快速干燥法　为克服上述两种方法的缺陷，提高干草的营养价值，国外普遍采用各种能源进行青饲料的人工脱水干制。其干制方法有低温与高温两种。低温法可采用45～50℃的温度在小室内停留数小时，使青饲料干燥；高温法则采用500～1 000℃的热空气脱水6～10 s，即可干燥完毕。用高温法干燥，只要植物体内水分未完全失去，它们本身的温度就不至于超过100℃，因此不至于有营养物质的损失。该方法的技术要领是使热量分布均匀，如果有的部分过于干燥，则有着火烧焦的危险。这种方法干制的干草，其含水量为5%～10%，并且几乎完全保存了青饲料的营养价值。

4. 发酵干燥法　此法实质是介于调制青干草和青贮料之间

的一种特殊干燥法。其原理是风干了的牧草(含水量50%左右)经过堆积,牧草本身细胞的呼吸热和细菌、霉菌活动所产生的发酵热在牧草堆中积蓄,有时草堆温度可达70～80℃,同时借助通风将牧草中的水蒸发使之干燥。这种方法牧草营养物质损失较多,故此法多用于雨天等万不得已时,这种方法的技术要点是:首先将刈割的牧草铺晒或风干到水分为50%时,再堆成3～6 m高的草堆,堆积时应多践踏,力求紧实,使凋萎牧草在草堆上发酵6～8周,牧草逐渐干燥而成棕色干草。为防止发酵过度,每层牧草可撒为青草重0.5%～1.0%的食盐。

第五节　精饲料加工技术

一般来说,精饲料的适口性好,营养价值高。但部分子实饲料的种皮、颖壳、糊粉层的胞壁物质、淀粉粒的性质以及某些抗营养因子如抗胰蛋白酶等,仍会影响动物对营养物质的消化利用。因此,饲喂前有必要对其进行适当的加工调制,以提高饲料的消化利用率。精饲料的加工调制方法主要有以下几种。

一、机械加工

1. 粉碎　精饲料饲喂前应进行粉碎,以增加与消化液的接触面积,从而提高饲料的消化率。精饲料的粉碎粒度,可根据饲料的性质、动物种类、饲喂方式及加工成本等因素来综合考虑。粉碎粒度太小,家畜咀嚼不良,影响饲料消化,如小麦粉粉碎过细,容易糊口,在胃内形成黏性面团,很难消化。同时还可使粉尘增加,污染环境,并且由于静电作用,易使饲料结块;粉碎粒度太大,因饲料的表面积小,和胃液的接触面积小,不利于动物的消化吸收,还会影响饲料的混合均匀度。一般要求牛饲料可粗些,利于采食和反刍,过细并不合适。生产中应注意,子实饲料粉碎后,容易返潮和氧化变质，尤其是脂肪含量高的饲料，粉碎后不宜长期保存。

2. 制粒　由于粉状饲料粉尘较多，适口性不好，同时动物采食时浪费大，也不便于机械化饲养，因此生产中常把粉料进一步制作成颗粒饲料。制成颗粒饲料不仅便于机械化饲养，减少饲料的浪费，避免动物挑食，而且可破坏饲料中的一些抗营养因子，从而提高饲料的营养价值和消化利用率。豆类子实中的抗胰蛋白酶等抗营养因子，都可在制粒过程中被破坏。

麦麸类饲料制粒后也可以提高一定的营养价值，原因是由于麦麸中的糊粉层细胞，经过制粒过程开始的蒸汽处理以及压制过程中的高压挫挤后，它的厚实的细胞壁破裂，从而使细胞内的养分充分释放出来。与此同时，制粒后麦麸中的淀粉粒破坏较多，这有利于淀粉酶对它的消化。

3. 湿润与浸泡　湿润一般用于粉尘较多的饲料，浸泡多用于硬实的子实或油饼的软化，或用于溶去有毒物质。含单宁等物质较多的高粱等饲料，浸泡后苦涩味可减轻，适口性提高。夏季气温高，浸泡时间要短，以免引起饲料变质。

4. 蒸煮与焙炒　蒸煮可以进一步提高饲料的适口性，对有些饲料如马铃薯、大豆及豌豆等还可以提高其消化率。焙炒可使饲料中的淀粉部分转化为糊精，而产生香味。同时，焙炒还可以破坏豆类子实中的抗营养因子，从而提高它们的营养价值。

二、饲料发酵

精饲料的发酵与粗饲料的发酵不同，后者是为了降解动物难以消化的粗纤维，以提高饲料的营养价值。而精饲料发酵的目的则是通过微生物发酵获得新的营养特性，作为动物生产中某些特殊用途之用。例如，对奶牛应用发酵饲料可以促进食欲，供给各种酶、有机酸和芳香物质，从而改善消化和营养状况，进一步提高产奶量。对于一般生产，精饲料的发酵没有必要，因为有些试验证明，发酵后的精饲料中有机物质损失 11%～25%。精饲料发酵所用的微生物多为酵母，故以富含碳水化合物的饲料发酵最好，蛋白质饲料则不宜发酵。发酵的方法一般为：每 100 kg 粉碎的子实，用酵母(面包酵母或酿酒酵母)0.45～1.0 kg。首先用温水将酵母稀释化开，然后将 30～40℃的温水 150～200 L 倒入发酵箱中，慢慢加入稀释过的酵母，再一边搅拌一边倒入 100 kg 的饲料中，搅拌均匀，以后每 30 min 搅拌一次，经 6～9 h 发酵完成。在全部过程中应注意温度保持在 20～27℃。

第六节　工业副产品的加工和利用方法

饲喂牛的工业副产品主要是指糟渣类饲料。

一、玉米酒精糟

酒精糟的营养价值比玉米高，含粗蛋白质 27%～34%，粗脂肪 17.89%，氨基酸 22.35%，粗纤维 13.46%。

加工储藏比较简单，一般用缸最方便。夏天酒精糟易发酵酸败，把酒精糟放进缸里，踏实沉降后，上面加一层清水，使酒精糟与空气隔绝，再用塑料布将缸封严，一缸争取 1 周喂完。也可用窖贮，其形状不限，大小按贮量来定。入窖酒精糟要压实，用塑料布封严，饲喂时从窖一头喂用，平时防止雨水进入窖内。与精料混合饲喂，但喂量要由少到多，直至达到计划喂量。

近年来，国内外开发利用工业废水资源收取蛋白质作为饲料，多采用离心干燥直接得到废水中所含的营养物质，产品称为 DDGS，意为全价干酒糟，作为养畜的高级饲料。目前，国内一些大中城市的酒精厂已经正式生产 DDGS 饲料。

二、甜菜渣

甜菜渣是牛的重要饲料，其无氮浸出物含量为62%，粗纤维含量为20%左右，且含有一定量的糖分。甜菜渣的加工方法：湿渣可同玉米青贮一样青贮起来；如果是干渣，可打成捆，堆垛储存。防止雨淋，注意通风，防止霉烂。饲喂时，甜菜渣可占日粮干物质的50%～60%，喂时由少到多，逐渐达到计划喂量。

三、淀粉渣

因加工原料不同，粗蛋白含量变化很大。以子实为原料的淀粉渣，粗蛋白含量为14%～16%；以薯类为原料的淀粉渣，粗蛋白含量低，粗纤维含量高。淀粉渣含水量较高，储存方法与酒糟相近，可短期储存。一般直接饲喂，数量也是由少到多，一般不超过10%。淀粉渣目前用于喂牛较少，而用于喂猪却很多。

四、麸皮、米糠

麸皮、米糠是粮食加工的副产品，因加工方法不同，营养成分高低不一。一般与玉米面、豆粕等饲料搭配一定比例，制成精料喂牛。

第七节　奶牛饲料的储藏

一、储藏方法分类

储藏方法主要有缺氧储藏、干燥储藏、通风储藏、低温储藏和化学储藏，分述如下：

（一）缺氧储藏

饲料在密封条件下，由于机械脱氧或生物呼吸脱氧的结果，造成一定的缺氧状态，并伴随着二氧化碳的积累或其他气体（如氧气置换），从而降低饲料生理活动，抑制微生物和害虫的生长，延缓了品质的劣变，保证了饲料质量的稳定性。

这种储藏方法具有以下优点：

1. 防治储藏饲料中的害虫　研究表明，当氧气浓度降到2%左右或二氧化碳增加到40%～50%时，害虫会很快因窒息而死亡。

2. 有防霉作用　大多数霉菌都是好氧菌，在缺氧条件下，生长繁殖受到抑制。即使是耐低氧的霉菌，缺氧时生长也微弱。由于密封，不仅可以防湿、防潮，而且防治了料堆外部微生物的扩大污染。

3. 有利于提高饲料储藏质量　缺氧储藏保证了饲料卫生、提高储藏饲料的品质，降低了保管费用，减轻了劳动强度，而且该方法安全、方便。

（二）干燥储藏

水分是饲料进行生理活动时酶促反应的必要条件。随着水分含量的提高，温度的上升，呼吸作用加强。同时水分也是各种微生物和害虫生存的条件之一。因此，降低储藏饲料的水分含量，就能提高质量的稳定性。

干燥储藏包括两个方面：一方面是储藏的饲料要干燥，另一方面储藏的仓库也要干燥。这样，才能实现储藏期内饲料干燥。一般来讲，谷物饲料含水量在14%以下，温度不高于30℃时，不利于微生物的生长繁殖，可以较长期储存；当水分含量超过17%时，尽管温度较低，也容易霉变。粉状饲料吸附水分的能力较强，储藏时要求安全含水量较低，仓库比较干燥。脂肪含量高的油饼、米糠类，要求安全水分界限也较低。

（三）通风储藏

通风储藏是以饲料具有空气渗透性和料堆空隙性为基础，将干燥低温的空气通过料堆使其降低料温，散发水分，改变料堆装气状态，以利于安全储藏。这种储藏与空气湿度密切相关，如空气所含水分大于储藏饲料所含水分，则贮料会吸湿而不利于储藏；反之，则散失水分利于储藏。此外，通风储藏的效果还与饲料空隙度、吸附性有关。

通风方法有两种：常见的一种是自然通风，这种方法经济有效、简便易行，但空气交换率小，且受温度和风压的限制；另一种是机械通风，机械通风机动性强，效果好，但要消耗一定的能源。

（四）低温储藏

低温储藏是将冷却后的饲料采取密闭保存的方法，使饲料长期处于低温状况，减弱饲料的生理变化，防止虫、霉危害，保证储藏品质，达到安全储藏的一项较好的储藏措施。

低温可使子实饲料处于休眠状态，呼吸作用减弱。粉状饲料虽然没有呼吸作用，但低温可大大限制微生物和害虫的活动。当水分含量较高时，低温对部分种子发芽有一定影响，但对饲料营养价值，一般来讲没有不良影响。低温储藏法有人工降温和自然降温两种方法，但要注意保温装置。

（五）化学储藏

化学储藏是在饲料中加入一定量的化学药品，以防治饲料的虫害、霉变和氧化酸败等。

1. 化学防治虫害　为防止昆虫和螨类对谷物类饲料原料的侵袭，常需要熏蒸剂、灭菌剂对其进行化学处理。尤其是熏蒸剂应用效果较好。对谷物类饲料原料进行化学处理，要特别注意农药残留量，应符合饲料（或粮食）卫生标准要求。

2. 防霉剂　在饲料中加入化学药品抑制或杀死微生物来达到安全储藏。在配合饲料中常用的有丙酸钙（2 kg/t）、丙酸钠（1 kg/t）等。

3. 抗氧化剂　有些饲料中有较多的脂肪，容易自动氧化分解。一方面产生异味变质，另一方面破坏了溶解于脂肪中的脂溶性维生素A、维生素D、维生素E、维生素K等，从而降低饲料的营养价值。为了防止脂肪氧化，常在饲料中添加抗氧化剂。

(1)天然抗氧化剂 有丁香、花椒、茴香等。这些天然抗氧化剂使用安全，没有副作用。

(2)合成抗氧化剂 这是目前使用较多的抗氧化剂，如乙氧基喹啉、二丁基羟基甲苯(BHT)、丁基羟基茴香醚(BHA)、没食子酸丙脂以及抗坏血酸等。一般认为乙氧基喹啉的抗氧化效果高于BHA、BHT。

4. 药剂 使用时，要注意安全，严格按照国家或行业规范以及使用说明书操作。

二、常用饲料的储藏

(一)玉米的储藏

玉米是主要的能量饲料，也是奶牛精料补充料的主要原料，被畜牧界誉称为“饲料之王”。

1. 储藏特性 玉米的胚部所占比例较大，占整粒重量的10%～14%，占整粒体积的30%～35%，体疏松，上部无透水不良的糊粉层。因此在相对条件下，玉米比其他谷实类饲料呼吸作用强。玉米胚部含脂肪高达35%左右，占整粒玉米脂肪总量的70%以上。因此，在温度高、湿度大的情况下，脂肪容易氧化，这时胚部酸度增加，容易损坏变质。

玉米水分在14%～40%范围内，水分愈高，呼吸作用愈强，微生物和害虫繁殖加快。当玉米水分低于14%、料温不超过25℃，或水分在13%以内而温度不超过30℃时，可以安全度夏。

2. 玉米的霉变 玉米的霉变与含水量和温度密切相关。当玉米含水量达到14.3%时，曲霉(如黄曲霉)即可生长，当玉米含水量达到15.6%～20.8%时，青霉即可生长。玉米的霉变过程是：开始子粒表面发生湿润(俗称“出汗”)，接着胚部发生变化，胚部菌丝体成绿色(俗称“点翠”)灰色，最后呈黑色，霉味增加，带有辛辣味，再继续霉烂，则丧失使用价值。一般子粒表面湿润到胚部出现菌丝需3～4天，此期发现及时，立即处理，还可以挽救。否则再经过几天就达到发热严重阶段而失去饲用价值。

3. 玉米的害虫　常见害虫有米象、麦蛾、锯谷盗、印度谷蛾以及地中海螟蛾等，最严重的是米象以及蛾类害虫。对玉米害虫首先可采用溜筛除虫，用0.5～0.6 cm的单层溜筛，60℃的料面，除虫效果可达97.8%。其次用低温储藏或氧化等都能有效防治。

4. 储藏方法　主要是散装储藏，一般立筒仓都是散装。立筒仓储藏玉米厚度高达十几米。因此，水分应控制在14%以下，入低温库储藏或通风储藏。

5. 玉米粉的储藏　玉米粉空隙小，通气性差，导热性不良，粉碎后温度较高（一般为30～50℃），很难储藏。如含水量稍高时则易结块、生霉、变苦。因此，刚粉碎的玉米粉应立即通风降温。饲料厂通常采用的是子实储藏，现配料现粉碎。

其他谷类子实饲料与玉米储藏相似。

（二）饼（粕）储藏

1. 储藏特性　饼（粕）包括大豆饼（粕）、棉子饼（粕）、菜子饼（粕）、亚麻仁饼等。这类饲料含蛋白质，但由于本身缺乏细胞膜的保护作用，很容易感染虫、菌。如果水分超过标准，相对湿度在75%以上，则易发生霉变。害虫主要是锯谷盗以及蛾类等害虫。此外，热榨饼还容易自燃。如果油子饼（粕）水分低于5%，在运输或日光照射下，达到一定温度时也容易自燃。

2. 储藏方法　仓库要特别注意防虫、防潮、防霉。入库前，可用国家允许使用的防虫剂灭虫。仓库铺垫也要切实做好，最好用糠做垫底材料。垫糠要干燥压实，厚度不少于20 cm。同时要严格控制水分，最好在5%左右。棉子饼（粕）和菜子饼（粕）含有毒素，可脱毒之后再储藏。

（三）麸皮储藏

麸皮破碎疏松，空隙度较面粉大，吸湿性强，含脂高达5%，因此很容易酸败或生虫、霉变，特别是夏季高温潮湿，更易霉变。新出机的麸皮温度一般能达到30℃，储藏前要把温度降到10～15℃才能入库。在储藏期要勤检查，防止结块、发霉、生虫，防止吸湿。一般储藏期不宜超过3个月。储藏在4个月以上，酸败就会加快。

（四）米糠储藏

米糠中脂肪含量高，导热不良，吸湿性强，极易发热酸败。储藏米糠时应避免踩压。入库的米糠要及时检查，勤翻勤倒，注意通风降温。米糠储藏时其稳定性比麸皮还差，不宜长期储藏，要及时推陈贮新，避免损失。

（五）维生素及其添加剂原料储藏

维生素及其他添加剂原料是生产配合饲料的重要原料，虽然用量不多，作用却不小。这部分原料作用各异，一般都要求低温、干燥、阴暗的环境，应根据各自的特性分别保管，详见表3-3。

表3-3　维生素及其他添加剂原料的储藏条件

原料	保存条件	原料	保存条件
维生素A	装入铝、铁容器内密封、充氮气，在凉暗处保存	泛酸钙	密封，干燥处保存
维生素AD溶液	遮光，满装，密封存于阴凉、干燥处	氯化胆碱	防潮，密封保存
维生素B_1	遮光，密封保存	烟酸	密封保存
维生素B_2	遮光，密封保存	土霉素	遮光，密封，干燥处保存
维生素B_6	遮光，密封保存	硫酸亚铁(7个水)	密封保存
维生素B_{12}	遮光，密封保存	硫酸锌(7个水)	密封保存
维生素C	遮光，密封保存	硫酸铜(7个水)	密封，干燥处保存
维生素D_3	遮光，充氮，密封，冷处保存	硫酸镁(7个水)	密封保存
维生素E	遮光，密封保存		

（六）配合饲料储藏

配合饲料的种类很多，但其内容不一样，因此储藏特性也各不相同。料型不同（颗粒料、粉料），储藏特点也有差异。

1. 颗粒饲料的储藏特性　因其用蒸汽（也有用水）制粒处理，能杀死大部分微生物和害虫，而且空隙度大，含水较低，维生素也容易被光破坏。

2. 粉状饲料的储藏　粉状配合饲料大部分是谷类，表面积大，空隙度小，导热性差，容易吸湿发霉。其中的维生素随温度升高而损失加大。维生素之间、维生素与矿物质的配合方法不同，其损失情况也有所不同。此外，光照也是造成维生素损失的主要因素之一。所以，粉状饲料一般不宜久放，宜尽快使用。一般在厂内存放时间不要超过1个月。

3. 浓缩饲料的储藏　这种饲料富含蛋白质，并含维生素和各种微量元素等营养物质。其导热性差，易吸湿，因而微生物和害虫易繁殖，维生素易受热、氧化等因素的影响而失效。有条件时，可加入适量抗氧化剂。储藏时要放在干燥、低温处。

复习思考题

1. 青绿多汁饲料利用时应注意哪些问题？
2. 秸秆饲料化的限制因素有哪些？
3. 说明秸秆饲料加工调制技术方法的分类及化学法的原理。
4. 你认为最有前途的秸秆饲料加工调制技术是什么？
5. 简述青干草的调制技术。
6. 精饲料加工方法主要有哪些？
7. 简述工业副产品的加工和利用方法。

第四章　奶牛的消化特点与营养需要

重点提示：本章重点学习奶牛消化道的构造特点、瘤胃消化（碳水化合物的分解、蛋白质的发酵、脂肪的水解及某些维生素的合成）；奶牛的营养需要（奶牛不同生理阶段的能量需要、蛋白质需要、矿物质需要和维生素需要）。

第一节　奶牛的消化特点

反刍动物（牛、羊）有 4 个胃：瘤胃、网胃、瓣胃、皱胃，如图 4-1 所示，前三部分合称为前胃，前胃的黏膜没有腺体，只有皱胃，也称作真胃，有能分泌胃液的腺体。反刍动物真胃的功能同单胃动物的胃相同，前胃除了特有的反刍、食管反射和瘤胃运动外，还有微生物的独特的生理作用。

一、瘤胃

成年牛的瘤胃最大，约占胃总容积的 80%，呈前后稍长，左、右略扁的椭圆形囊状，几乎占据整个腹腔左侧。瘤胃前端至膈，后端达盆腔前口，其后腹侧部超过正中平面而突入腹腔右侧。

一般情况下，成年反刍动物吞咽的食团经食管先进入瘤胃的前庭。由于精料的食团较重，秸秆或草料的食团比较松软，在瘤胃的运动下所食入的饲草、饲料就会分层，上层多为粗料，而下面为流体。瘤胃内容物比较浓稠，含水量为 84%～94%，瘤胃内上部气体通常含二氧化碳、甲烷及少量氮、氢、氧等。饲料内 70%～85%的可消化干物质和约 50%的粗纤维在瘤胃内消化，产生挥发性脂肪酸(VFA)、CO_2、NH_3 以及合成蛋白质和某些维生素。因此,瘤胃(包括网胃)消化在反刍动物的整个消化过程中占有特别重要的地位,其中瘤胃微生物起着主导作用。

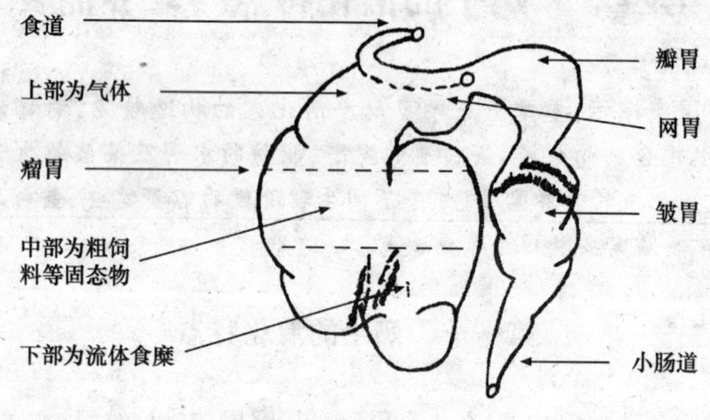

图 4-1 胃的示意图

(一)瘤胃的特点

成年反刍动物瘤胃容积庞大,大型牛为 140～230 L,小型牛为 95～130 L,几乎占整个腹腔的左半,约为 4 个胃总容积的 80%。它具有下列一些特点。

(1)瘤胃好似一个厌氧的高效发酵罐,瘤胃内容物高度乏氧,瘤胃上部的气体,通常含二氧化碳、甲烷及少量氮、氢、氧等。瘤胃有节律性地运动将所食入的饲草、饲料连同瘤胃液中的瘤胃微生物相混合,让微生物充分接触所食入的饲草、饲料以便更好地进行分解。

(2)由于微生物发酵产生大量的热,瘤胃内的温度通常高达 38.5～40℃。

(3)瘤胃液 pH 值通常变动于 5～7.5,呈中性偏酸,很适合厌氧微生物的繁殖。渗透压接近于血液的水平。

(4)瘤胃微生物主要为厌气性纤毛虫和细菌。1 mL 瘤胃液中，约含细菌(0.4～6.0)×10^6 个和纤毛虫(0.2～2.0)×10^6 个，总体积占瘤胃液的 5%～10%，瘤胃微生物若按鲜重计算，绝对量达 3～7 kg。

纤毛虫属厌氧类，分不同的种类，有“微型反刍动物”之称，它在瘤胃内能分解淀粉等糖类产生乳酸和少量挥发性脂肪酸(VFA)，发酵果胶、半纤维素和纤维素，产生较多量的挥发性脂肪酸。此外，纤毛虫还具有水解脂类，氢化不饱和脂肪酸，降解蛋白质及吞噬细菌的能力。一般情况下，犊牛生长至 3～4 个月时瘤胃内才建立起各种纤毛虫区系。

影响瘤胃内纤毛虫的数量和种类因素：

①当日粮粗纤维含量高时，瘤胃内能够分解纤维素的纤毛虫数量明显增加；当日粮中淀粉含量高时，瘤胃内能够利用淀粉的纤毛虫数量增加。

②纤毛虫的数量还受饲喂日粮次数的影响，次数越多，数量越多。

③瘤胃内的 pH 值也是一个重要影响因素，当饲喂高精料日粮时，瘤胃内 pH 值降至 5.5 或更低，纤毛虫的活力降低，数量减少或完全消失。

纤毛虫和细菌作为优质的微生物蛋白质可以很好地被机体吸收和利用，纤毛虫的蛋白质含丰富的赖氨酸等必需氨基酸，它的品质超过细菌蛋白。

细菌是瘤胃中最主要的微生物，数量大、种类多，能够发酵糖类、分解纤维素、乳酸、蛋白质以及合成蛋白质、维生素等。分解纤维素类细菌约占瘤胃内活菌的 1/4，能分解纤维素、纤维二糖及果胶等。纤维素最终分解产生乙酸、丙酸、丁酸、二氧化碳、甲烷等。合成蛋白质的主要是一些嗜碘菌。

瘤胃微生物不仅与宿主(牛、羊)之间存在着共生关系，而且微生物之间彼此也存在相互制约、相互共生关系。纤毛虫能吞食和消化细菌，还可利用细菌体内的酶类来消化营养物质。当瘤胃纤毛虫完全消失时，细菌数目大量增加，维持瘤胃内一定的消化水平。瘤胃内各种细菌之间也存在共生。同时，有其他许多细菌，虽然并不直接分解纤维素，不过能发酵纤维素降解的代谢产物，从而有助于纤维素的继续分解。

瘤胃微生物在整个消化过程中具有两大优点：一是能够消化非反刍动物不能消化的纤维素、半纤维素等物质，提高纤维性饲料的利用率；二是瘤胃微生物能合成必需氨基酸、必需脂肪酸和B族维生素等物质供机体利用。瘤胃微生物消化不足之处是微生物发酵使饲料中能量损失较多，优质蛋白质被降解和一部分碳水化合物发酵生成 CH_4、CO_2、H_2 及 O_2 等气体，排出体外而流失。

（二）瘤胃内的消化代谢过程

在瘤胃微生物作用下，饲料在瘤胃内发生一系列复杂的消化过程，现分述如下。

1. 纤维素的分解和利用　纤维素主要靠瘤胃细菌和纤毛虫体内的纤维素分解酶作用，通过逐级分解，最终产生挥发性脂肪酸，主要是乙酸、丙酸和丁酸。

一般情况下三种酸的比例，随日粮种类以及饲喂制度等变动较大，大体为乙酸：丙酸：丁酸＝70：20：10，举例如表 4-1 所示。

表 4-1　乳牛瘤胃内挥发性脂肪酸的含量　　%

日粮	乙酸	丙酸	丁酸
精料	59.60	16.60	23.80
多汁料	58.90	24.85	16.25
干草	66.55	28.00	5.45

当动物采食干草或其他粗料时，瘤胃内乙酸通常占脂肪酸混

合物的60%～70%，丙酸占15%～20%，丁酸占10%～15%。挥发性脂肪酸中的乙酸和丁酸是反刍动物生成乳脂的主要原料，瘤胃吸收的乙酸约有40%为乳腺所利用参与乳脂的合成。因此，奶牛日粮中必须强调粗料的均衡供给；丁酸具有高能价值，是乳汁中乳糖、酪蛋白的主要原料。β-羟丁酸具有合成乳脂作用；丙酸是糖的前体，通过瘤胃壁吸收的丙酸约有65%在瘤胃上皮内转变为葡萄糖和乳酸，具有升高血糖浓度的作用。正常情况下，瘤胃内乳酸生成较少，当动物摄取含大量块根、块茎类饲料或玉米、小麦等碳水化合物饲料，瘤胃内乳酸含量升高。但乳酸是一种中间产物，在瘤胃内极不稳定，仍可发酵生成乙酸和丙酸，只有长期饲喂大量含糖的饲料时，才会发生乳酸在瘤胃内的蓄积，引起反刍动物的瘤胃酸中毒。

牛瘤胃一昼夜所产生的挥发性脂肪酸提供的热能，占机体所需能量60%～70%。瘤胃发酵产生的终产物——挥发性脂肪酸(VFA)被吸收，有一些参与瘤胃壁的代谢；进入血液中的挥发性脂肪酸，一部分进入肝脏转化，一部分直接为组织利用，作为能量来源和构成细胞的原料。

2. 糖类的分解和合成 瘤胃微生物分解淀粉、葡萄糖和其他糖类产生低级脂肪酸、二氧化碳和甲烷等。瘤胃微生物能利用饲料分解所产生的单糖和双糖合成糖原储存于其体内，待微生物随食糜进入小肠被消化后，这种糖原再被动物所消化利用，成为反刍动物机体的葡萄糖来源之一。泌乳牛吸收入血液的葡萄糖约有60%被用来合成牛乳，因此，日粮能量不足将会影响泌乳产量。

3. 蛋白质的分解和合成 反刍动物能同时利用饲料的蛋白质和非蛋白氮，构成微生物蛋白质供机体利用。

瘤胃内蛋白质分解和氨的产生：食入的饲料蛋白质在瘤胃内被分为两部分，一部分为降解蛋白(RDP)，占50%～70%，在瘤胃内被微生物蛋白酶分解为氨基酸，继而被脱去氨基生成氨、二氧化碳和有机酸;另一部分为未降解蛋白(UDP),占30%~50%,这部分蛋白质未被分解而直接排入后段消化道。为了提高未降解蛋白的量,在实际生产中常对饲料中蛋白质进行保护处理,可以显著降低被瘤胃微生物分解的量,从而提高日粮蛋白质的利用效率。

饲料蛋白质降解产生的氨和饲料中的非蛋白氮,如尿素、铵盐、酰胺等被微生物分解后产生的氨,一部分氨被微生物利用合成微生物蛋白质,另一部分被瘤胃壁代谢和吸收参与尿素再循环,其余则进入瓣胃。

在生产中,常常用尿素代替日粮中约30%蛋白质。由于尿素在瘤胃内脲酶作用下分解产生氨的速度要比瘤胃微生物利用氨速度快好几倍,所以必须降低尿素在瘤胃内分解的速度,避免瘤胃内氨贮积过多发生机体中毒。延缓尿素分解速度的方法有:抑制脲酶活性、糊化淀粉包被尿素或制作尿素衍生物。除此以外,在瘤胃微生物利用氨合成氨基酸的过程中,氮代谢和糖代谢是密切相互联系的。因此,日粮中供给易消化糖类,使微生物合成蛋白质时能获得充分能量,也是一种必要手段。

4. 维生素合成　瘤胃微生物能合成某些B族维生素和维生素K。所以,在一般情况下奶牛日粮中不需要添加此类维生素。幼龄犊牛,由于瘤胃还没有完全发育,微生物区系没有充分建立,有可能患B族维生素缺乏症。成年反刍家畜,当日粮中钴的含量不足时,由于缺钴瘤胃微生物不能完全合成维生素B_{12}(氰基钴维生素),于是动物出现食欲抑制,幼畜生长不良。

(三)嗳气与反刍

1. 气体的产生与嗳气　饲料在微生物作用下发酵产生大量的二氧化碳和甲烷等气体,牛一昼夜可产生气体600~1 300 L,二氧化碳占50%~70%,甲烷占20%~45%。

嗳气是由于瘤胃内气体增多,压迫瘤胃的感受器所引起的一种反射动作。所嗳出的气体,一部分嗳气经口腔排出,另一部分进入呼吸系统，并通过肺部毛细血管吸收入血。牛嗳气平均为17～20次/h。

瘤胃臌气分为原发性瘤胃臌气和继发性瘤胃臌气两种。原发性瘤胃臌气多是因为所食入的饲草、饲料在瘤胃内产生一种稳定性的泡沫，使瘤胃内正常发酵的气体化为泡沫而不能游离。大量饲喂未经浸泡处理的大豆、豆饼及苜蓿、甘薯秧和生长迅速而未成熟的豆科植物、幼嫩的小麦、青草等可引起发病；小麦、玉米等加工过程中粉碎过细，喂量过多；饲料保管不当发霉、变质或经雨淋、潮湿后饲喂，常引起臌气发生。

2. 反刍　反刍动物在摄食时，饲料不经充分咀嚼就匆匆吞咽进入瘤胃，在休息时再返回到口腔仔细咀嚼的过程。反刍动物在进食后通常经过0.5～1 h后才开始反刍，每一次反刍的时间平均为40～50 min，然后间歇一段时间再开始第2次反刍。成年母牛一昼夜进行6～8次反刍，而犊牛的次数则更多。

犊牛大约在出生后第三周出现反刍，反刍时间出现的早晚与粗饲料进食的早晚有关，如果训练犊牛提早采食粗料，则反刍可提前出现。给犊牛饲喂成年牛逆呕出来的食团，犊牛的反刍甚至可提前8～10天出现。

二、网胃

网胃在4个胃中最小，成年牛约占胃容积的5%，呈前后稍扁的梨形，位于季肋部正中矢面上，与第6～8肋间隙相对。反刍动物采食的饲料粗糙部分刺激前胃感受器，引起神经兴奋上传到逆呕中枢，逆呕中枢又将兴奋下传到与逆呕相关的肌肉，引起收缩。网胃首先收缩，一部分内容物被逐至瘤胃前庭，另一部分则进入瓣胃。因此，可以认为网胃在反刍动物的反刍过程中起着重要的作用。由于网胃前面与膈紧贴，当牛吞食异物时，常因网胃收缩而穿过胃壁和膈引起创伤性心包炎。

网胃沟（又称食管沟）的作用　网胃沟起自贲门，止于网瓣胃孔。犊牛在吮吸乳汁时，网胃沟闭合成管状，乳汁经网胃沟和瓣胃管直接进入皱胃。当犊牛在用桶喂乳时，由于缺乏吮吸刺激，网胃沟闭合不完全，部分乳汁溢入瘤胃产生乳酸发酵引起腹泻。

三、瓣胃

牛的瓣胃占胃总容积的7%～8%，呈两侧稍扁的球形，位于腹腔右侧，与第7～11肋间隙下半部相对。瓣胃黏膜形成百余片互相平行的皱褶，称瓣胃叶，从横切面上看很像一叠"百叶"，又称百叶胃。

自网胃进入瓣胃的流体食糜含有许多微生物、细碎的饲料以及微生物发酵的产物。当食糜通过瓣胃的叶片之间时，一部分水分被瓣胃上皮吸收，另一部分被挤压进入皱胃，食糜变干。较大的食糜颗粒被叶片的粗糙表面揉捏和研磨，变得更为细碎。瓣胃内约消化20%纤维素，吸收约70%食糜的VFA。此外，氯化钠等也可在瓣胃内被上皮吸收。

四、皱胃

皱胃占胃总容积的7%～8%，呈一端粗一端细的弯曲长囊，位于右季肋部和剑状软骨部，与第8～12肋骨相对。

皱胃是反刍动物胃的有腺部分，结构和功能同非反刍动物的单胃类似，分胃底腺和幽门腺两部分。皱胃胃液高度酸性而且是连续分泌的，不断地破坏来自瘤胃的微生物。胃蛋白酶分解微生物蛋白质是皱胃的主要机能。

第二节　奶牛的营养需要

一、奶牛的能量需要

（一）奶牛能量单位

我国奶牛饲养试行标准对奶牛统一采用产奶净能，并将 750 kcal产奶净能(相当于 1 kg 含乳脂 4%的标准乳能量)作为一个奶牛能量单位(NND)。

$$\text{NND}=\frac{\text{产奶净能(kcal)}}{750\ \text{kcal}}$$

例如：1 kg 干物质含量为 89%的优质玉米，产奶净能有 2 154 kcal

$$\text{则，NND}=\frac{2\ 154}{750}=2.87$$

理解为 1 kg 玉米所含能量与 2.87 kg 标准奶所含能量相当。

标准奶的折算：牛奶的能量值随牛奶成分尤其是乳脂率而变化，一般将不同乳脂率的牛奶折算成含脂 4%的标准乳。

$$4\%\text{标准乳的乳量(kg)}=0.4\ M+15\ F$$

式中：M 为未折算的牛奶数量(kg)；F 为牛奶中乳脂含量(kg)。

例：10 kg 含乳脂为 3.6%的奶，折算成标准牛奶的量为：

$$4\%\text{标准乳量}=0.4\times10+15\times10\times3.6\%=9.4\text{(kg)}$$

牛奶能量的含量常用公式 $y=342.65+99.26\times$乳脂率($r=0.940\ 2, p<0.01$)来计算。

例：1 kg 乳脂率为 3.5%的牛奶所含能量为：

$$y=342.65+99.26\times3.5=690.06\text{(kcal)}。$$

(二)成年母牛的能量需要

1. 维持的能量需要　我国奶牛饲养标准中成母牛维持的能量需要采用 85 kcal/kg 代谢体重(kcal/kg$W^{0.75}$)。第一泌乳期的能量需要在维持基础上增加 20%(85+85×20%=102 kcal/kg$W^{0.75}$)，第二泌乳期增加 10%(93.5 kcal/kg$W^{0.75}$)。放牧运动时，能量消耗明显增加，牧草丰盛时可增加10%（如果同时又是头胎牛则维持需要为$85\times(1+20\%+10\%)=110.5\ kcal/kgW^{0.75}$，牧草稀疏时可增加20%。在丘陵或山区放牧时，需要量还要增加，增加量约为维持需要的50%。

奶牛生存的适宜温度为5～25℃。在超过或低于这个范围时，维持能量需要增加。例如，维持需要在5℃时为93×体重$^{0.75}$，0℃时为96×体重$^{0.75}$，－5℃时为99×体重$^{0.75}$，－10℃时为102×体重$^{0.75}$，－15℃时为105×体重$^{0.75}$。总的计算，温度每下降1℃，维持能量需要增加1.2%。严重程度的热应激维持需要量应增加7%～25%。例如，温度在26℃时，增加维持需要的10%，30℃时增加维持需要的22%，32℃增加维持需要的29%，35℃时增加维持需要的34%。

2. 产奶牛的体重变化与能量需要　当产奶母牛日粮的能量不足时，母牛往往动用体内储存的能量去满足产奶的需要，结果体重下降；反之，当日粮能量过多，多余能量在体内沉积，体重增加。每千克增重相当于8 kg标准乳的能量，每千克减重约相当于6.56 kg标准乳。

3. 妊娠母牛的能量需要　母牛在妊娠最后3个月，胎儿的增重速度很快，能量沉积显著增加。妊娠6～9个月时，每天应在维持基础上增加1.33，2.27，4.00和6.67个奶牛能量单位。

4. 生长和肥育牛的能量需要　我国奶牛饲养标准对生长奶牛的维持能量以产奶净能(NEl)来表示。生长奶牛的维持能量需要为$139.7\ kcal/kgW^{0.75}$。

$$生长奶牛的维持净能需要量=77\ kcal/kgW^{0.75}$$

5. 增重的能量需要　增重的能量需要是根据不同生长阶段所沉积能量的多少确定的。英国ARC(1975)根据不同体重在不同增重速度条件下能量沉积的研究，提出了生长和肥育牛的能量沉积公式：

$$\frac{\text{增重的能量}}{\text{沉积(Mcal)}}=\frac{\text{增重(kg)}\times[1.5+0.0045\times\text{体重(kg)}]}{1-0.30\times\text{增重(kg)}}$$

例如，体重 150 kg 生长牛要求有 1 kg 的日增重，则，

$$\text{增重的能量沉积}=\frac{1\times[1.5+0.0045\times150]}{1-0.30\times1}=3.11(\text{Mcal})$$

合 4.14 个奶牛能量单位

生长公牛的维持能量需要量与生长母牛相同，由于生长公牛能量利用率比生长母牛稍高，故生长公牛增重的能量需要量按生长母牛的 90%计算。

二、日粮中的干物质和粗纤维

产奶母牛干物质采食量的计算：

$$\text{干物质进食量(kg)}=0.062W^{0.75}+0.40y\text{，精粗比为 }60:40$$

$$\text{干物质进食量(kg)}=0.062W^{0.75}+0.45y\text{ 精粗比为 }45:55$$

式中：W 为体重(kg)；y 为日产奶量(kg)

干物质采食量的估计值在特殊情况下需要做出调整，例：在泌乳前 3 周下调 18%。一般情况下日粮中粗纤维占 15%～17%，酸性洗涤纤维 19%～20%，中性洗涤纤维 25%～28%为适宜。奶牛饲喂以玉米或苜蓿青贮为主要饲草，以干粉碎玉米为主要淀粉源的情况下，日粮干物质中总纤维推荐为 25%，其中 19%纤维须来自饲草。

三、蛋白质的营养需要

(一)奶牛的小肠蛋白质营养体系

日粮蛋白质进入瘤胃，被降解蛋白质称之为瘤胃可降解蛋白

质(RDP),没有降解的蛋白质被称为非降解蛋白质(UDP)。传统的粗蛋白质或可消化蛋白体系没有反应出降解与非降解部分的比率,降解部分转化为微生物蛋白质的效率,以及非降解部分在小肠被吸收利用的情况。

新蛋白体系基于:反刍动物随食物进食的含氮物质包括非蛋白氮和真蛋白,真蛋白在瘤胃内一部分被降解,另一部分未降解。非蛋白氮(100%降解)和真蛋白中的被降解部分共同作为合成微生物蛋白的原料,在瘤胃内合成微生物体。非降解蛋白和微生物体进入消化道下段,主要在小肠经消化、吸收供动物利用。因此,反刍动物的蛋白质需要,实质上是由饲料中非降解蛋白和瘤胃微生物蛋白提供。而降解蛋白又是合成瘤胃微生物体的原料。见图 4-2。

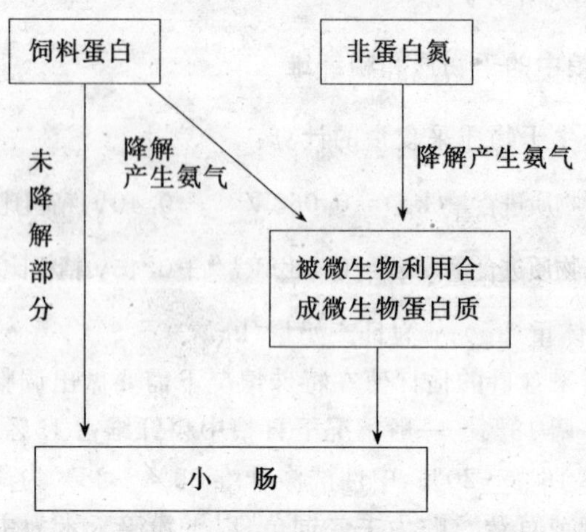

图 4-2 小肠蛋白质示意图

小肠蛋白质的评定:

小肠蛋白质=饲料瘤胃非降解蛋白质+瘤胃微生物蛋白质

饲料瘤胃非降解蛋白质=饲料蛋白质-饲料瘤胃降解蛋白质

小肠可消化蛋白质＝小肠蛋白质×小肠消化率＝(饲料瘤胃非降解蛋白质＋瘤胃微生物蛋白质)×小肠消化率

目前对微生物蛋白质合成量的评定有两种方法,一种是通过饲料瘤胃降解蛋白质进行评定,另一种是通过瘤胃可发酵有机物进行评定。饲料在瘤胃的降解蛋白质转化为微生物蛋白质的效率为0.9;微生物蛋白质在小肠的消化率为0.70;饲料非降解蛋白质在小肠的消化率为0.65。

饲料的小肠可消化蛋白质＝(饲料瘤胃降解蛋白质×降解蛋白质转化为微生物蛋白质的效率×微生物蛋白质的小肠消化率)＋(饲料非降解蛋白质×小肠消化率)＝(饲料瘤胃降解蛋白质×0.9×0.70)＋(饲料非降解蛋白质×0.65)

小肠可消化粗蛋白质转化为体沉积蛋白的效率采用0.60;小肠可消化粗蛋白质转化为奶蛋白的效率采用0.70。

例如,1 kg含粗蛋白为8.1%的玉米,蛋白降解率为41.13%,则其小肠可消化蛋白质含量为:

玉米粗蛋白量＝1 000×8.1%＝81(g)

降解蛋白量＝81×41.13%＝33.3(g)

非降解蛋白量＝81－33.3＝47.7(g)

根据以上公式,1 kg玉米的小肠可消化蛋白质＝33.3×0.9×0.7＋47.7×0.65＝52(g)

查营养需要表(奶牛营养需要修订第二版),该玉米的瘤胃可发酵有机物(FOM)含量为0.359 kg/kg,另一种是根据用可发酵有机物评定小肠可消化粗蛋白质。当瘤胃氮源满足瘤胃微生物蛋白质的合成需要时,瘤胃微生物蛋白质(MCP)与瘤胃可发酵有机

物(FOM)的比值为一常数(MCP/FOM＝136),因此:

该玉米用可发酵有机物评定的微生物蛋白质＝0.359×136＝48.8(g)

(二)瘤胃能氮平衡

瘤胃能氮平衡＝用瘤胃可发酵有机物评定出的微生物蛋白质量－用瘤胃降解蛋白质评定的瘤胃微生物蛋白质量

饲料在瘤胃的降解蛋白质转化为微生物蛋白质的效率为0.9,所以该玉米的

瘤胃微生物蛋白质量＝33.3×0.9＝30(g);

瘤胃能氮平衡＝48.8－30＝18.8(g)。

结果为正值,说明瘤胃能量有富余,如果结果为零则表明平衡良好,如果为负值则表明应增加瘤胃中的能量。根据瘤胃能氮平衡的结果,如果能量有富余,可以利用添加非蛋白氮的方法增加小肠可消化蛋白的含量。以尿素为例:

尿素的有效用量(ESU)＝瘤胃能氮平衡/(2.8×0.65)＝18.8/(2.8×0.65)＝10(g)

式中:2.8为尿素的粗蛋白当量;0.65为尿素氮被瘤胃微生物利用的平均效率。

(三)维持的蛋白质需要

维持的可消化粗蛋白质的需要量为3.0 g×体重$^{0.75}$,200 kg体重以下用2.3 g×体重$^{0.75}$;小肠可消化粗蛋白质的需要为2.5 g×体重$^{0.75}$,200 kg体重以下用2.2 g ×体重$^{0.75}$。

例如,体重为500 kg的奶牛,其维持的可消化粗蛋白质需要为3.0×500$^{0.75}$＝317.1 g,其维持的小肠可消化粗蛋白质需要为

$2.5 \times 500^{0.75} = 264.3$ g。

(四)产奶的蛋白质需要

产奶的蛋白质需要量取决于奶中的蛋白质含量。在乳蛋白质没有测定的情况下,亦可根据乳脂率进行测算:

$$乳蛋白率(\%) = 2.36 + 0.24 \times 乳脂率$$

$$(p < 0.01, n = 330)$$

国内的奶牛产奶氮平衡试验结果表明,可消化粗蛋白质用于奶蛋白的平均效率为 0.6,小肠可消化粗蛋白的效率为 0.7,所以:

$$\begin{matrix}产奶的可消化\\粗蛋白质需要量\end{matrix} = 牛奶的蛋白质量/0.60$$

$$\begin{matrix}产奶的小肠可消化\\粗蛋白质需要量\end{matrix} = 牛奶的蛋白质量/0.70$$

例如,体重为 500 kg 的奶牛日产乳脂率为 3.5%的奶 20 kg,则其产奶的可消化粗蛋白质需要为:

$$乳蛋白率(\%) = 2.36 + 0.24 \times 3.5 = 3.2$$

产奶的可消化粗蛋白质需要为:

$$20 \times 3.2\%/0.60 = 1.07\ \text{kg} = 1\ 070\ \text{g}$$

产奶的小肠可消化粗蛋白质需要为:

$$20 \times 3.2\%/0.70 = 0.91\ \text{kg} = 910\ \text{g}$$

(五)生长牛的蛋白质需要

生长牛的蛋白质需要量取决于体蛋白质的沉积量。

$$\begin{matrix}增重的蛋\\白质沉积(g/天)\end{matrix} = \Delta W \times (170.22 - 0.173W + 0.000\ 178W^2) \times (1.12 - 0.125\ 8\Delta W)$$

式中:ΔW 为日增重(kg);W 为体重(kg)。

生长牛日粮可消化粗蛋白用于体蛋白质沉积的利用效率为55％。幼龄时效率较高，体重40～60 kg可用70％，70～90 kg可用65％。生长牛日粮小肠可消化粗蛋白的利用效率为60％。

例如：体重200 kg，日增重1 kg

增重的蛋白质沉积＝1×(170.22－0.173 1×200＋0.000 178×200^2)×(1.12－0.125 8×1)＝129(g)

增重的可消化粗蛋白质需要量＝129/0.55＝235(g/天)

增重的小肠可消化蛋白质需要量＝129/0.60＝215(g/天)

(六)妊娠的蛋白质需要

妊娠的蛋白质需要按牛妊娠各阶段子宫和胎儿所沉积的蛋白质量进行计算。可消化粗蛋白质用于妊娠的效率按65％计算，小肠可消化粗蛋白质的效率按75％计算，则在维持的基础上，可消化粗蛋白质的给量，妊娠6个月时为50 g，7个月时为84 g，8个月时为132 g，9个月时为194 g，小肠可消化粗蛋白质的给量，妊娠6个月时为43 g，7个月时为73 g，8个月时为115 g，9个月时为169 g。

四、奶牛矿物质元素的需要

1. 钙、磷　维持需要按每100 kg体重给钙6 g和磷4.5 g；每千克标准乳给钙4.5 g和磷3 g可满足需要。生长牛钙磷的需要，维持需要按每100 kg体重给钙6 g和磷4.5 g，每千克增重给钙20 g和磷13 g。钙磷比为2∶1～1.3∶1达到较高的吸收效果。

当食入的钙量与需要的钙量比值越高时，钙的吸收率反而降低。当进食钙/需要钙之比为1.0～1.5时，达到0.68的较高吸收率；进食钙/需要钙值为4.5～5.0时，吸收率为0.28。当食入的磷量与需要的磷量比值越高时，磷的吸收率也会下降。当进食磷/需要磷小于1.5时，吸收率为0.58；进食磷/需要磷大于1.75时吸收率为0.39。

2. 食盐 维持需要按每100 kg体重给3 g，每产1 kg标准乳给1.2 g。精料中盐的含量一般占1%，过多反而起不到调味的作用，失去促进食欲的效果，且降低适口性。较好的方法是与矿物质制成舔砖，自由舔食。

3. 钾 生长牛、肥育牛和奶牛对钾的需要量为日粮干物质的0.6%～1.5%，青粗料中含有充足的钾，但不少精饲料的含钾量较低，故饲喂高精料日粮有可能缺钾。犊牛生长期钾的含量为0.58%时最佳。在热应激条件下，日粮中钾的含量为1.5%时能够获得最佳的泌乳性能。日粮中钾含量降低将会影响奶牛采食量和产奶量。

4. 镁 镁在瘤胃发酵中起着重要作用。哺乳犊牛每千克体重进食镁12～16 mg能维持血液镁的正常水平。日产10 kg奶的产奶母牛需13.8 g，日产20 kg奶的需20.1 g，日产30 kg的需26.4 g。成年怀孕母牛日需7.8～9.4 g。50～400 kg的生长牛每天的需要量，日增重0.33 kg生长牛为0.4～6.6 g，日增重0.5 kg的为0.5～7.0 g，日增重1.0 kg的为0.8～8.0 g。有些禾本科草场在早春时会出现含镁不足，而引起一种叫做“青草痉挛症”的疾病。日粮中高钠会增加尿镁的排出，含有高钾的日粮会降低镁的吸收。NRC(1989)推荐镁的需要量为日粮干物质的0.4%，过高将影响奶牛采食量以及引起腹泻。

5. 硫 缺硫会影响牛对纤维素的消化和所产生的挥发性脂肪酸的比例。日粮硫的需要量为干物质的0.20%。在饲喂尿素的日粮中，为了满足瘤胃微生物合成氨基酸的需要，以提高尿素的利用率，每 100 g 尿素可给无机硫 3 g，日粮中硫氮比为（10～12）：1 为最佳状态。缺硫症状与缺蛋白质相似。

6. 碘　给妊娠母牛单一饲喂玉米青贮或大量饲喂豆饼，会造成犊牛甲状腺肿大，大量喂十字花科的青饲料时，应提高日粮中的含碘量。维持需要每 100 kg 体重给碘 0.6 mg。泌乳牛需碘较多，为 1.5 mg/100 kg 体重。

7. 钴　钴是维生素 B_{12} 的成分，饲料中缺钴会降低维生素 B_{12} 合成量。钴缺乏的早期症状是生长迟缓、消瘦、失重。比较严重的症状是肝中脂肪降解，极度贫血。牛对钴的需要量为每千克饲料中干物质含 0.07～0.1 mg。

8. 铜　铜缺乏的典型症状是毛的色泽沉积，尤其在眼睛周围，皮屑脱落也是反刍动物缺铜的症状。饲料中铜的含量一般为所需的 3～4 倍，每千克日粮干物质中含 4 mg 铜就能满足奶牛的需要，对于犊牛每天进食铜 10 mg 可满足需要，产奶牛每千克日粮干物质中含 10 mg，能够满足要求。钼能影响铜的吸收，在日粮含钼和硫酸盐多的地区可提高 2～3 倍的需要量。缺铜地区可在食盐中加 0.5%的硫酸铜。高铁和高硫日粮共同作用影响铜的吸收。

9. 钼　每千克饲料干物质中含 0.01 mg 或再低一些可满足需要，每千克饲料含钼 20 mg 可引起中毒。日粮中不提倡补充钼。

10. 铁　缺铁会引起贫血。每千克饲料中含铁 80 mg 以上就可满足需要。只喂奶的犊牛容易因为缺铁而贫血，前 4～8 周在日粮中每天补充 30 mg 铁，或在初生和 8 周龄时注射 500 mg 铁足以防止贫血。对 20 周龄以内的喂奶犊牛补铁能促进增重。

11. 锰　缺锰会导致生长受阻，骨骼畸形，生殖紊乱，新生儿畸形。NRC 的奶牛生长需要每千克日粮中含有 20 mg 可以满足生长牛的需要。ARC(1980)推荐每千克日粮中含锰 10 mg 可满足奶牛的生长，20～25 mg/kg 干物质可维持动物的正常繁殖。日粮含锰量为 16～17 mg/kg 干物质时，会出现缺乏症状。多数粗饲料每千克干物质中含有 30 mg 以上的锰，因此一般情况下不需要补充锰。高浓度的钙、钾、磷日粮促进锰的排出，日粮中过量的铁阻止锰在犊牛体内的沉积。

12. 锌　缺锌奶牛采食量和生长速度下降，随着时间延长，蹄角质化，腿、头部（尤其是鼻部）和脖周围的皮肤出现角质化。在多数情况下锌干扰铜的吸收，引起铜缺乏症。镉对锌和铜的吸收具有拮抗作用，并且也干扰肝脏和肾脏组织锌和铜的代谢。铅竞争性地抑制锌的吸收，也干扰锌功能的发挥，锡也能干扰锌的吸收。

13. 硒　缺硒与维生素 E 缺乏症状相似，表现为白肌病，肌营养不良。症状为腿脆弱和硬化，蹄关节弯曲，肌肉颤抖。心肌和骨骼肌可见明显的条纹且坏死。母牛妊娠后期补加或注射硒，会降低胎衣不下的发病率。每千克日粮干物质含硒 0.05～0.1 mg 时，便不会发生缺硒症状。对怀孕和泌乳母牛，每千克日粮干物质用亚硒酸钠补充 0.1 mg 能防止缺硒症。常推荐日粮含硒量为 0.35～0.40 mg/ kg 干物质。每千克日粮干物质中含硒 5 mg 即可引起中毒。

14. 铬　铬能够提高干物质采食量和产奶量，降低应激犊牛的死亡率。添加水平不详。

矿物质元素缺乏时造成的影响见图 4-3。

五、维生素的需要

维生素是奶牛维持正常生产性能和健康所必需的营养物质。有充分根据说明瘤胃微生物合成 B 族维生素及维生素 K。故传统认为，成年牛尽管长期喂以不含 B 族维生素的日粮，也不会表现出任何一种 B 族维生素缺乏症；维生素 C 牛本身也能合成（因多数哺乳动物及家禽均能在肝脏和肾脏中利用单糖合成维

项目	骨生长不正常	降低产奶量	肌肉不协调	紧张	死亡	异食癖	生长减慢	食欲下降	腹泻	消化能力下降	皮毛异常	繁殖能力下降	胎衣不下	贫血	甲状腺
钙	■	■	■	■	■										
磷	■					■	■	■				■			
镁				■	■		■			■					
钾		■				■		■			■				
钠		■	■	■	■	■	■				■				
硫		■					■	■		■					
钴		■						■			■			■	
铜	■	■			■		■		■		■	■	■		
碘		■											■		■
铁							■							■	
锰	■		■									■			
硒			■		■								■		
锌							■	■			■				

图 4-3 矿物质元素缺乏时造成的影响

(资料提供:中欧奶类项目技术援助组 营养学博士 John M Chesworth)

生素 C,但人类、灵长类、豚鼠、少数鸟类及蝙蝠不能),无需从饲料中供应,所以对牛来说需要从饲料中供给的维生素只有维生素 A、维生素 D、维生素 E 三种。但是,最近的研究表明,随着奶牛产奶量提高,日精中精料比例的增加以及饲料加工过程中维生素的破坏作用,在日粮中添加某些水溶性维生素对提高奶牛的生产性能、改善乳质、增强免疫机能和繁殖功能、减少疾病的发生有显著的作用,如硫胺素(维生素 B_1)、烟酸(维生素 B_5)、维生素 B_{12}和维生素 C 等。

(一)维生素 A

哺乳犊牛可由奶中获得维生素 A,断奶后可由饲料中获得 β-胡萝卜素再转化成维生素 A。维生素 A 维持正常的视觉、上皮组织的健全、骨骼的生长发育、脑脊髓液压、皮质酮的合成和繁殖机能。维生素 A 缺乏的主要特征是夜盲症和上皮组织角化症,其脑脊髓液压升高是最敏感的指示物之一。据报道,适量的维生素 A 和 β-胡萝卜素对公牛的内分泌调节、生殖器官的正常发育及精液品质都有显著作用,能够促进母牛的性成熟、受胎率和正常的繁殖机能,降低奶牛乳房炎,提高奶牛的繁殖机能。研究表明,热应激状态下添加 β-胡萝卜素能够增加受胎率和产奶量。NRC 建议,生长牛 β-胡萝卜素为 10.6 mg/100 kg 体重,妊娠和泌乳牛为 19 mg/100 kg 体重;干奶期维生素 A 为 40 000 IU/天,高产奶牛为 80 000 IU/天,低产奶牛为 51 600 IU/天。我国标准建议,生长牛 β-胡萝卜素为 10～12.7 mg/100 kg 体重,妊娠和泌乳牛为 19.06～19.14 mg/100 kg 体重;生长牛维生素 A 为 4 000～4 860 IU/100 kg 体重,妊娠和泌乳牛维生素 A 为 7 600～7 700 IU /100 kg 体重。青绿饲料中含有 β-胡萝卜素,而且颜色越绿含量越丰富,因为叶绿素与 β-胡萝卜素共存,所以如果天旱少雨,缺乏青绿饲料时易出现维生素 A 缺乏症,据测定动物的肝脏和体脂肪中能储存大量的维生素 A,反刍动物的储存能力最强,成年牛每克肝脏中维生素 A 的储存量为 618 IU,而猪只存 85 IU。成年牛高于犊牛,犊牛每克肝脏中维生素 A 的储存量为 121 IU。在体内储存量最多的情况下,甚至可满足牛 6 个月之需。所以,若夏秋季青绿饲料充足、质量好,下年 3～5 月份又能接上青绿饲料的话就不会出现维生素 A 缺乏症。否则,若秋季青绿饲料不充足,质量又不好,则下年维生素 A 缺乏症出现的时间会早。

要求额外添加维生素 A 的情况有:

(1)低粗料日粮(瘤胃破坏程度高,β-胡萝卜素的摄入量少)。

(2)大量玉米青贮和少量干草的日粮。

(3)含低质粗料的日粮(β-胡萝卜素含量低)。

(4)面临传染病原的威胁(对免疫系统的需求提高)。

(5)免疫机能可能降低的时期(分娩前后)。

对泌乳牛而言,维生素 A 的安全摄入上限是 66 000 IU/kg 日粮。

(二)维生素 D(维生素 D_3)

最基本的功能是促进肠道钙和磷的吸收,提高血清钙和磷的水平,促进骨的钙化。由于维生素 D_3 的代谢需要在肝脏中的转化,肝功能障碍时,造成 25-羟胆钙化减少,导致钙、磷代谢障碍,容易导致幼年牛患佝偻病或软骨病及使成年牛骨质疏松。NRC 建议,干奶期维生素 D_3 为 10 000 IU/天,高产奶牛为 25 000 IU/天,低产奶牛为 16 000 IU/天。我国标准建议,维生素 D_3 为 6 500 IU/天。而最近的研究认为,干奶期维生素 D_3 为 31 500 IU/天,高产奶牛为 40 000 IU/天,低产奶牛为 32 500 IU/天才能最大限度发挥奶牛的生产性能和抗病能力。凡经太阳晒过的草料均含维生素 D,在阳光照射下,牛的皮肤也能合成维生素 D。因此,牛通常不会发生缺乏症。长期舍饲、晒不到太阳的牛群、高产奶牛或缺乏干草时应补充维生素 D。让牛晒太阳和喂太阳晒过的草料均是补充维生素 D 之简便方法。多余的维生素 D 尚能储存于体内。

(三)维生素 E

最新的研究表明维生素 E 在动物体内具有广泛的生物学功能,适宜的维生素 E 补充可以增强奶牛的繁殖机能,减少乳房炎和胎衣不下,改善牛奶品质。维生素 E 和硒联合使用可起到更显著的效果。据报道,日粮中添加 3 000 IU/(头·天),肌肉注射 5 000 IU/(头·天)可以明显增加奶牛的免疫功能,降低乳房炎发病率。妊娠后期日粮同时添加维生素 E 和硒能够提高初乳的产奶量,增强犊牛的被动免疫和生长。NRC 建议,干奶期维生素 E 为

150 IU/天，高产奶牛 375 IU/天，低产奶牛 240 IU/天。我国标准建议，维生素 E 添加量为 385 IU/天。而最新研究认为，干奶期为 280 IU/天，高产奶牛为 590 IU/天，低产奶牛为 450 IU/天才能最大限度发挥奶牛的生产性能和繁殖能力。维生素 E 在饲料中分布十分广泛，正常饲养条件下的反刍动物能从饲料中获得足够量的维生素 E，并且，由于饲料中的易氧化的不饱和脂肪酸在瘤胃中受到加氢作用，故对维生素 E 的需要量相对较少。

（四）烟酸

烟酸可促进瘤胃微生物合成蛋白质，这可能是由于烟酸能够提高瘤胃中丙酸浓度，使乙酸和丁酸浓度降低的结果。烟酸能够减轻奶牛泌乳早期能量的应激，减少奶牛酮病，这是由于烟酸可使奶牛在分娩后血糖升高，血清中游离脂肪酸下降，减少脂肪分解，进而减少酮体（乙酰乙酸，丙酮和 β-羟丁酸）在牛体内的积蓄。添加烟酸能使奶牛的产奶量提高 2.3%～11.7%，乳脂率提高2.0%～13.7%，奶牛每头日补饲大约 6 g 烟酸（200～400 mg/kg）比较理想，且补饲应从产前 2 周开始直到配种。

（五）硫胺素（维生素 B_1）

硫胺素有维护奶牛中枢神经系统正常功能、影响某些氨基酸的转氨作用和机体脂肪合成能力的作用。硫胺素缺乏的典型症状是脑灰质软化症，表现为精神不振、肌肉运动失凋、进行性失明、痉挛和死亡等特征。最近的研究认为，饲喂奶牛高营养或高糖日粮会刺激瘤胃微生物合成一种硫胺素分解酶，一种破坏硫胺素的酶或与酶有关的物质，饲喂上述日粮能使硫胺素类似物在瘤胃内增多，这种物质抑制硫胺素的代谢。目前对硫胺素的适宜添加量尚不确定，须进一步研究。

（六）维生素 B_{12}

维生素 B_{12}对维持奶牛的正常营养，促进上皮的正常增生，加速红细胞的生成以及保持神经系统髓磷脂的正常功能有重要作用。研究表明，缺乏维生素 B_{12}会降低纤维素的消化。维生素 B_{12}的合成需要微量元素钴的参与，成年反刍动物可以利用钴合成自身需要的维生素 B_{12}，但幼龄反刍动物瘤胃功能尚不健全，故必须由日粮供给。

复习思考题

1. 简述牛消化道的构造与单胃动物的异同点。
2. 为什么说牛消化的特点在于瘤胃消化？
3. 瘤胃微生物如何分解碳水化合物？
4. 简述瘤胃内蛋白质的发酵。
5. 正常情况下牛需要从饲料中供给哪些维生素？

第五章　配合饲料与日粮配合

重点提示：本章主要学习配合饲料的生产工艺、饲料配方设计的原则、饲料配方设计的方法（试差法、四角法、公式法）、浓缩饲料及配制技术、添加剂预混料配制技术。

第一节　配合饲料

一、概念与分类

配合饲料是指用两种以上的单一饲料配合而成的均匀混合物。它是以动物营养需要和饲料营养价值评定的研究成果为基础，设计出营养平衡的配方。经有关部门批准后按规定的生产工艺流程生产的具有营养性和安全性的商品饲料。这种饲料能满足不同种类、不同生产目的、不同生产水平和不同发育阶段的各种动物的营养需要，最大程度的发挥动物的生产潜力，使饲养者获得最大的经济效益。

（一）按营养成分和用途划分

1. 添加剂预混料　又称预混合饲料或预混料，它是由一种或多种具有生物活性的微量成分如维生素、氨基酸、微量元素和非营养性饲料添加剂与载体和稀释剂等按一定比例配制而成的均匀混合物。它在配合饲料中虽然比例很小（一般0.25%～3%），但却起着非常重要的作用。

2. 浓缩饲料　又称平衡用配合饲料（美国）、蛋白质-维生素补充饲料（欧洲）、精料（泰国）。主要由添加剂预混料、蛋白质饲料、矿物质饲料等组成。在全价配合饲料中的比例变化很大，可占5%～50%。有人根据使用时与能量饲料的配合比例将其分为一九料（一份浓缩饲料与九份能量饲料混合）、二八料（二份浓缩饲料与八份能量饲料混合）、三七料（三份浓缩饲料与七份能量饲料混合）。

3. 精料混合料　又称补充饲料，它是由浓缩饲料和能量饲料按一定的比例混合而成的，与粗饲料混合后才可供反刍动物、草食动物饲用。

4. 全价配合料　主要由添加剂预混料、蛋白质饲料、矿物质饲料、能量饲料等配制而成。其中各种营养成分全面而均衡，能完全满足动物的营养需要，不再需补充任何饲料即可直接饲喂。生产上主要用于猪、禽等单胃动物。

（二）按饲料形状可分为

（1）粉状饲料。

（2）颗粒饲料。

（3）碎粒料。

（4）压扁饲料。

（5）膨化饲料。

（6）块状饲料。

二、配合饲料的生产工艺

配合饲料的生产工艺对配合饲料的质量有很大的影响。我国配合饲料机械虽早在20世纪50年代即有零星生产，但在20世纪70年代以前，几乎没有专业化的饲料机械生产厂家。所谓饲料机械不过是以粉碎机为主的单机，对饲料加工仅为简单配合，而无工艺要求。进入80年代后，饲料机械工业得到迅速发展，品种不断增加，已由单一的粉碎机逐步发展到饲料混合、配料计量、微电脑控制等不同工艺环节相互衔接的成套设备，其中有的饲料机组已达到世界先进水平。从目前情况，虽然由于不同饲料生产企业的主产品不同，生产工艺也有所差别，但基本上都遵从以下工艺流程，见图 5-1。

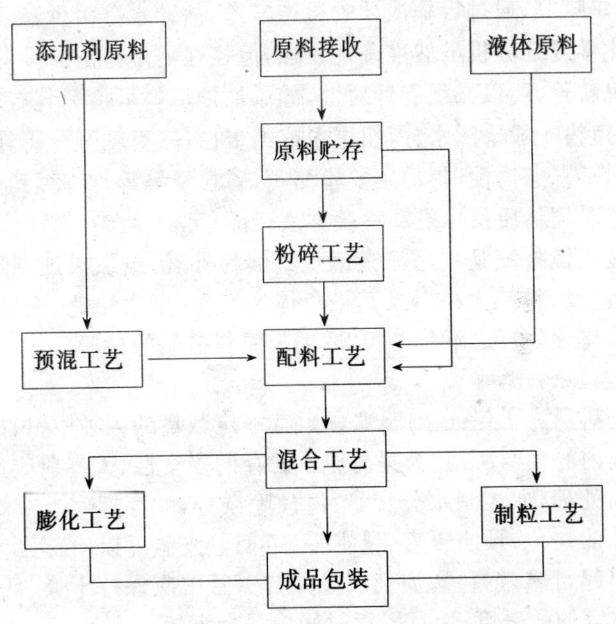

图 5-1　配合饲料生产工艺流程图

（一）原料接收

配合饲料原料的质量是提高配合饲料产品质量的基础，只有选用优良原料，才能生产出优质的产品。如果原料品质不良，即使配方再合理，计量再准确，混合再均匀，也生产不出好的配合饲料产品。因此在选择或接收原料时，必须对其进行品质评定，但原料接收的时间性较强，所以其评定方法一般应以简捷、快速、准确为原则，常用方法有感官鉴定、主要成分分析及显微镜镜检等。

感官鉴定就是通过感觉器官来鉴定原料的质量，它是一种灵活、快速、简易的方法，但检验结果往往受检验人员技术水平的影响较大。其主要内容包括：利用视觉检测物料的形状、色泽，有无霉变、虫害、硬块、异物及夹杂物等；通过嗅觉鉴别有无霉味、臭味、氨味、糊焦味等；通过舌舔或牙咬检查味道、估计水分多少、硬度等。

化学成分分析虽然准确性较强，但往往需用一定的设备，检验时间也较长，所以必须有针对性，如添加剂原料可检测其有效成分含量，鱼粉一般检测水分、粗蛋白或纯蛋白等；豆粕可分析其水分、粗蛋白及脲酶活性；骨粉主要检测钙、磷含量等等。对此，我国目前已颁布了饲料质量标准和检验方法标准，可供参考。

显微镜检测是利用显微镜观察饲料外观、组织或细胞形态和结构、色泽、颗粒大小以及其染色体特性等，不仅快速、准确，而且可弥补化学分析之不足，尤其适用于原料掺假的检验。

（二）原料贮存

饲料厂为了保证生产，必须贮存一定数量的各种原料，以供一定时间内的生产所用。为提高原料贮存的安全性，入库前应进行必要的前处理，如控制水分含量、清理除杂等，贮存期间也应严格控制水分的变化，预防虫害、鼠害等，定期检查温度以防霉菌大量繁殖和引起自燃，饲料添加剂在贮藏与保管中应保持干燥、低温、避光和适宜的酸碱度，而且贮存时间应尽量缩短。

（三）粉碎

粉碎是饲料厂最基本的加工工序，粉碎的主要作用和目的是方便采食，促进消化、利于混合和制粒。粉碎不仅与配合饲料的质量有密切的关系，而且对饲料成本有很大影响，因为饲料厂中用于粉碎的动力消耗一般可占总电力消耗的50%以上，因此生产中推荐的粒度范围大致如下：

哺乳期1.0 mm 以下，幼龄牛2.0 mm 以下，后备牛6.0 mm 以下（谷物 2.0 mm 以下），青年牛及成年牛 15.0 mm 以下（谷物 2.0 mm以下）。

（四）配料

配料是指按照设计的饲料配方，通过计量设备给出成品饲料所要求的各种组分的过程。配料工序直接关系到产品质量的好坏，若配料不准确，将无可挽回地影响到配合饲料的质量，因此可以说配料是饲料厂的核心。配料方法主要分人工配料和自动配料两种方式。

人工配料是目前我国生产的小型饲料加工机组普遍采用的方法，即将参加配料的各种组分人工称量后，加入混合机中。该方法工艺简单，设备投资少，产品成本低，计量灵活、准确，但人工操作的环境差，劳动强度大，劳动生产率低，尤其是操作工人劳动较长时间后，往往容易出差错。

自动配料主要用于一些大中型饲料加工机组，根据其计量原理又分为重量式配料秤和容积式配料秤两种，国内常用的重量式配料秤主要有机械秤和传感式电子秤两种，由于它称量准确、配料方便，在大中型饲料厂中被广泛应用。重量式配料秤分为批配料设备，根据配料秤与料仓组合形式的不同，又可分为一料一秤和多料一秤两种工艺。一料一秤配料就是在每个配料仓下各有一个配料秤。配料开始后，各料同时称重，当所有配料秤称重结束后，秤门同时打开，物料经集料斗或输送机进入混合机混合。多料一秤配料是在配料仓群下只设一或两个配料秤，喂料机在电气程序或电脑控制下，逐仓依次运转，向配料秤喂料，每当前一种料入秤重量达到配方设定值时，相应喂料机停机，另一仓的喂料机方能启动喂料，直到配完最后一种料，秤门方能打开，物料经集料斗进入混合机混合。容积式配料是一种连续配料工艺，它是集出仓配料机与配料设备为一体的设备，由于各仓内粉料密度千变万化，物料流动极不稳定，致使容积性供料稳定性差，配料误差较大。

（五）混合

混合工艺是保证饲料产品营养成分均匀分布，质量稳定的关键环节。常用的混合设备主要有以下几种：

1. 立式螺旋混合机　又称垂直绞龙式混合机，工作时物料进入机体内，被垂直螺旋送到顶部撒向圆柱体的内壁，作不规则下落回到圆柱体的底部，如此循环，直到混合均匀为止。该机配备动力小，占地面积小，结构简单，造价低，但混合均匀度较差，混合时间长，残留量也较大，更换配方时易对下批料造成污染。一般只适于小型饲料厂，但不可用于预混料厂。

2．卧式混合机　又称卧式螺旋混合机，根据螺旋的数量可分为内外两条螺旋的双螺旋混合机、三螺旋混合机、四螺旋混合机等。工作时配好的物料进入混合机后，物料在内外螺旋的推动下，按逆流原理进行充分混合，即物料在外螺旋的作用下，由右向左作螺旋式翻动，在内螺旋的作用下，由左向右作螺旋式翻动，从而使物料在扩散、对流、剪切的综合作用下进行均匀混合。该机具有混合均匀度高、搅拌时间短、产量高、效率高等优点，可适于各种配合饲料的混合，但占地面积大，配备动力大，造价高。

3．行星式混合机　又称行星绞龙混合机，主要借助于螺旋搅拌器的自转和围绕中心轴的运转，即运转时机体内物料形成轴向和径向两个方向强烈的运动，达到混合目的，该机混合效果好，底部残留量也小，并可添加液体饲料，但造价高。

4．转鼓式混合机　该机主要靠鼓的旋转及鼓壳体内具有一定倾斜度的叶片之作用，使混合机上下翻动，将物料上下扩散混合，故残留小，混合粉状物料效果好，但操作时花费时间较多，造价也较高，且添加液体时会产生黏结现象，影响混合效果，主要适于微量元素预混料的生产。

5．V型混合机　该机混合精度高，但物料的投入和排出比较繁忙，所以主要适于小批量预混料的生产。

对于各种混合机都存在最佳搅拌时间问题，因此对于初次使用的新搅拌机必须测定混合均匀度以确定最佳搅拌时间，另外，最佳搅拌时间和混合均匀度往往由于工作部件的变形和损坏而改变，所以搅拌机每使用一段时间（如半年或3个月）应检测1次，以便及时发现问题，及时维修和调整。

(六)包装

包装是指在物料的运输、保管等过程中,为保护其价值及状态,用适当的材料、容器将其加以包裹的技术。饲料的包装对于浓缩料和全价料多采用单、双层编织袋,规格为25 g、40 g、50 g不等,预混料则多采用三合一纸袋加塑料内衬包装,规格一般为20 kg和25 kg。包装袋的印刷内容应包括饲料名称、营养成分保证值、净重、生产日期、保质期、厂名、厂址、产品标准代号等,详见中华人民共和国标准《饲料标签》(GB 10648-93)。

三、配合饲料的质量检验

为确保配合饲料的产品质量,了解配合饲料的内在质量状况,在成品出厂前必须进行质量检验。其检验项目依配合饲料种类及要求等而定,常见项目及方法如下:

(一)加工质量的检验

(1)感官检验。即根据饲料用途、种类以及平时对配方原料特征的观察和了解等,凭眼、鼻、手等感觉器官,对配合饲料的色泽、气味、干湿度、亮度等项目鉴别其原料新鲜状况、水分含量、粉粒细度、混合均匀程度及混有杂质等,该法简单易行,但受检验人员的技术水平影响较大。

(2)粉碎粒度的测定(GB 5719—86)。

(3)混合均匀度的测定(GB 5918—86)。

(二)营养成分分析

饲料中的营养成分种类很多,尤其是微量成分(如氨基酸、微量元素、维生素等)的分析,需要专门的仪器设备,非一般饲料厂所能及,因此,配合饲料中营养成分的测定项目,一般取决于配合饲料的种类,对于浓缩饲料、全价配合料多测定有效能、粗蛋白、粗纤维、钙、磷、盐、水分等,对于预混料及10%以下的浓缩料,往往还需测定各种维生素、微量元素和氨基酸的含量。

（三）饲料卫生标准检验

饲料的卫生质量主要取决于其中各种有毒有害物质及微生物的含量，主要检验项目有：砷、铅、汞、镉、氟、氢化物、亚硝酸盐、黄曲霉毒素、游离棉酚、异硫氰酸酯、恶唑烷硫铜、六六六、滴滴涕、沙门氏杆菌、霉菌总数、细菌总数等等，其适用范围及允许含量标准，详见《饲料卫生标准》(GB 13078—91)。

第二节　饲料配方设计的原则

饲料的合理搭配（饲料配方设计）是指将所掌握的关于动物营养需要量、饲料营养成分及特性、饲料加工技术等知识相综合，把各种原料按一定的比例搭配在一起，从而为动物设计出营养平衡而价格低廉的全价日粮，以充分发挥动物的生产潜力并获得最大经济效益。合理搭配饲料是畜牧生产中非常重要的技术环节，饲料搭配的合理与否，直接影响到动物的健康、生产性能、生产成本及养殖业的经济效益，但配方的设计决非简单的数字运算，它的质量反应着一个企业或配方设计者的技术素质、管理水平和预测能力。

饲料配方设计必须遵守以下原则：

一、饲料配方的先进性与科学性

一个优良的饲料配方包含和容纳了现代营养、饲养、原料特性与分析、质量控制等方面的先进知识。其各种营养指标必须建立在能够满足动物的营养需要，而且各指标之间的配比关系必须合理，从而使生产出的饲料具有良好的适口性和较高的利用效率。对已具有的配方，也应该根据新的知识及生产中各种因素的改变加以适当的修正，从而使更符合实际。

二、必须注意经济原则

在畜牧业生产中，饲料费用通常占总生产成本的一半以上，因此在进行饲料搭配时，必须注意经济原则。使生产出的饲料既能满足动物的营养需要，同时又尽可能的降低成本，防止片面的追求高质量。为达到这一要求，所用原料应尽量选择当地生产量较大、价格又较低廉的饲料，而少用或不用昂贵的饲料。另外，饲料搭配时还应考虑产品环境的影响，尽量减少动物废弃物中氮、磷、铜及药物等对人类生态环境造成的不利影响。

三、饲料配方的可操作性

可操作性即生产上的可行性。因为一个合理的配方必须选择特定原料通过一定的生产工艺才能生产出合格的产品，所以设计饲料配方时必须同时考虑其可操作性，例如所选用原材料必须是可以买到或生产的，原料的质量及其配比应是相对稳定的，各种原料的比例应尽量不带小数，其所需加工工艺必须与企业条件相配套等等。另外产品的种类与阶段划分也应符合养殖业生产的要求。

四、饲料搭配的市场性

配合饲料本身就是一件商品，所以在饲料搭配时必须以市场为目标，应明确产品的档次，客户范围，现在以及将来市场对本产品认可程度与接受前景等等，还应特别注意同类竞争产品的特点。例如为农户散养放牧的牛设计精料配方时应该与集约化饲养时有所区别。又如当农户在拥有丰富的能量饲料时，可为其提供浓缩饲料。

五、注意配合饲料产品的合法性

合法性是指按配方设计出的产品应符合国家有关规定。为规范国内的配合饲料生产，国家近十年来颁布了一系列的技术标准，这些标准中既有推荐性标准，又有强制性标准。虽然有的规定项目不尽合理或落后于科学，需要进一步完善或修正，但在一些关键性的强制性指标上必须认真执行。因为饲料产品都要接受质量监督部门的管理。有的饲料生产企业为了提高产品质量，还制定了企业标准，但企业标准制定后，必须通过合法途径进行注册登记并在生产中严格执行，要严格控制无标生产和违标生产的现象发生。

第三节　饲料配方设计的方法

饲料搭配技术是动物营养学、饲料学与现代应用数学相结合的产物。它是实现饲料合理搭配，获得高效益、低成本饲料配方的重要手段，是发展配合饲料，实现动物饲养业现代化的一项基础工作。尤其是随着电子计算机的日益普及，越来越多的饲料生产企业将借助于电子计算机来优选最佳饲料配方，这对降低动物生产成本，提高配合饲料质量，推动饲料工业和养殖业的发展，无疑将起到越来越重要的推动作用。但从目前情况看，利用电子计算机优化饲料配方技术仅在一些大型或部分中型饲料企业中采用，而在广大的养殖场(户)及多数中小型饲料厂仍采用手工配合的方法。另外电子计算机设计饲料配方的程序，也必须遵循常规饲料配方计算的基本知识和技能。因此这里仅对饲料配方设计的常规方法加以介绍，关于电子计算机设计饲料配方的程序和方法可参考其它资料。

一、试差法

该法又称凑数法或瞎子爬山法，是目前中小型饲料企业和养殖场(户)经常采用的方法。其具体做法是：首先根据经验初步拟出各种饲料原料的大体比例，然后用各自的比例乘以该原料所含各种养分的百分含量，再将各种原料的同种养分相加，就得到该配方的每种养分总含量，将所得结果与饲养标准相比较，若有某种养分超过标准或不足时，可通过减少或增加相应的原料比例进行调整和重新计算，直到所有的营养指标都基本满足饲养标准时为止。这种方法简单易学，且学会后可以逐步深入，掌握各种配料技术，因而广为应用。但缺点是计算量大，比较繁琐，且盲目性大，不易筛选最佳配方，成本也可能较高。

例：一头体重600 kg、日产乳脂率为3.5%的乳20 kg、怀孕6个月的二胎牛，舍饲，环境温度为0℃，现有饲料种类是：玉米秸、花生蔓、青贮玉米秸、玉米、麸皮、豆饼、棉子饼、磷酸氢钙、贝壳粉、食盐、碳酸氢钠、复合微量元素添加剂及维生素添加剂，以此为例说明奶牛日粮配合的方法和步骤。

第一步，查奶牛营养需要表（附录），列于表5-1。

表5-1 营养需要量

营养需要	日粮干物质(kg)	奶牛能量单位(NND)	可消化粗蛋白(g)	钙(g)	磷(g)	胡萝卜素(mg)	维生素(A)(k IU)
维持需要	7.52	13.73	364	36	27	64	26
产奶需要	8.20	18.60	1 060	84	56		
环境温度需要		13.73×18×0.6/85=1.74					
第二胎需要	0.752	13.73×10%=1.37	36.4	3.6	2.7		
怀孕需要	8.27−7.52=0.75	15.07−13.73=1.34	414−364=50	42−36=6	29−27=2		
合计	17.22	36.78	1 510.4	129.6	87.7		

第二步，首先满足奶牛粗饲料的需要量。根据经验如果每天喂干草5 kg(玉米秸70%，花生蔓30%)，青贮玉米秸25 kg，则可获得如下营养，见表5-2。

表5-2 干草和青贮玉米秸营养含量

饲料种类	NND	DCP(g)	Ca(g)	P(g)
3.5 kg 玉米秸	3.5×1.21=4.24	3.5×18=63		
1.5 kg 花生蔓	1.5×1.54=2.31	1.5×28=42	1.5×24.6=36.9	1.5×0.04=0.06
25 kg 青贮玉米秸	25×0.36=9.0	25×10=250	25×1.0=25.0	25×0.06=1.5
总计	15.55	355	61.9	1.56
尚缺营养	21.23	1 155.40	67.7	86.1

第三步，不足营养用精料补充。每千克精料按含2.4 NND计算，其精料量为21.23÷2.4=8.85(kg)，如喂以玉米4.5 kg，麸皮2.5 kg，豆饼0.85 kg，棉子饼1.0 kg，其营养列入表5-3。

表5-3 混合精料营养含量

饲料种类	NND	DCP(g)	Ca(g)	P(g)
玉米	4.5×2.76=12.42	4.5×56=252	4.5×0.9=4.05	4.5×1.8=8.1
麸皮	2.5×1.89=4.725	2.5×90=225	2.5×1.4=3.5	2.5×5.4=13.5
豆饼	0.85×2.64=2.244	0.85×272=231.2	0.85×3.4=2.89	0.85×7.7=6.5
棉子饼	1.0×2.34=2.34	1.0×211=211	1.0×2.7=2.7	1.0×8.1=8.1
粗饲料总计	15.55	355	61.9	1.56
精粗饲料总计	37.28	1 274.2	75.04	37.76
与需要比较	+0.50	−236.2	−54.56	−49.94

由表5-3可见，上述日粮除NND(能量)已满足需要外，DCP、

Ca、P 的需要量尚感不足。

第四步,以豆饼替换等量玉米满足 DCP 的需要,替换量为:236.2÷(272—56)=1.09(kg)。

第五步,补充矿物质,以磷酸氢钙先满足磷的需要(豆饼替换等量玉米引起的磷的变化忽略不计),其需要量为 49.94÷220=0.23(kg)。同时钙也得到满足(0.23×290=66.7)。因此基本上获得平衡日粮,即该奶牛的平衡日粮为玉米秸 3.5 kg,花生蔓 1.5 kg,青贮玉米秸 25 kg,玉米 3.41 kg,麸皮 2.5 kg,豆饼 1.94 kg,棉子饼 1.0 kg,磷酸氢钙 0.23 kg。

第六步,补充食盐(胡萝卜素已满足需要)。食盐的需要量按每 100 kg 体重给 3 g,每产 1 kg 奶给 1.2 g,共 42 g。最后按每千克精料加 1.5%的碳酸氢钠约 130 g,还要按产品说明添加微量元素添加剂 1%,约 90 g。如此精料的组成比例大致为:玉米 36.5%,麸皮 27%,豆饼 21%,棉子饼 10%,磷酸氢钙 2.5%,食盐 0.5%。碳酸氢钠 1.5%,微量元素添加剂 1%。

利用试差法设计饲料配方时一般都需要一定的配方经验,以下是作者的一点体会,仅供参考:

(1)初拟配方时,可先将矿物质、食盐及预混料等原料的用量确定。

(2)对原料的营养特性要有一定的了解,对含有毒素、营养抑制因子等不良物质的原料,可根据生产上的经验将其用量固定。

(3)通过观察对比各原料的营养成分,来确定相互取代的原料。

(4)矿物质不足或过高时应首先以含磷的原料调整磷的含量,并计算其钙含量。若钙仍有不足或过高,再以含钙的原料(如石粉、贝壳粉、蛋壳粉等)加以调整。

(5)为防止由于原料质量问题而导致产品中营养成分的不足,配方营养水平应稍高于饲养标准。

(6)为了配料上的称量方便和准确，所用原料的配比最好为整数，若非有小数不可，应使带小数的原料种类越少越好。

二、四角法

该法又称交叉法、正方形法、对角线法或图解法。这是一种将简单的作图与计算相结合的方法。在饲料原料不多、考虑指标又少的情况下，可较快地获得比较准确的结果。但缺点是同一时间只能考虑1～2个指标。

例 用玉米(粗蛋白质8.7%)和豆饼(粗蛋白质40.9%)配合粗蛋白质含量为14%的精料。

首先，画一个正方形，将玉米和豆饼的粗蛋白质含量写在左边两个角上，将所要求日粮的粗蛋白质水平写在正方形的中间。

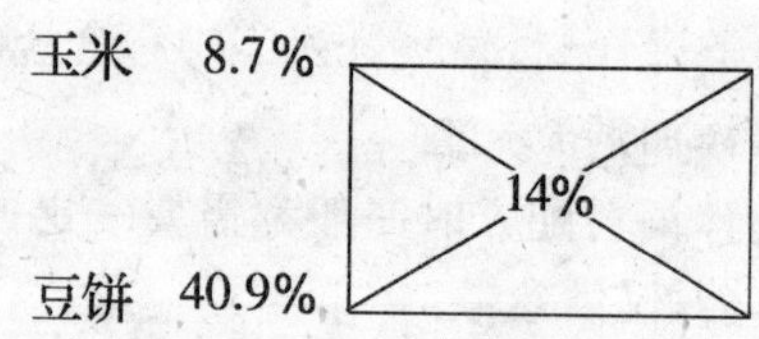

然后分别以正方形左方上、下角为出发点，通过中心向各自的对角作对角线，每条对角线上均以大数减小数，所得数值写在对角上。同一行上所得数值即为左边所对应原料在最终饲料中所占的份数。

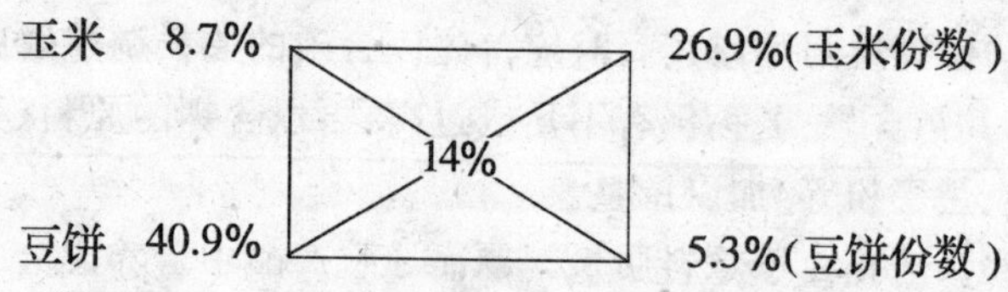

最后，折算成百分比配方。方法是分别用每种原料的份数除以各种原料的总份数。

玉米用量为：26.9/(26.9+5.3)×100%=83.54%

豆饼用量为：5.3/(26.9+5.3)×100%=16.46%

因此，由83.54%的玉米和16.46%的豆饼即可配合出粗蛋白为14%的日粮。

由此可见，利用四角法配合饲料不需反复调整，因而速度较快、结果也较准确，但值得注意的是，配合饲料的蛋白能量比必须一高一低，否则会出现误差。若饲料种类较多时，也可按蛋白能量比分为高于或低于要求的两组，每组饲料配比自行确定，计算出其养分含量和蛋白能量比后，再用四角法计算高低两组的配比和各种饲料用量。

三、公式法

公式法又称代数法或联立方程法。该法是利用数学上的联立方程计算饲料配方。优点是条理清晰，方法简单。

例：应用粗蛋白质含量为9%的能量混合料和粗蛋白质含量为40%的浓缩饲料配合粗蛋白质为16%的精料。

设能量混合料在日粮中的百分比为X，浓缩饲料的百分比为Y。则有：

$$\begin{cases} X+Y=100\% \\ 9\%X+40\%Y=16\% \end{cases}$$

组成方程组后，解得：$X=77.4\%$；$Y=22.6\%$。

即用77.4%的能量饲料和22.6%的浓缩饲料。

用公式法计算时，方程式必须与饲料种类数相等，且一般以2～3个方程求解2～3种饲料用量为宜。若饲料种类多时，可先自定几种饲料用量，使需要求解的饲料控制在2～3种。

四、设计饲料配方应注意的几个问题

(一)计算标准或执行标准的确定

饲养标准是进行饲料搭配的重要依据,但它又有局限性。目前,世界上许多国家都建立了自己的饲养标准(如美国NRC,英国ARC,法国APC,日本、欧共体、前苏联及我国标准)。许多著名动物育种公司的饲养管理手册上,又有自己的标准,因此,究竟选择哪一个标准,往往使配方设计者无所适从。针对上述情况,建议:

(1)对已有品种标准的动物,应尽量以其品种标准为参考。

(2)对未有品种标准者,可参考国家标准及美国NRC、英国ARC等标准,但这些标准多为最低需要量。在进行饲料搭配时,应根据饲养动物的品种、饲养方式及水平、饲料生产及加工条件等因素而予以适当修正。

(3)应考虑环境因素对设定标准的影响。多数饲养标准都是以一个近似的采食量为基础的,而环境因素尤其是温度对采食量有很大影响。因此配方设计者必须依据采食量水平设计饲料中营养成分的水平,其一般原则是寒冷季节营养水平可适当下降,而高温季节则应予以提高。

(4)营养指标的确定。现有饲养标准中规定的指标很多。但若考虑指标过多,往往找不到最优解。因此,进行饲料搭配时,通常把主原料与添加剂分开设计。主原料设计时,一般仅选用能量、蛋白质(粗蛋白、可消化粗蛋白、过瘤胃蛋白等)、钙、磷、盐、粗纤维等,其它成分在添加剂中补充。

(二)原料中营养成分的确定

由于原料的变异及分析条件的限制,如何确定使用原料的营养成分是配方设计的又一大难题。虽然许多营养成分表都给出了参考数值,但成分表很多,而且数字变异可能很大。如《中国饲料数据库》(1995)与《FEEDSTUFF》(1996)就存在很大差异。因此,在进行配方设计时应该做到：

(1)对一些易于测定的指标，如粗蛋白质、水分、钙、磷、盐、粗纤维等最好进行实测。

(2)对一些难以测定的指标，如能量、氨基酸等，可参照国内的数据库，但此时必须注意样品的描述。只有样本描述相同或相近，且易于测定的指标(粗蛋白质、水分、钙、磷、粗纤维、粗脂肪等)与实测值相近时才能加以引用。

(3)对于维生素和微量元素等指标，由于饲料种类、生长阶段、利用部位、土壤及气候因素等影响较大，主原料中含量可不予考虑，而作为安全系数。

第四节　浓缩饲料及配制技术

一、浓缩饲料配制的基本原则

1. *满足或接近饲养标准原则*　即按设计比例加入能量饲料和粗饲料后，其总营养水平应达到或接近营养需要量，或主要营养指标达到饲养标准的要求，因此，浓缩料配制时应针对地区性，即根据当地资源进行设计。

2. *根据动物特点*　动物的种类、生长阶段不同，其生理特点和营养需要也不同，因此必须依据动物种类、生长阶段、生理特点和生产产品的要求而设计不同的浓缩料。

3. *质量保护原则*　浓缩料的质量保护除应使用低水分优良原料(水分不应高于12%)外，还必须使用防霉剂和抗氧化剂以及使用良好的包装，为节约包装成本，对一般浓缩料(如使用10%以上者)可采用涂膜塑料袋，但对5%以下者，最好使用三合一包装。

4. *适宜比例原则*　若比例过低，用户使用的原料种类增加，浓缩料生产厂家对最终产品的质量控制范围缩小，浓缩料成本过高；

而比例过高(如超过50%以上),又失去了浓缩料的意义。本着有利于保证质量,又充分利用当地资源,方便群众和经济实惠的原则,浓缩料的比例一般为占精料补充料或混合料干物质的15%~40%。

二、浓缩料的配比方法

由精料补充料或混合料推算浓缩料配方是一种比较常规、直观而且简单的方法,现介绍其步骤如下:

第一步,设计精料补充料配方玉米60%,麸皮18%,豆粕8%,花生粕10%,磷酸氢钙1%,碳酸钙1.5%,食盐0.5%,预混料1%。合计100%。

第二步,折算成浓缩料配方,先将玉米用量去掉,剩余组分各除以0.4,即为浓缩料配方:

原料	精料补充料中剩余组分(%)	浓缩料配比(%)
麸皮	18	45
豆粕	8	20
花生粕	10	25
磷酸氢钙	1	2.5
碳酸钙	1.5	3.75
食盐	0.5	1.25
预混料	1	2.5
合计	40.0	100

第三步,计算出浓缩料的营养水平和使用时应添加的能量饲料的种类和数量(略)。

三、浓缩饲料配制时应注意的几个问题

(一)所用的原材料在配成精料补充料时应不超过合理范围

尽管原材料在浓缩料中可以显著降低成本,但它配成精料补

充料时应不超过合理范围。例如，为达到最低成本，在40%奶牛浓缩料中棉子饼可用到40%，即在精料补充料中将达到16%，而合理用量则应为10%以下，所以在40%浓缩料中最多不能超过25%。

(二)关于预混料

尽管配方中有些成分如防霉剂等都分别列出，但实际上往往都需要事先配成预混料，而1%预混料载体一般在50%～80%。若浓缩料使用比例20%，其中预混料则为5%，载体为2.5%～4%，这对配方中的营养成分有很大的影响，在配制浓缩料时必须予以考虑。也可以对预混料中应预混的成分只加少量的载体进行预混，以降低添加剂预混料的比例以及其它营养成分的影响。

(三)抗氧化剂和防霉剂

这类添加剂分两个目的层次，一是保护浓缩料，二是保护精料补充料。若只保护浓缩料，用量较小，抗氧化剂一般为250～2 000 g/t，最高5 kg，防霉剂多为500～1 000 g/t，但若保护全价料，用量就大得多，假设精料补充料中应加防霉剂500 g，那么40%浓缩料中应加1.25 g。但目前所用防霉剂主要为丙酸及其盐类，具有腐蚀性和刺激性，高浓度时还会破坏饲料中部分成分，并损害设备，因此建议浓缩料中防霉剂应以只保护本身为目的，而保护精料补充料时则由用户自行添加。

第五节 添加剂预混料配制技术

一、载体和稀释剂的选择

由于添加剂的活性成分在全价饲料中的比例很小，多以mg/kg或μg/kg计。因而为了保证活性成分的有效性、稳定性和均匀性，以及预混料产品的安全性和可靠性。在加工过程中必须使用载体和稀释剂等非活性物质。

载体是一种能够承载或吸附微量活性成分的非活性物质，其基本要求是：

(1)载体本身为非活性物质，对所承载的微量成分具有良好的吸附能力且不损害其活性；

(2)与全价配合饲料中的主要成分具有良好的混合性；

(3)稳定性良好，没有药理活性；

(4)价格低廉。

稀释剂是指混合于一组或多组微量活性成分中的物质，它可使活性成分的浓度降低，并将其颗粒彼此分开，减少活性成分之间的相互反应，以增加活性成分的稳定性。其特性是：

(1)本身为非活性物质，不改变活性成分的性质；

(2)有关物理特性，如粒度、相对密度等应尽可能与活性成分相近，粒度大小要均匀；

(3)化学性质稳定，不发生化学变化，不被活性成分所吸收、固定；

(4)含水量低，不吸潮，不结块，流动性良好；

(5)对动物无害甚至有益；

(6)不带静电荷。

为了获得良好的混合效果，选择载体或稀释剂时必须考虑下列因素：

(1)含水量。载体和稀释剂的含水量是影响混合均匀度以及活性成分生物活性的重要因素。若含水量过高，不仅会给配料带来困难，而且很容易使微量组分的活性在贮存过程中失效，降低预混料的效能。因此，载体和稀释剂的含水量应越低越好。一般应以不超过8%～10%为宜。

(2)粒度。载体和稀释剂的粒度决定了其承载量的多少。在达到最佳粒度状态下，载体具有最佳的承载能力，可保证载体与微量成分在配合饲料中的最佳分配。用于制作预混料的载体，粒度一般要求在80～30 目，即粒径在0.177～0.59 mm。而稀释剂粒度应比载体细一些、均匀一些，一般在0.05～0.6 mm。

(3)容重。只有载体和稀释剂的容重与活性成分的容重相近时，才能保证活性成分在混合过程中均匀分布。因此，必须根据活性成分的容重选择载体和稀释剂。例如，生产微量元素预混剂时可选用容重较大的载体(如石粉、碳酸钙、脱氟磷酸氢钙、沸石粉等)、生产多维素时则可选用容重较小的载体(如玉米粉、玉米芯粉、细麸皮、脱脂米糠等)。复合预混料的载体容重一般应为各种活性成分的加权平均数即0.50～8 kg/L。

(4)表面特性。载体的表面特性是承载活性微量成分的又一重要因素。载体的表面一般应较粗糙或有小孔、皱脊等，以便使活性成分吸附在粗糙的表面上或进入载体的小孔内，所以多采用多纤维的植物性物料作为载体。如粗面粉、小麦粉、碎稻谷粉、大豆皮、玉米面筋、玉米芯粉、稻壳粉等。而微量元素预混料的载体则多用碳酸钙、二氧化硅和沸石粉等。但稀释剂不同，因它不需具备承载性能，所以要求表面光滑，具有良好的流动性。一般多选用矿物质饲料。如碳酸钙、磷酸二氢钙及去胚玉米粉等。

(5)亲水性、吸湿性和结块性。载体或稀释剂的亲水性、吸湿性与结块性的关系密切。亲水性强的物料，往往容易从空气中吸收水分引起本身潮解或水分增加，并引起结块，从而影响混合并导致微量活性成分在贮藏中的失效。因此，载体和稀释剂应为亲水性、吸湿性、结块性差的物料，对易于结块的物料则可适当加入抗结块剂，如二氧化硅、疏水淀粉、硅酸镁、硅铝酸钠、三价磷酸钙等。

(6)流动性。流动性的好坏也直接影响着预混料的混合均匀度。若流动性太差则不易混合均匀；而流动性太强则导致预混料运输过程中的分离现象，所以流动性必须适当。

(7)化学稳定性。载体和稀释剂必须是化学性质稳定、不易被氧化，而且不与活性成分发生化学反应的物质。

(8)酸碱度(pH 值)。载体和稀释剂的酸碱度(pH 值)也直接影响着添加剂的活性。偏酸或偏碱均将对维生素或其它活性成分产生不良影响。如泛酸钙在pH≤5 时活性损失较大，而在酸性预混料中每日损失约25%，而有些成分在pH>9 活性也遭到破坏，所以载体和稀释剂一般以中性为好，若酸碱度不适合，可通过添加一价磷酸钙或延胡索酸的办法提高或降低pH 值，也可选用酸性载体或稀释剂与碱性者配合使用。

(9)静电吸附特性。过分粉碎或干燥的活性成分、载体、稀释剂等往往带有静电荷，且颗粒越小、化合物越纯、越干燥，静电荷越多，从而造成活性成分吸附在混合及传输设备的壁上，造成金属腐蚀，混合不均及由于残留量大而污染下次混合物和粉尘飞扬等一系列问题。在此情况下，可在搅拌过程中添加未饱和的植物油或糖蜜等抗静电物借以消除静电荷的干扰。但也有人认为静电荷并非都是坏事，可以利用这一特性，选用与活性成分带相反电荷的载体以使其结合更牢固，混合更均匀，但这一技术难掌握，故一般认为载体和稀释剂还是不带静电为宜。

(10)载体的黏着性。载体的黏着性越好，越容易把活性成分黏结牢固和承载，但若黏着性太强则往往黏结成团影响混合均匀度。

(11)载体和稀释剂携带的微生物。载体或稀释剂附带的微生物，尤其是有害微生物，往往直接影响预混料的品质，所以要求微生物应越少越好，已腐败变性的物料绝对不能作载体或稀释剂。

二、微量元素的添加

理论上讲，预混料中微量元素的需要量应根据基础饲料中微量元素的含量和动物的需要量确定：即添加量＝动物需要量－基础饲料中含量。但实际生产中，由于基础饲料中含量变化很大且难以测定，所以一般都按饲养标准规定的需要量添加，而饲料中的含量作为安全阈量。但对中毒量小（如硒）和中毒量与需要量接近（如铜作为促生长剂使用时），添加量需严格控制。除此以外，确定微量元素添加量时还应考虑矿物质元素的纯度以及元素含量。

三、维生素的添加

由于维生素成本高，因而生产中宜本着经济合理的原则，选择饲养效果并非最佳，但经济效益最好的配方。由于现行国家标准、NRC 标准、ARC 标准等均为最低需要量，考虑到饲料中抗维生素因子的存在、维生素的稳定性等因素，所以一般采用超量添加的办法，但超量标准往往受许多因素的影响，因而不同学者提出的标准各不相同。国内学者认为，“保险系数”的变动范围为10%～30%。如张乔等在《饲料添加剂大全》中建议的各种维生素产品的保险系数为：

维生素A 2%～3%，维生素$D_3$5%～10%，维生素E 1%～2%，维生素$K_3$5%～10%，维生素$B_1$5%～10%，维生素$B_2$2%～5%，维生素C、维生素B_6、维生素B_{12}5%～10%，叶酸 10%～15%，烟酸 1%～2%，泛酸钙 2%～5%。

李德发等提出，在生产复合预混料时，若储存时间超过 3 个月，超量范围为：

维生素 A 15%～50%，维生素 D_3 15%～40%，维生素 E 2%，VK_3 2～4 倍，维生素 B_2、烟酸、泛酸钙 5%～10%，叶酸、维生素 B_1、维生素 B_6 10%～15%，维生素 B_{12}10%，维生素 C 10%～20%。

四、药物及其它添加剂的添加

除微量元素、维生素以外，预混料中还常常添加其它活性成分，如抗球虫药物、促生长物质、抗氧化剂、防霉剂、调味剂、酶制剂等，但由于药物添加剂往往易产生残留和抗药性等问题以及其它不良作用，所以国家农业部有明确规定，包括药物添加剂的种类、适用动物、适用年龄、用量、停药期及其它注意事项等，都有明确限制，这些规定在生产中必须严格遵守。

五、配方设计方法和步骤

（1）确定标准或添加量及预混料的添加比例。

（2）选择原材料（包括活性成分、油脂、载体、稀释剂等）

（3）根据标准及原材料中有效成分含量计算原料用量及百分比。

举例见表5-4。

表5-4　奶牛添加剂预混料配方举例　%

饲料添加剂名称	每千克饲料添加活性成分含量	化合物含量	活性成分占活性化合物的量	每吨饲料添加活性化合物量(g)	配100 kg 5%预混料
维生素A(IU)	12 000		50万/g	24	48
维生素D_3(IU)	3 000		51万/g	6	12
维生素E(g)	0.025		50	50	100
烟酸(g)	0.020		98	2 041	40.82
钾 KCl(g)	1.5	98	52.45	2 920	5 870
镁 MgO(g)	4.5	98	60.30	7 760	15 520
铜 $CuSO_4\cdot 5H_2O$(g)	0.012	98	25.46	48.00	96.18
铁 $FeSO_4\cdot 7H_2O$(g)	0.040	98	20.09	203.17	406.34
锌 $ZnSO_4\cdot 7H_2O$(g)	0.100	98	22.75	448.53	897.06
锰 $MnSO_4\cdot H_2O$(g)	0.080	98	32.51	251.1	502.2
钴 $CoSO_4\cdot 7H_2O$(g)	0.001	99.5	20.97	4.79	9.58

续表 5-4

饲料添加剂名称	每千克饲料添加活性成分含量	化合物含量	活性成分占活性化合物的量	每吨饲料添加活性化合物量(g)	配 100 kg 5%预混料
碘 KI(g)	0.000 6	99	76.45	0.79	1.58
硒 Na_2SeO_3(g)	0.000 5	98	45.66	1.12	2.24
Cr $CrCl_3 \cdot 6H_2O$(g)	4.1		19.51	2.61	5.22
钠 $NaHCO_3$(g)			27.37	15 200	30 400
$\sum$				26 940.13	53 880.26
膨润土(g)				3 059.87	6 119.74
次粉(g)				20 000	40 000
合计(g)				50 000	100 000

具体的添加量应根据当地饲草、饲料中各种矿物元素的含量而定(资料提供:安宝珍)。

复习思考题

1. 配合饲料是如何分类的?
2. 简述饲料配方设计的原则。
3. 说明用试差法为奶牛配合日粮的方法和步骤。
4. 说明用公式法配合日粮的方法和步骤。
5. 说明用四角法配合日粮的方法和步骤。
6. 浓缩饲料配制的基本原则是什么?
7. 说明为奶牛配制添加剂预混料的方法和步骤。

第六章　我国的奶牛资源

重点提示：本章主要学习内容为乳用及乳肉兼用牛品种的特点及引进品种对我国黄牛的杂交改良效果；解决我国奶牛来源的途径。

第一节　我国引进的奶牛及奶肉兼用牛品种

一、荷斯坦牛

荷斯坦牛原称黑白花牛，原产荷兰滨海地区的弗里生省、丹麦的日德兰半岛和德国的荷斯坦地区。美国曾由德国北部的荷斯坦省和荷兰的弗里生省引进这一品种，于是荷斯坦弗里生牛成为美国这一品种的正式名称，简称荷斯坦牛(Holstein)，在荷兰和其他欧洲国家则称之为弗里生牛(Friesian)。由于其经济价值较高，近年荷斯坦乳牛在世界各国得到进一步发展，质量也有了很大提高。据统计，全世界荷斯坦牛现有头数占乳牛总数的60%以上。

在牛的品种中，荷斯坦牛的产奶量最高，最高单产可达34 175 kg。生产每单位牛乳所需饲料费用最低(表6-1)；在总产奶量基本不变的情况下养荷斯坦牛，可以减少乳牛饲养头数(表6-2)，以节约饲料、人工和设备。

荷斯坦牛以往为纯乳用型，为了满足市场对牛肉日益增长的需求，近几十年来，除美国、加拿大、日本、澳大利亚、新西兰等国仍保持纯乳用型外，原产地荷兰以及大多数欧洲国家，均将荷斯坦牛培育成了以产奶为主的乳肉兼用型。

表 6-1　美国荷斯坦牛与其它乳牛品种生产性能的比较

品种	统计(群数)	产奶量(kg)	每 45 kg 牛乳的饲料费(美元)	除去饲料费后的收入(美元)
荷斯坦牛	73	6 591	4.43	948
爱尔夏牛	45	5 354	4.71	782
瑞士褐牛	46	5 495	4.65	775
更赛牛	54	4 832	5.01	761
娟姗牛	67	4 572	5.12	751
短角牛	32	4 632	5.10	611

表 6-2　为生产一定数量牛乳所需饲养乳牛头数

年需奶量(kg)	所需饲养乳牛头数	
	美国荷斯坦牛	荷兰红白花牛
100 000	14	19
200 000	29	38
500 000	71	95
1 000 000	143	185

纯乳用型荷斯坦牛体格高大，成年公、母牛体高分别为145 cm和136 cm，体重分别为900～1 200 kg 和600～700 kg，年产奶量为5 000～6 000 kg，乳脂率为3.5%～3.6%。兼用型黑白花牛体型较乳用型稍小，肌肉较丰满，年产奶4 000～5 000 kg，乳脂率4.0%左右。荷斯坦牛中有一定数量的红白花牛(Red and white Holstein)。它和黑白花牛属同一来源，也有很好的产乳性能。全世界有许多优秀的荷斯坦公牛，含有红色基因，其后代也会出现毛色为红白花的牛。考虑到今后的发展，如果仍以“黑白花牛”命名，则这类公牛我们就不能使用，是非常可惜的。因此，1991 年根据联合国粮农组织的建议，将“黑白花牛”更名为“荷斯坦牛”，其毛色特征主要为黑白花，也有部分红白花牛。这样，全世界带有红色基因的优秀荷斯坦公牛的精液和胚胎，我们都可使用，在中国荷斯坦奶牛群中出现的

红白花牛也就不必淘汰了。

荷斯坦牛的缺点是乳脂率和乳蛋白率较低，耐粗、耐热性较差，故适于鲜奶需要量大、饲料条件较好的大中城市、工矿区和我国北方地区饲养。

二、娟姗牛

娟姗牛是英国培育出的乳牛品种。该品种以乳脂率高、乳房形状良好而闻名。

该品种个体小，毛色深浅不一，由银灰至黑色，以栗色毛为最多。鼻镜、舌和尾帚及角尖为黑色。该牛体型清秀，轮廓清晰，头轻而短，两眼间距宽，额部凹陷，耳大而薄，鬐甲狭窄，肩直立，胸浅，背线平坦，腹围大，尻长平宽，尾帚细长，四肢较细，蹄小，全身肌肉清瘦，皮肤单薄，乳房发育良好。成年公牛体重550～650 kg，母牛300～450 kg，体高115.5 cm。一般平均年产奶量为4 000 kg 左右，每100 kg 体重约产奶1 000 kg。乳脂率高，平均为5.3%，是乳牛品种中高乳脂品种。乳脂黄色，脂肪球大，适于制作黄油。美国娟姗牛已占乳牛总数的13%，比过去有较大的提高。美国娟姗牛饲养数量之所以增加，是因为美国牛奶的价格体系越来越依据奶的质量，这经历了4个阶段：①只根据奶量；②根据奶量和乳脂率；③根据奶量和乳脂率和乳蛋白率；④根据乳脂量和乳蛋白量。随着牛奶价格体系的改进，娟姗牛显示了优势。许多资料表明，在南美饲养中，该品种对高温高湿的抗逆性、饲养上的耐粗性和对热带疾病较强的抵抗力的种质特性得到进一步发掘，并广泛应用到热带、亚热带乳牛和奶牛的杂交中，取得了巨大成功。故一些热带国家用以杂交改良当地牛，以提高其产奶性能，并育成了一些优良的乳牛品种，如牙买加的荷蒲牛和澳大利亚乳用瘤牛。许多国家用娟姗牛改良低乳脂品种，取得明显效果。在娟姗牛同荷斯坦牛的杂交中，通常杂交一代比荷斯坦牛母本的乳脂率提高0.81个百分点，娟姗牛杂交改良牛的效果实际上是通过改善牛群的早熟性、顺产性、乳质及对热带疾病如肢蹄病、寄生虫病（蜱及由蜱所传播的焦虫病等寄生虫病）的抵抗力而实现的。多年来，世界各国利用娟姗牛的经验表明，娟姗牛完全可能成为我们改良高温高湿地区奶牛群的主导外血。甚至有的国家已经提出：考虑到大型乳牛乳成分、健康等方面的不利，奶牛育种趋势可能是Holstein-Jersian牛（25%Jersian和75%Holstein）。该品种对于改良我国奶牛尤其是南方的奶牛很有必要。据悉，北京和哈尔滨已引进部分娟姗牛。

三、瑞士褐牛

原产于瑞士阿尔卑斯山区东南部。体型较荷斯坦牛稍小，成年公牛体重平均为950 kg，母牛600 kg以上。毛色为浅褐、灰褐或深褐色，皮肤及鼻镜均为黑灰色。平均年泌乳量4 000～5 000 kg，乳脂率为3.98%。瑞士褐牛耐粗饲，适应性强，在世界许多国家都有饲养，并参加了一些品种的形成，如前苏联的阿拉塔牛、我国新疆褐牛等品种，均含有瑞士褐牛的血液。

四、西门塔尔牛

西门塔尔牛产于瑞士阿尔卑斯山区。西门塔尔牛在17世纪以后，成为瑞士西部乳酪业的基础，在产乳性能上被列为高产的乳牛品种，在产肉性能上并不比专门化肉用品种逊色，役用性能也很好，是大型的乳、肉、役三用品种。畜牧界将其誉称为“全能牛”，故为世界各国的主要引种对象，在全世界广为分布。我国于20世纪初引入西门塔尔牛，分布于呼伦贝尔盟的三河地区和滨州沿线，与当地蒙古牛进行杂交，育成了三河牛。建国后先后又从前苏联、瑞士、前联邦德国、奥地利等国分别引入，饲养于全国各省区，据不完全统计，全国现有的纯种西门塔尔牛3万多头，拥有其与本地牛杂交的改良牛700多万头，我国已育成了中国西门塔尔牛。

小型，主要引用荷兰等国欧洲类型荷斯坦公牛与本地牛杂交，或引用荷斯坦公牛，与体型小的本地母牛杂交而形成，成母牛体高130 cm左右。

十多年来，由于冷冻精液、人工授精技术的应用，以及多次从欧、美洲和澳、新、日本等国引进种牛和冻精，种公牛站的建立和完善，饲养条件不断改善，各类型之间的差异开始逐渐缩小。目前，中国荷斯坦牛体型外貌多为乳用型(有少数个体稍偏兼用型)，具有明显的乳用特征。毛色多呈黑白花或白黑花。体质细致结实，体躯结构匀称。泌乳系统发育良好，乳房附着良好，质地柔软，乳静脉明显，乳头大小及分布适中。肢势端正，蹄质坚实。据测定，中国荷斯坦牛成年公牛的平均体高为150 cm，平均体重为1 020 kg；成年母牛的平均体高为133 cm，平均体重为590 kg。

中国荷斯坦牛的产乳量，据21 905头良种登记牛的统计，305天各胎次平均产乳量为6 359 kg，平均乳脂率为3.56%。在饲养条件较好、育种水平较高的京、沪等市，个别乳牛场全群平均单产已超过8 000 kg；超万千克乳牛个体不断涌现。北京市在群牛中产乳量万千克以上的高产个体有数百头。如北京东郊农场71089号母牛，305天产乳量为16 090 kg，为全国产乳量最高纪录。

中国荷斯坦牛性成熟早，具有良好的繁殖性能。据调查，全国105 035头配种母牛，年平均受胎率88.8%，情期受胎率为48.9%；全国各地105 802头可繁殖母牛，年内产犊94 207头，繁殖率为89.1%。

据测定，中国荷斯坦牛未经肥育的淘汰母牛屠宰率为49.5%～63.5%，净肉率40.3%～44.4%。经肥育24月龄的公牛屠宰率为57%，净肉率为43.2%。

1987年3月农业部对中国荷斯坦牛进行了鉴定验收，与会专家一致认为该品种各项指标均已达到了国际同类品种的水平。它的育成，对我国今后乳牛业的大力发展将起到重要的促进作用。

1987 年获农业部科技进步一等奖，1988 年获国家科技进步一等奖。

二、三河牛

三河牛原产于内蒙古呼伦贝尔草原，是我国培育的第一个乳肉兼用品种。年产奶量平均2 000 kg 左右，在良好的饲管条件下可达3 000～4 000 kg，乳脂率平均4%左右。产肉性能，未经肥育的阉牛，在一般饲养条件下，屠宰率可达50%～55%，净肉率为44%～48%，肉质良好，瘦肉率高，毛色以红(黄)白花占绝大多数。三河牛体躯高大，成年公、母牛平均体高、体重分别为156.8 cm、131.3 cm及1 050 kg、547.9 kg。三河牛目前无论在外貌上和生产性能上，个体间差异很大，有待于进一步改良提高。

三、新疆褐牛

新疆褐牛是引进瑞士褐牛及含有瑞士血液的前苏联的阿拉托乌公牛，对新疆当地黄牛进行长期杂交改良选育成的。该品种牛适应性强，可在高温达47.5℃，低温－40℃环境中生存觅食，抓膘能力与当地黄牛一样都很强，平均年产奶量为 2 900 kg，乳脂率为4.08%。产肉性能，在天然牧场良好条件下，1.5～2.5 岁的平均屠宰率为50.5%，净肉率为38.4%，骨肉比为1∶3.5，眼肌面积为73.4 cm^2。毛色主要为褐色。该品种牛体型中等，成年牛平均体高121.6 cm，成牛公牛体重490 kg，母牛平均则为430 kg。

四、中国草原红牛

中国草原红牛是利用乳肉兼用型短角公牛与蒙古牛母牛杂交，经过长期选育而形成的乳肉兼用品种，1985 年正式命名，分布在吉林、河北、内蒙古三省区。该品种牛的特点是适应性强，耐粗饲，在以放牧为主条件下，年产奶量1 500 多 kg，如补料，年产奶量可达2 000 kg以上,乳脂率4.02%。产肉性能:在完全放牧条件下秋季膘最肥时进行屠宰,屠宰率及净肉率可分别达到50.8%和40%,宰前如经过短期育肥,则屠宰率、净肉率可分别达到58.1%和49.5%,可见,其乳、肉的生产性能潜力是很大的。

五、科尔沁牛

科尔沁牛主要分布在内蒙古东部地区的科尔沁草原,是以西门塔尔牛为父本,蒙古牛及三(河)蒙(古)杂种牛为母本,采用育成杂交方法培育而成的乳肉兼用品种。该品种牛毛色为黄(红)白花,体大结实,成年母牛体高131.4 cm,体重507.8 kg,成年公牛体重991.2 kg,初生公犊重41.7 kg,母犊38.1 kg。产乳性能:全放牧时,产乳量各胎平均为1 256 kg,乳脂率为4.17%。产肉性能:在长年放牧,短期中等饲养水平肥育条件下,18、20、30月龄屠宰率分别为53.34%、52.6%和57.33%;净肉率分别为41.93%、41.74%和47.57%。

第三节　解决我国奶牛来源的途径

目前奶牛紧张,良种奶牛更加缺乏,解决这一问题的方法是良种繁育与改良黄牛并举(7~8年,3个世代),冷冻精液配种与胚胎移植并举。

对于正在发展奶牛业的地方,为解决燃眉之急,买牛(国内和国外买牛)是主要的办法,要因地制宜地制定一个买牛计划。在国内想一次购进相当数量的理想的奶牛,往往难以办到,因为一是数量有限,在600多万头奶牛中,真正达标的中国荷斯坦牛,恐怕不足1/5,就是在奶牛业发达的地区也很难一次出售大量的好奶牛,况且,其自身还要更新和发展,本地区也要发展;二是价格昂贵。因此要根据自己的条件,针对卖方的实际情况,比较现实地制定一个买牛计划，比如繁殖正常、健康无病的低产牛，可以以较便宜的价格买进，然后，再以优秀种公牛（的冷冻精液）来对其进行改良、扩群等，逐代提高牛群质量。这种做法对于新养殖场、户来说，可以使饲养管理水平和牛的质量同步提高，当然也不能“饥不择食”，见有黑白花就买。而靠进口奶牛是目前购进相当数量的高产奶牛的主要途径，但是办理进出口的手续太繁琐，并且受国内隔离场容量的限制。

从长远观点来看最好的方法是MOET方案，即超数排卵和胚胎移植，该方案可使高产奶牛的繁殖率提高20～30倍。目前，成功率较低，而成本又较高，今后应致力于提高成功率和胚胎性别鉴别的研究并尽快应用于生产，以提高效率和降低成本。

复习思考题

1. 我国引进的主要奶牛品种有哪些？对我国黄牛改良效果最好的奶牛品种是什么？
2. 我国培育的乳肉兼用品种有哪些？
3. 荷斯坦牛的主要优缺点有哪些？生产中应注意哪些问题？
4. 解决我国奶牛来源的途径有哪些？

第七章　奶牛外貌鉴定

重点提示：本章重点学习高产奶牛的外貌特征、奶牛外貌鉴定的方法(评分鉴定法、测量鉴定法)，奶牛年龄鉴定方法(牙齿鉴定法和角轮鉴定法)。

第一节　体质外貌与生产性能之间的关系

家畜有机体的形态结构、生理机能、生产性能、抗病力、适应性等相互之间协调性的综合体现即为体质。所谓体质的强弱是由体质健壮结实程度和刻苦耐劳性来体现的；是由其对外界生活条件的适应性来体现的；是由其对疾病和恶劣环境的抵抗能力来体现的；是由其繁殖能力和生产性能的大小来体现的。

外貌可以反映经济价值，所以外貌又是生产性能的表征，不同生产用途的牛都有与其生产性能相适应的外貌，如乳牛具有发育良好的泌乳器官和发达的后躯。一般来说凡体质外貌优良的牛，其生产性能也是较高的。如表7-1所示。

表7-1　锦州市畜牧场奶牛外貌与产奶量的关系

外貌等级	一胎(头数)	产奶量(kg)	1、3、5各胎平均产奶量(kg)
特级	81	5 103	5 707
一	53	4 721	5 144
二	20	4 639	5 021

外貌不仅与生产性能，而且与奶牛的健康、种用价值等有密切

关系，因此，无论过去、现在，人们对于牛，特别是高产奶牛的外貌鉴定极为重视，实践证明，外貌上的某些缺陷，除影响乳牛本身外，还会影响其后代，在一般情况下，缺点的遗传力，往往高于其优点。例如，乳房韧带不良，后乳房下垂，后乳头特向后，后肢过直以及尻斜等缺点的遗传力均高于各该项优点的遗传力，因此我们在选择时，对于那些遗传力高的缺点部位，应特加注意。

牛的外貌虽与生产性能、牛体健康、种用价值有着密切的关系，而且这种现象是普遍存在的，但它们之间的关系不是绝对的，因为生产性能的高低除与外貌结构有一定关系外，还要受内部结构的影响，例如，乳牛的泌乳性能，除与乳房的外部形态、质地等因素有关以外，还要受本身的内分泌系统，神经系统、消化系统、呼吸系统等机能及其相互作用的制约。外貌鉴定有三个目的，首先是鉴定外貌有无功能性及管理上的缺陷；其次是鉴定外貌是否符合品种标准；第三，是根据外貌估计奶牛的生产性能，前两个目的容易，而后一目的就难得多。

第二节 乳牛外貌及各部位特征

一、颈部

头部　可以表示出牛的类型、品种特征、改良程度及其性能的高低。公牛头短、宽、厚、骨粗，额部生有卷毛，具有雄伟的相貌；母牛头轻小、狭长，细致清秀，具有温和的相貌。每一品种类型的头各有其特征，如奶牛的头多细长而清秀。头有笨重、轻小、长短、宽狭之分。笨重的头，说明骨骼结构粗糙，与体躯相比所占比例较大，往往角粗大、皮厚毛粗，乳牛头部笨重则表示生产能力低。牛头的轻重是指牛头的大小与体躯相适应的程度；而牛头的长短是指牛头的长度与体斜长的比，在26％～34％为适中，否则，为短头或长头。

颈部　有长短厚薄之分，颈长应为体长的27%～30%。乳牛颈部应薄长，肌肉发育适中，两侧有许多皱褶，公牛颈部较母牛厚短，颈峰明显。

二、鬐甲

鬐甲与颈、前肢和躯干相连接，因此必须结合良好，以保证前肢的自由运动。鬐甲有宽、窄、高、低、尖起及分岔等几个类型。

三、背腰

有长、短、宽、窄、凹陷、弓起等类型。除与遗传有关以外，还与饲料、运动等有密切的关系。良好的背、腰应长宽平直。

四、尻部

尻部有长、短、尖斜、平直、屋脊等几种类型。长宽平直为乳牛的理想类型。

五、胸部

胸部应宽深，以利于心脏和肺脏的发育。

六、腹部

腹部有充实腹、平直腹、草腹、卷腹等几个类型。充实腹在胸的直后呈浅弧形向后部延伸，直至肷部下方，开始逐渐收缩，显得饱满、充实而美观，故又称饱满腹。这种腹型在牛的后面可以看到最后肋壁，不显鼓胀、低垂状态，腰壁丰圆，紧张有力；草腹如不影响背线的发育，不算是严重缺点，但公牛不宜有草腹，以免影响配种；卷腹、垂腹是严重缺点，其形成原因正相反；平直腹比充实腹更丰满，呈圆筒形，其腹下线与地平线平行向后部延伸，直至肷部下方也不呈浅弧形、不显紧缩状态，对后肢运步有影响。

七、生殖器官

八、乳房

下节详述。

九、四肢

四肢应强壮、结实，姿势端正、乳牛运动时省力，节省能量消耗。蹄应圆大、厚实、整齐，蹄叉紧密，蹄壳坚实、光滑而无裂纹。

十、皮肤和被毛

乳牛的皮薄而有弹性，毛细而长。皮肤和被毛与气候、放牧及舍饲等有很大关系。

十一、尾

乳牛的尾应细长，下垂时超过飞节，表示骨骼细致，生产力高。

第三节　高产奶牛的外貌特征

一、奶牛的一般体形外貌特点

乳牛的外貌，从整体上看应具有薄的皮肤，较细而坚强的骨骼，血管显露，棱角明显，被毛细短而富有光泽，肌肉不甚发达，皮下脂肪沉积不多，全身清秀、紧凑、细致，属细致紧凑体质类型。乳牛的胸腹宽深，后躯和乳房十分发达，体呈三角形（侧望、前望、上望）。并具有三宽三大的特点：即背腰宽，腹围大；腰角宽，骨盆大；后裆宽，乳房大。具有发育良好的胸部和坚强的骨骼。必须指出的是：三角形所表示的前躯较浅、较窄的外貌，绝不是浅胸平肋的绝对孤立现象，而是指前后躯相比较来说的，否则，如果片面追求后躯而忽视前躯必然导致胸腔狭小，心肺不发达，不仅不能提高产奶量，反而成为提高产奶量的障碍。实际上，高产奶牛的胸腔很发达，解剖之会发现其肺脏很发达，鼻孔大，气管长而粗，心脏也很发达，血管粗而明显。

有的学者又提出了“腹围型”学说，该学说认为腹围型是乳牛的理想型。具体要求是：腹围率等于125%或略高于此；躯长率为120%或略高于此；腹躯率等于122.5%或略高于此。属于此种类型的牛一般为高产牛，亦为培养和选种之方向。腹围率＝(腹围÷胸围)×100%；躯长率＝(体斜长÷体高)×100%；腹躯率＝(腹围率＋躯长率)÷2。腹围测定的最恰当的时间是在产后两个月内饱腹以后测定其最大围度。“腹围型”学说认为比“三角形”学说更全面地研究了乳牛外部形态与内部机能、各部分与整体的关系。因为腹围型的牛既要具有圆大的腹围又要求它与胸围有正常的比例。就是说高产奶牛应该具有庞大的腹腔，以保证胃肠的形态与机能的充分发展，能够采食、消化和吸收大量的饲草饲料，从而为大量泌乳奠定坚实可靠的物质基础，同时又要保证乳牛具有相应发达的胸腔，使它的代谢系统心肺得以相应地发育，使其具备消化吸收大量饲草、饲料所必须具有的代谢能力。此外，在要求乳牛有一定的腹胸比例时，又要求乳牛体躯有一定的长度，即躯长率，以保证整个有机体的协调性，躯长又是腹腔、胸腔容积扩大之保证。

局部要求主要是尻部和泌乳系统。

尻部：要求长宽平直。

泌乳系统：要求5个方面良好。

(1)容积大，其前乳房延伸到腹部，后乳房充满于两大腿之间并突出于体躯的后方，据实验，乳房附着长度比附着宽度更重要。

(2)乳房形状要好，四乳区均匀、对称，乳头间距8～12 cm，若大于15 cm，小于8 cm，挤乳时乳头要弯曲，影响乳的排出。其底线略高于飞节且平坦，呈浴盆状，底线与韧带有关，而韧带又与年龄有关。不良形状有碗状、球状、漏斗状（山羊乳房）。

(3)质地柔软，富有弹性即腺体组织发达，挤奶前后形状变化较大，称之为腺体乳房；如果乳房内部结缔组织和脂肪组织过多，如大于40％，就会抑制腺体组织，这种乳房虽大，但缺乏弹性，挤奶前后形状变化不大，通常称之为肉乳房。

(4)乳静脉发达，腹下静脉粗大弯曲、乳房静脉粗大弯曲交织成网状，乳井粗，这在腹下静脉位于深层暴露不明显时，乳井粗就说明了腹下静脉粗大。

(5)乳头距地面高度为40～45 cm，长度5～7 cm，粗2～3 cm，过低、过高、过长、过短、过粗、过细均不利于人工挤奶和机器挤奶。乳头呈圆柱状并垂直于地面。

二、高产奶牛的外貌特征

高产奶牛的外貌特点：全身清瘦，棱角突出，体大；后躯较前躯发达，中躯较长，体型呈三角形结构。

高产乳牛必须有一个发育良好，容积大的标准乳房。其特点是：乳房基部应充分地前伸后延，前乳房应向前延伸至腹部和腰角前缘，后乳房应向股间的后上方充分延伸、附着较高，使乳房充满于股间而突出于躯体的后方；四乳区应发育均匀而对称，各乳头大小长短适中而呈圆柱状，乳头间相距很宽，底线平坦；整个乳房附着良好，呈“浴盆状”，其底线略高于飞节，它具有薄而细致的皮肤，短而稀疏的毛，弯曲而明显的乳静脉，宽而大的乳镜，粗而深的乳井。乳房内部组织结构，其腺体组织占75％～80％，结缔组织和脂肪组织占20％～25％。这样的乳房富于弹性，挤乳前、后变异较大，是理想的“腺质乳房”。如果乳房内部结缔组织和脂肪组织过于发达，就会抑制腺体组织的发育和活动，形成所谓的“肉乳房”，这种乳房虽大，但缺乏弹性，挤乳前、后形状变异不大，其产奶量一般不

表 7-3 荷斯坦奶牛外貌鉴定等级评分标准

特级	一级	二级	三级
80	75	70	65

评分表中，母牛外貌鉴定包括：一般外貌与乳用特征、体躯、泌乳系统及肢蹄四大部分，共16个细目。

一般外貌与乳用特征占总分(100分)的30%。其中头、颈、鬐甲、后大腿等部位棱角和轮廓明显占15分；皮薄而有弹性，毛细而有光泽占5分；体高大而结实，各部位结构匀称，结合良好占5分；毛色黑白花，界线分明占5分。

体躯占总分的25%。其中有5个细目：体躯长、宽、深占5分；肋骨间距宽，长而开张占5分；背腰平直占5分；腹大而不下垂占5分；尻长、平、宽占5分。

泌乳系统占总分30%。其中5个细目：乳房形状好，向前后伸延，附着紧凑占12分；乳房质地(乳腺发达，柔软而有弹性)占6分；四乳区(前乳区中等长，四个乳区匀称，后乳区高、宽而圆，乳镜宽)占6分；乳头(大小适中，垂直呈柱形，间距匀称)占3分；乳静脉弯曲而明显，乳井大，乳房静脉明显占3分。

肢蹄占总分15%。包括前肢(结实、肢势良好，关节明显、蹄形正，蹄质坚实，蹄底呈圆形)和后肢(结实，肢势良好，左右两肢间宽，系部有力，蹄形正，蹄质坚实，蹄底呈圆形)两个细目。前肢占5分，后肢占10分。

(二)外貌缺陷与扣分

外貌鉴定评分表中明确指出：乳房、四肢和体躯，其中一项有明显生理缺陷者，不能评为特等；有两项时不能评为一等，有三项时不能评为二等。良种母乳牛，凡乳房、四肢、尻部和中躯四个部位中，其中一项有明显外貌缺陷者，不予以登记。

目前，国内外公认乳牛有下列缺陷者，应淘汰或适当扣分。

头部

1. 两眼失明——淘汰。

2. 一眼失明——适当扣分。

3. 黑身白头——淘汰。

4. 母牛公相——大量扣分。

5. 笨重或过度发育——大量扣分。

6. 面部凹陷——大量扣分。

7. 下颌骨过短——大量或适当扣分。

颈部

8. 过长过短、过粗过细或与头、肩结合太差——大量或适当扣分。

鬐甲

9. 肩胛骨分开、肩胛骨后部狭窄或鬐甲过低、过尖——大量或适量扣分。

背部

10. 背过窄、过短、凸起或凹下——大量或适量扣分。

腰部

11. 腰过窄、下陷、弓背——大量或适量扣分。

胸部

12. 胸过窄、过浅、与肩胛骨结合太差——大量或适量扣分。

腹部

13. 肋骨短而不开张——大量或适量扣分。

14. 中躯发育太差、卷腹或垂腹——大量或适量扣分。

尻部

15. 尻部短、下陷、尖尻或腰角下陷——大量或适量扣分。

尾

16. 尾巴位置不正(歪斜)——适量扣分。

乳房

17. 四个乳区机能不全或发育不匀称——大量扣分。

18. 牛乳异常、带血、凝结变酸——淘汰。

19. 附着不良或下垂——大量或适当扣分。

20. 肉乳房或乳头孔过紧、有瞎乳头、副乳头——大量或适当扣分。

四肢

21. 跛行(经常影响乳牛机能)——淘汰。

22. 腕跗关节不好、后肢外弧、系部软弱——大量扣分。

23. 后肢关节有关节炎——大量扣分。

24. 腕关节过于粗大、蹄质软弱或蹄裂——大量扣分。

营养状况

25. 营养过度(全身脂肪沉积过多)、粗糙笨重——大量扣分。

用评分法鉴定,首先应熟悉各细目的标准和满分要求。每个项目和细目评分,一般可按良、中、差三类划分。因为十全十美的整体和部位是很少见的。所以,除最好者外,良好的可按满分的4/5给分,中等的可按满分的3/5给分,差的可按满分的2/5或1/5给分。评分时应抓住关键部位,如关键部位有严重缺陷,该牛或该部位不予评分。

评分结束后,根据16个细目的评分,最后累加,即为外貌总评分。再根据外貌等级标准(表7-3)即可知该牛的外貌鉴定等级。

(三)外貌鉴定复审

母牛在1、3、5胎产后第二个泌乳月各鉴定一次。

外貌评分简便易行,但不易为人们所掌握。这就要求鉴定人员必须对鉴定的乳牛品种外貌特征有深刻的认识和了解,否则很难鉴定准确。同一头乳牛,不同人鉴定,可能会得出不同鉴定结果。为了避免这一缺点,凡已经过某个人鉴定的乳牛,可由3~5个人组成鉴定组进行复审。另外,为了逐步提高鉴定人员的鉴定水平,几

个人可同时鉴定一组乳牛(3～5头),在个人鉴定评分基础上,进行优劣名次排列,比较复审,现举例如下:

现有年龄相同的4头荷斯坦牛(母),1、2、3、4号,鉴定人员认为,4号最好,3号次之,1号最差。其理由是:

4号乳用型比其它3头表现明显,胸宽而深,胸围大,尻平、长,乳房附着好,形状好,乳头也比较一致,另外性格温顺。

3号与2号相比,2号头清秀、尻平;但3号乳腺发育好,乳房大,乳静脉粗,长而弯曲。2号比1号好,2号乳静脉较长而粗,头清秀,且2号背腰平,尻长而平,中躯深而丰满,乳房好;1号乳房小,四个乳区不匀称,背不结实,中躯容积小。

二、测量鉴定

测量鉴定包括体尺测量和体重测量两项内容。体尺、体重是鉴定乳牛的两项重要指标,不同品种均规定有各自的标准。

(一)体尺

根据体尺测量结果,可以矫正评分鉴定时的误差;同时将所得的数字经过统计分析,可以了解牛体生长发育和外貌特征。因此,体尺测量是乳牛选种的一项重要指标。

在乳牛育种工作中,常用的有以下几项体尺:

1. 鬐甲高　从鬐甲最高点到地面的垂直高度(用测杖量)。

2. 体斜长　由肱骨前突起的最高点(即肩端)到坐骨结节最后内隆凸间的距离(测杖或卷尺)。

3. 体直长　切于肱骨前突起(即肩端)的垂线到切于坐骨结节最后突起(坐骨端)的垂线之间的直线距离(测杖或卷尺)。

4. 胸围　在肩胛骨后角处牛体躯的周径(卷尺)。

5. 腹围　腹部最膨大处的周径(卷尺)。

6. 腰角宽　两腰角外缘的最大宽度(圆形触测器)。

7. 尻长　从腰角前隆凸到坐骨结节最后突起间的距离

(测杖)。

8. 管围　在左前肢管骨上1/3部测量的周径(卷尺)。

测量体尺,必须校正好量具,被测量的牛必须站在平坦场地,使牛呈自然姿势,然后进行测量。体尺一般用厘米表示。

(二)体重

体重是育种的一项重要指标。称量体重可准确地了解乳牛生长发育情况,并以此作为配合日粮的依据。

称量体重最好是进行实际称重。称重时间应于挤奶后进行。

奶牛体重也可根据体尺进行估计。各龄奶牛体重估测可以用以下公式。

6～12月龄:体重(kg)=胸围^2(m)×体斜长(m)×98.7

16～18月龄:体重(kg)=胸围^2(m)×体斜长(m)×87.5

初产-成年:体重(kg)=胸围^2(m)×体斜长(m)×90.0

第五节　奶牛的年龄鉴别

购买奶牛时,准确的年龄鉴定,不仅可以确定奶牛的利用潜力和年限,而且可通过奶牛年龄与胎次的对应关系,判断其繁殖性能的好坏。如正常情况下,2岁第一胎,以后每年一犊,即胎次与年龄之间关系是:年龄=胎次+2,如差别太大,如6岁牛只有2胎,则说明该牛有过空怀现象,可能存在繁殖障碍。

奶牛年龄鉴定最准确的方法是根据其档案记录,如98013号奶牛,是1998年出生的奶牛,其年龄显而易见。在缺乏档案资料时,尤其是购买奶牛时则需看牛的牙齿和角轮来判断年龄。

一、根据牙齿鉴别年龄

1. 牙齿的种类、数目和齿式　牛的牙齿随着出生的先后分为乳齿和永久齿(恒齿)。乳门齿小而洁白,齿间有空隙,表面平坦,齿薄而细致，有明显的齿颈。长到一定的年龄就脱换为永久齿。乳齿一共10对20枚，无后臼齿，其齿式：2×（门齿“0”/4，犬齿0/0，前臼齿3/3，后臼齿0/0）＝20。永久门齿的外形比较大而粗壮，齿冠长而排列整齐，齿间无空隙，齿龈呈棕黄色，齿冠色白带微黄，远不如乳齿洁白与细致，故容易辨认。永久齿一共16对32枚，其齿式：2×（门齿0/4，犬齿0/0，前臼齿3/3，后臼齿3/3）＝32。牛上颌无门齿，鉴别年龄时主要看下颌的4对门齿。中间1对门齿称为钳齿，其两侧的1对称内中间齿，再次1对称外中间齿，最边上的1对称隅齿。臼齿有前、后臼齿之分，每侧各3对，无特殊名称，大多用牙齿的对数依次命名。

2. 鉴别的依据和方法　按牙齿鉴别牛的年龄，主要依据门齿的发生、脱换和磨蚀形状等规律性的变化。一般犊牛出生时已长有1～2对乳门齿，3～4月龄乳门齿发育完全，4～5月龄乳齿面逐渐磨损，磨损到一定程度乳门齿开始脱落换生永久齿。更换的顺序是从钳齿开始，最后及于隅齿。当门齿换齐时，又逐渐磨损。所以，由门齿的更换和磨损，就可以较准确地判断奶牛的年龄。牛的门齿从中间到两侧，其脱换时间相差1年，故外侧1对牙齿的形状变化比中间牙齿晚1年，规律是一致的。

门齿更换齐全称为“齐口”。奶牛齐口的年龄为5岁。齐口以前，牛的年龄鉴定方法概括为：“一岁半，一对牙；二岁半，二对牙；三岁半，三对牙；四岁半，四对牙。”即钳齿1.5岁开始脱换，呈现1对永久齿。一般长齐需半年，即2岁长齐。其外侧1对牙齿分别晚1年脱换。也可用“永久门齿的对数＋1＝年龄”的方法判断。

齐口以后的年龄主要依据永久门齿的齿面磨蚀情况来判断。齿面形状的变化规律是：初为长方形或横椭圆形，随着磨蚀程度加深，逐步由长方形先后向三角形、四边形或不等边形和圆形过渡。每一个形状变化需1年时间，即钳齿6岁呈长方形，7岁呈三角形，8岁呈四边形或不等边形，9岁呈现圆形。其余各对门齿分别比中间1对晚1年呈现上述规律性变化。

10岁以后，牛的钳齿齿髓腔暴露，即出现齿星。内中间齿、外中间齿、隅齿分别在11～13岁出现齿星。再往后，齿面圆形纵径加大，终成卵圆形，年龄在13岁以上，统称老牛，不再鉴定。

为便于记忆，奶牛的年龄鉴别方法可概括为口诀：

“2、3、4、5看牙换，6、7、8、9看磨面，10、11、12、13看珠点”。

鉴定时，鉴定人员站立于被鉴定牛只头部左侧附近，用徒手或鼻钳法捉住牛鼻。左手握住牛鼻中隔最薄处(鼻软骨前缘)，顺手抬举头，使呈水平状态。随后，迅速以右手插入牛的左侧口角，通过无齿区，将牛舌抓住，顺手一扭。用拇指尖顶住上颚，其余四指握住牛舌，并拉向左口角外。然后检查牛门齿变化情况，按判定标准衡量牛的年龄。

二、根据角轮鉴别

按照奶牛的生产规律，正常情况下，每年只有一个胎次，出现一个泌乳高峰，即明显的角轮数只有一个。奶牛初配的时间一般在18月龄，故第一个泌乳高峰在3岁左右，在3岁出现第一个角轮，因此，奶牛的年龄与角轮之间的换算关系就是：奶牛的年龄＝角轮数＋2。

由于形成角轮的原因比较复杂，常使角轮分辨不清，确实数目难以计算，故此法判定年龄的准确性不高。但根据角轮的形状和数目，可反映出奶牛的泌乳能力，如角轮清晰，说明产奶量高；角轮模糊或角轮数少，说明该牛产奶量低或有空怀现象，都说明其生产力低下。

第六节 购买牛只

开始建立奶牛群时，采用的是购买成年乳牛、购买育成牛或是购买犊牛等3种方法。在购买成年乳牛及育成母牛时，可能是空怀牛或是已孕牛，对这两种牛的选择，主要决定于希望其产奶的时间。一般情况下，购买的成年乳牛平均能留在群内约4年时间，大多数在7岁以前予以淘汰。购买已达配种年龄的育成母牛，是开始建立牛群最普通的方法。当购买育成母牛时，必须有其母亲的生产性能及其父亲的遗传能力的记录资料。购买犊牛所需的费用是最少的，但达到产奶所需的时间较长。不过，购买犊牛是获得优秀奶牛的好机会。

在购买牛时必须查阅有关资料，愈详细愈好。成年乳牛必须有生产记录和系谱。

目前，由于冷冻精液人工授精已在全世界广泛开展，因此，一般都不购买公牛，只是根据公牛的遗传资料选购良种公牛的精液，用来与母牛配种，不论国内、国外都是如此。有条件的地方还可购买胚胎，以增加优秀牛。对购入的牛还须采取防疫措施，避免传入疾病，特别是结核病、传染性流产、钩端螺旋体病、滴虫病以及乳房炎等。即使许多疾病可以采取免疫及严格检疫的办法，但新引进的牛仍须隔离45～60天，在隔离的末期需再次检疫，确定无病后才能进入大群。

复习思考题

1. 试述体质和外貌的概念。
2. 选择奶牛时对外貌是如何要求的？
3. 阐明“腹围形”学说并与“三角形”学说比较。
4. 简述根据牙齿和角轮鉴别奶牛年龄的方法。
5. 购买奶牛时应注意哪些问题？

第八章　奶牛的繁殖技术

重点提示：本章重点学习奶牛的发情鉴定技术(包括发情鉴定的常用方法、发情鉴定的其它方法)、人工授精技术(包括人工授精器械的消毒技术、精液贮存和解冻技术、精液品质检查及输精技术)、提高奶牛受胎率的关键技术、检胎技术及奶牛繁殖管理，最后介绍奶牛的胚胎移植。

第一节　奶牛的发情鉴定

发情鉴定的意义是通过发情鉴定技术达到如下三个目的：一是判断母牛的发情程度，确定配种适期，以便及时进行配种或人工授精，达到提高受胎率的目的；二是判断母牛的发情是否正常，若发现异常，及时采取措施，加以解决；三是对妊娠诊断也有一定参考作用。因此，发情鉴定是奶牛繁殖生产中的一个重要技术环节。

母牛的发情表现，是由生殖激素的调节作用引起其生殖器官和性行为等发生的明显变化，这种变化有外部变化和内部变化，其外部变化为可观察到的体外表现的现象；而内部变化，主要为生殖器官的变化，其中卵泡的生长发育及成熟变化起主导作用，是决定整个发情变化中的本质因素。为此进行发情鉴定时，既要观察母牛的外在发情表现，更要掌握卵泡发育状况的内在本质特征，同时，也应考虑影响发情的各种因素，加以综合的科学分析，做出较为准确的判断，最后确定适宜的配种时间。

发情鉴定方法有多种，一般实践中常规方法有利用公牛试情、外部观察、阴道检查、直肠检查等，多年来生产上已广泛应用，取得了一定的效果。近些年来有人提出:观察注入外源激素的反应、检测体液内的激素水平以及利用电子仪器鉴定等新方法,经实践应用表明,有一定的效果,但其中有些方法操作繁琐,时间较长,需要的设备价值较高,准确性不稳定。

一、发情鉴定的常用方法

奶牛的发情期较短,外部表现发情特征也较明显。因此,在生产中对母牛的发情鉴定,主要采用外部观察法、试情法和阴道检查法,但对于技术熟练的人员来说,最好利用直肠检查法,触摸卵巢变化及卵泡发育程度来确定配种适期,有利于提高受胎率。

(一)外部观察法

一般发情牛在放牧场或运动场中较易被发现,也可在牛舍里查看,早晚各观察一次。主要着眼于母牛爬跨或接受爬跨的情况进行详细观察去寻找发情牛。一般母牛发情变化过程的外部表现可归纳如下:

1. 发情初期　母牛开始出现发情表现,食欲减退,兴奋不安,四处张望,走动不安,时常发出叫声。当有试情公牛在场时,发情母牛往往被追随或爬跨,而不愿接受爬跨,逃避但不远离。在牛舍内多为站立不卧,主动接近人。外阴部稍肿胀,皱褶变少。

2. 发情盛期　食欲明显减退,甚至拒食,更加兴奋不安,常常大声哞叫,四处走动。经常爬跨其它母牛,并同时也愿意接受试情公牛或其它母牛的爬跨而稳立不动。用手拍压牛背和十字部,表现凹腰和高举尾根,若手握牛尾上段,向上抬举不觉费力。外阴部肿胀明显,流出黏液。此时可给发情母牛配种,如果采取人工授精,可比自然交配时间稍推后。

3. 发情末期　母牛兴奋性减弱,哞叫声减少,虽仍有公牛跟逐,已较不愿意接受爬跨并表示躲避而不远离。外阴部肿胀减退。发情末期后转入发情后期,此时母牛兴奋性明显减弱,稍有食欲。

试情公牛基本上不再尾随和爬跨母牛，母牛也避而远之。再此后，逐渐恢复正常，进入休情期。

（二）试情法

此法是根据母牛在接近公牛时的亲疏行为表现，来判断其发情程度的。发情时，母牛通常表现为愿意接近公牛，弓腰举尾，后肢开张，频频排尿，有求偶动作等；而不发情或发情结束后则表现为远离公牛，当强行牵拉接近时，往往会出现躲避行为，甚至表现出踢、咬等抗拒行为。

试情公牛一般应选用体质健壮、性欲旺盛、无恶癖的非种用公牛。可采用输精管结扎、带试情兜布等方法来处理公牛，以防止交配成功。如发现母牛接受交配，并有交配欲的，可进行适期配种。

（三）阴道检查法

这种方法是应用阴道开张器或扩张筒插入母牛阴道中，观察其阴道黏膜的色泽和充血程度、子宫颈的弛缓状态、子宫颈外口开口的大小和黏液的颜色、分泌量及黏稠度等，以判断母牛的发情程度。在检查时，器械要灭菌消毒，插入时要小心谨慎，以免损伤阴道壁。

1. 发情初期　阴道黏膜潮红肿胀，子宫颈口微开，有大量透明黏液排出。

2. 发情盛期　阴道黏膜潮红肿胀增强，子宫颈潮红肿胀明显，其开口较大。由阴道流出透明黏液，牵缕性强。此期的母牛可实施配种，如进行人工授精，时间可稍推后。

3. 发情末期　阴道及子宫颈的肿胀稍减退，排出的黏液由透明变为稍有乳白的混浊状态，黏液性减退，牵拉如丝状。

4. 发情后期　阴道肿胀消退明显，其黏液量少而黏稠，由乳白色渐变为浅黄红色，有个别混有血液。

阴道检查法可配合黏液 pH 值测定和宫颈黏液结晶花纹观察。

(四)直肠检查法

母牛的发情期短,卵泡发育成熟快,为此生产中在发情期配种两次即可。然而直肠检查法可具体判明卵泡发育的程度及排卵时间,掌握得好,一次输精配种即可,尤其适用于那些表现发情异常,不易观察的母牛,还有一些卵泡发育与排卵过快或过缓的母牛以及已妊娠又表现发情的母牛等情况。对这些母牛通过直肠检查来判断其排卵时间是极为必要的。总之,有利于防止漏配或误配,减少输精次数,提高受胎率。

1. 母牛直肠检查的操作方法　先将母牛保定好,操作者平常保持手指甲短而光滑,戴上长臂形塑料膜手套或乳胶薄手套,手套外表蘸取少量水以利润滑。五指并拢呈锥状伸入肛门内直肠,如有宿粪要先掏出,手伸入骨盆腔内展平手掌,掌心向下手指轻轻左右抚摸,可摸到坚硬的子宫颈。再沿子宫颈向前移动,便可摸到较软的子宫体、子宫角及角间沟。再向前伸至角间沟分叉处时,手移至一侧子宫角,沿子宫角大弯至子宫角尖端外侧,即可触摸到卵巢。此时以手指肚轻稳细致地触摸卵巢的大小、形状、质地及卵泡的大小、形状、弹性和卵泡壁厚薄等发育状况。这一侧卵巢摸完后,将手以同样的手法移至另一侧卵巢上,触摸其各种性状。

2. 母牛卵泡发育的各阶段　母牛在休情期,多数情况是一侧卵巢大些,卵巢存有较硬的或大或小的黄体。而在发情期,卵巢上只有发育的卵泡,其卵泡发育由小到大,由硬变软,由无弹性到有弹性,逐渐呈半球状突出卵巢表面。按卵泡发育的大小和形状,可划分如下几个阶段,如图 8-1 所示。

第一期卵泡出现期:卵巢稍增大,卵泡直径为 0.5～0.75 cm,触诊时为软化点,波动不明显。此时母牛一般均已开始发情。卵泡出现期约为 10 h。

第二期卵泡发育期　卵巢明显增大,卵泡增大至 1～1.5 cm,呈小球形突出于卵巢表面,波动明显。此期为 10～12 h。此期的后

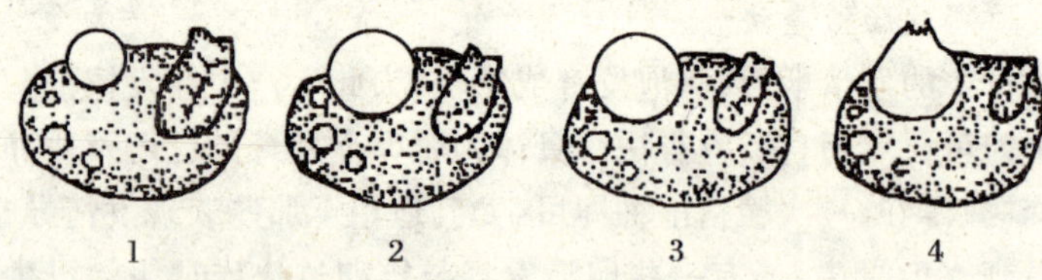

图8-1 母牛卵泡发育过程模式图

1. 卵泡出现期；2. 卵泡发育期；3. 卵泡成熟期；4. 卵泡排卵期

半期，母牛的发情表现已经减弱，甚至消失。

第三期卵泡成熟期 卵泡不再增大，其泡壁变薄，弹性增强，触摸时有一触即破之感。此期为6～8 h。

第四期卵泡排卵期 卵泡破裂排卵，卵泡液流失，卵泡壁变松软，成为一个小凹陷。排卵多发生在性欲消失之后的10～15 h，并多发生于夜间。黄体形成期，一般为排卵后6～8 h 开始形成黄体。原来卵泡破裂出现的小凹陷已摸不到，由新形成的柔软黄体所充实，其大小为 0.7～0.8 cm。待黄体完全发育成熟时可达 2～2.5 cm。此时已进入休情期。

在母牛卵泡处于成熟期时，可实施冷配。当第一次配种完成后8～12 h，可采取复配的方法以保证较高的受胎率。

二、发情鉴定的其它方法

(一)生殖激素检测法

生殖激素检查法方法是应用激素测定技术(放射免疫测定法、酶联免疫测定法等)，通过对母牛体液(血浆、血清、乳汁、尿液等)中生殖激素(FSH、LH、雌激素、孕激素)水平的测定，依据发情周期中生殖激素的变化规律，来判定母牛的发情程度。该法可精确测出激素的含量，如母牛排卵前孕酮的含量由每分钟 0.24 μg 增加到1.52 μg。采用放射免疫测定法测定母牛血液中孕酮的含量，为

0.12～0.48 μg/mL，输精后情期受胎率可达51%。但该方法所需仪器和药品制剂较贵，目前尚较难普及。

（二）离子选择性电极法

离子选择性电极是以特制的电极敏感膜，对溶液中特定离子浓度产生电极电位变化过程，在离子浓度的变化过程中测定电位的变化。在母牛发情周期中，生殖道黏液中的无机盐浓度特别是NaCl浓度有明显变化，这种变化可用离子选择性电极测出的电位变化反映出来，从而判断发情阶段。

（三）仿生学法

仿生学法是模拟公牛的声音（放录音磁带）和气味（天然或人工合成的气雾制剂）刺激母牛的听觉和嗅觉器官，观察其受到刺激后的反应状况，判断母牛是否发情。如用录音带记录公牛叫声，在放牧场播放，可使发情母牛自己跑到配种室来。

（四）宫颈黏液结晶法和透析法

母牛宫颈黏液中所含的各种成分如水、糖、蛋白质、盐类等在发情周期的各阶段，其含量会发生规律性的变化。其中不同含量的盐类可呈现出形态不同的结晶，根据宫颈黏液的结晶形态可进行发情鉴定。操作时，先用灭菌长柄钳伸入阴道，蘸取宫颈黏液，再把取出的黏液涂在载玻片上抹片，自然干燥后在显微镜下观察其结晶花纹，据此判定发情阶段。通过对发情牛的宫颈黏液结晶观察结果发现：在发情盛期，其黏液一般呈现羊齿植物状的结晶花纹，结晶花纹较典型，排列整齐，并且保持时间持久，常达数小时以上，其它如上皮细胞、白细胞等杂质很少。发情末期黏液结晶结构较短，呈短金鱼藻或星芒状花纹，且保持时间较短，白细胞较多。如图8-2所示。

有少数个体虽处于发情盛期，但宫颈黏液抹片不呈结晶花纹。再者，即使能清楚观察到结晶花纹，也很难判定母牛的排卵时间和确定适宜的配种时间。因此，这种方法仅可作为一种辅助性的发情鉴定方法。

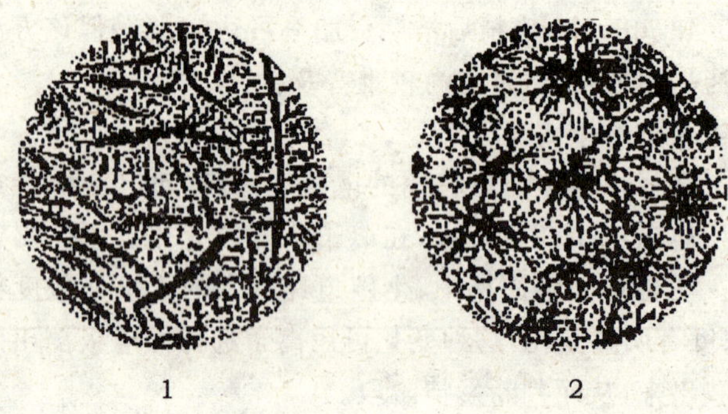

图 8-2　发情母牛子宫颈黏液抹片的结晶花纹

1. 羊齿植物状结晶花纹（发情盛期）；2. 星芒状花纹（发情末期）

宫颈黏液透析法是以精子是否易于透入宫颈黏液为标准，测定输精适期的方法。对于阴道内射精的牛来说，子宫颈部黏液是否易于精子通过对受精作用的关系极大。精子透入黏液的程度决定于黏液本身的化学成分和渗透性等物理性质。

1. 抹片法　取米粒大的黏液一滴，放于载玻片上，取一盖玻片，在三个边缘涂抹凡士林，将黏液压在中间。另取适量精液，在未抹凡士林的一边注入精液，在37℃温度下经5～10 min后在显微镜下观察。如果大多数精子透入黏液界面很大，且活动良好，为发情盛期，适于输精。

2. 毛细管法　将宫颈黏液吸入长10～15 cm，内径0.9～1 mm的毛细玻璃管中，扁形玻璃管优于圆形玻璃管，便于在显微镜下观察。毛细管的顶端用塑料胶封口，下端插入0.2 mL的正常精液中。垂直放入7℃水浴内1 h观察结果，测定精子在毛细管中的透析高度，并记录活动精子数及活力。

透析高度　毛细管中领先精子到达的高度。

透析密度　进入黏液中的精子数。

活率　根据毛细管中上1/3段直线前进运动精子的比率分为0～Ⅲ级。0级为无直线前进运动精子；Ⅰ级为0.25；Ⅱ级为0.25～0.5；Ⅲ级为0.5以上。

根据以上指标按下表对测定结果进行评分，取各项指标的累计分值来判断标准。7～9分为优；4～6分为良；1～3分为差；0分为阴性。如表8-1所示。

表8-1　精子毛细管透析试验结果评分表

评　分	0	1	2	3
透析高度	0	0～2	2～5	75
透析密度(精子数)	0	1～110	11～50	>50
精子活率(级)	0	Ⅰ	Ⅱ	Ⅲ

(五)pH值测定法

pH值测定法是测定生殖道黏液pH值，以鉴别发情周期的方法。母牛发情周期中黏液的pH值呈现一定的变化，在发情盛期为中性或偏碱性，黄体期偏酸性。母牛宫颈液pH值一般在6.0～7.8范围之内，而pH值在6.6～6.8时输精的受胎率最高。测定生殖道黏液不能明显区别发情周期的各时期，但是在一定的pH范围内输精的受胎率较高，因此，在发情周期表现正常的情况下，具有发情表现再测定pH值方有参考价值。

(六)电阻测定法

电阻测定是利用母牛发情周期中阴道黏液导电率的变化判断发情的一种方法。人们据此研制了一种发情测定仪，可通过仪表直接读出电阻变化值。母牛发情期的电阻较低，平均303(164～472)Ω，而其它阶段为454(362～604)Ω。一般电阻值大于等于250Ω时配种，受胎率较高，可达77%。

(七)颜色标记法和里程计法

1. 颜色标记法　本法是以发情母牛接受公牛或其它母牛爬

跨为依据，在母牛尾根上贴附一个盛有颜色的塑料薄胶囊。当被爬跨时受压破裂流出颜色液，在母牛背部留下明显标记。有人将标记器安装在试情公牛的胸部，同样可使接受爬跨的母牛身上留下标记。此外，还有人用粉笔涂擦在母牛的尾根上，如母牛发情时，则因公牛爬跨其上而将粉笔字迹擦掉。

2. 里程计法　这是根据牛在发情期活动频繁，追逐爬跨，行程增加的现象，将记录运动员活动的里程计，改制成牛发情鉴定用的仪表而进行测定的方法。母牛在发情期内爬跨动作平均可达50～60次，而且夜间活动多。发情母牛的活动里程要比不发情母牛多2.5～4倍，因此在散放饲养条件下，如果用里程计监测，并结合观察可以发现大部分发情母牛。

第二节　奶牛的人工授精

一、人工授精的概念

人工授精就是指借助于专门器械，用人工方法采取公牛精液，经体外检查与处理后，输入发情母牛的生殖道内，使其受胎的一种繁殖技术。人工授精技术包括采精、精液品质的评定、稀释、保存、运输和输精等6个环节。

二、人工授精的意义

人工授精作为现代的动物繁殖方法，在畜牧业中已显出了众多的优点和应用价值。

(1)人工授精可提高优良种公牛的配种效能，扩大配种母牛的头数。人工授精不仅有效地改变了公母牛的交配过程，更重要的是选择最优良种公牛实行人工授精配种，它超过自然交配的配种母牛头数的很多倍，有时达到数百倍。特别是在现代技术条件下，一头优良公牛每年配种母牛甚至可达上万头。

(2)加速奶牛的繁殖改良,促进育种工作进程。由于人工授精选用优良种公牛,配种母牛的头数增多,进而扩大了良种遗传基因的影响。此外,有利于保证配种计划实施和提供完整配种记录。因而促进了奶牛的改良及育种工作的进程。

(3)降低饲养管理费用。由于每头公牛可配的母牛数增多,为此相应减少饲养公牛头数,降低饲养管理费用,提高了经济效益。

(4)可防止各种疾病,特别是生殖道传染病的传播。由于公母牛不接触,且人工授精有严格的技术操作规程,可有利于防止参加配种的公母牛之间发生疾病的传播。

(5)有利于提高母牛的受胎率。人工授精能克服公母牛自然交配中因体格相差太大不易交配或牛殖道某些异常不易受胎的困难,又可便于发现繁殖障碍与疾病,采取相应的治疗措施消灭不孕。更主要的是人工授精的发情母牛,事先要经过发情鉴定,掌握在适宜时机配种,同时所用的精液均经合格检查,保证质量,因此可有利于提高母牛的受胎率。

(6)人工授精可扩大公牛配种的地区范围。用保存的公牛精液尤其是冷冻保存的精液,便于携带运输,可使母牛配种不受地区的限制和有效地解决无公牛或公牛不足地区的母牛配种问题。

综上所述,牛的人工授精在严格遵守操作规程和周密鉴定种公牛的情况下,有着巨大的优越性,对发展畜牧业生产有着重要意义。但是,如果不遵守操作规程,卫生要求不严格,缺乏无菌观念,则会造成受胎率下降,甚至发生生殖道疾病传播,如果使用有遗传缺陷或育种值低的公牛,会造成更坏的后果。

三、人工授精器械的消毒技术

人工授精器械必须经过彻底消毒。消毒不严,细菌等微生物污染了精液,不但影响了精液质量,而且也是造成母牛不孕的重要原因。人工授精器械主要使用化学消毒法(酒精等)和物理学消毒法(煮沸、蒸汽、干热、紫外线等)。

(一)化学消毒法

1. 酒精消毒　它适用于橡胶、金属、玻璃器械等。假阴道内胎在用酒精消毒后,必须用生理盐水或5%的蔗糖溶液冲洗,风干后放在无尘处保存备用。用上述溶液冲洗的目的,一是冲去可能残留的酒精,二是减少内胎的黏附性,以防止采精时内胎黏附精液。消毒用酒精浓度一般为75%。

2. 新洁尔灭浸泡消毒　可用于橡胶、塑料等器械。

3. 过氧乙酸溶液消毒　操作人员的手可用0.1%过氧乙酸溶液消毒;工作服可用熏蒸法消毒,把工作服挂于房间内,按实际体积计算,每立方米用5 mL 过氧乙酸溶液(内含过氧乙酸0.75 g),另外加1 g 高锰酸钾进行催化,用电炉加热熏蒸。

(二)物理消毒法

1. 煮沸消毒　人工授精器械的消毒应以煮沸消毒为主,它适用于一切器皿及稀释液。80℃ 5～10 min,炭疽菌、结核菌等微生物均可被杀死。100℃ 1 min,炭疽菌芽孢可被杀死。在实践中,可用100℃ 15 min 煮沸消毒。在煮沸过程中,煮沸水应浸没消毒器皿,而稀释液以水浴消毒为宜。

2. 蒸汽消毒　适用于一切器皿及稀释液。在密闭情况下,100℃ 1 min 可以达到消毒目的。如果灭菌器不严密,混入空气,消毒则需10 min。空气混入1/3,消毒则需30 min。在实践中,除用高压灭菌器外,凡属自制的蒸汽消毒锅,一般都应在水开后,消毒30 min。

3. 干热消毒　适用于玻璃器械和金属器械。使用电热干燥灭菌器,温度达到160℃,经过30～60 min 达到消毒目的。这种消毒效果比湿热消毒(煮沸、蒸汽法)差。链球菌70～75℃ 1 h,大肠杆菌60℃ 13 min,结核菌100℃ 1 h 可被杀死。另一种是烧灼,操作中使用的白金耳以及阴道开张器等金属器械均可用无烟火焰(酒精灯)烧灼消毒。

4. 紫外线消毒　适用于橡胶、塑料、玻璃器械、工作服、日常用品等。

四、精液贮存和解冻

(一)精液的贮存

牛的冷冻精液是以液氮做冷源进行贮存的,需要时可随时取出。为防止温度变化对精液品质的影响,取放动作要迅速,尽量减少在空气中停留的时间。从贮存容器中提取冷冻精液时,精液不应超过液氮容器的颈基部,避免因温度的回升造成精液解冻活率的下降。牛的冷冻精液已有40多年的历史。试验证明,保存至今的冷冻精液仍具有授精能力。但一般认为牛的冷冻精液随保存时间的延长,精子的活力和受精能力逐渐降低。牛冷冻精液长期保存的确切时限,尚需继续研究和观察。

(二)解冻

冷冻精液的解冻过程会影响精子的活力,要注意解冻的温度和操作方法。最初世界各国对解冻温度的要求不同,大体可分为高温40℃、室温15～20℃和冷水10℃ 3种。当前认为40℃左右解冻效果最好。随着解冻温度的降低,精子活率有逐渐降低的趋势(表8-2)。

表8-2　解冻温度对精子活率的影响

解冻温度(℃)	40	30	20	10	11(室温)
平均活率	0.55	0.53	0.53	0.40	0.40

解冻方法　颗粒精液解冻多采用一定量的经预热至40℃的解冻液,将颗粒精液投入其中,经摇动至融化。解冻液可用2.9%的柠檬酸钠溶液,也可用含葡萄糖3%和柠檬酸钠1.4%的溶液。制成的

解冻液，分装于安瓿内，经灭菌和封口后可长期使用。

细管精液的解冻应将封口端向上，棉塞端朝下，投入40℃左右的温水中，待细管颜色一变立即取出用于输精。解冻后的精液应立即取样检查活率，凡在0.3以上者即可使用。若一次输精母牛头数较多，也可在输精前随机抽样检查。

解冻后的精液其精子存活时间较短，几乎均采用距输精数分钟至1 h之内解冻，才能保证较高的受胎率。

为了方便起见，国内外一些人工授精员在到现场输精前将细管冷冻精液装入贴身的衣袋内，用体温使其解冻后进行输精，这是一种简便而有效的方法。

五、精液品质检查

目前在全世界范围内，牛的人工授精已普遍采用冷冻精液输精。因此，奶牛人工授精中的精液品质检查，主要是指在输精前后，对解冻后的精液进行检查。国内外公牛的冷冻精液都有严格的质量标准，用户对其质量的检查主要是进一步核实其质量，了解或发现操作中的问题。

（一）精子解冻活率检查

1. 颗粒冷冻精液　取消毒并封装于安瓿内的稀释液（一般为2.9%柠檬酸钠1 mL），放于40℃的温水中，待其温度接近40℃时，打开安瓿放入颗粒冷冻精液1粒，轻轻摇动，使其融化，即可取样在高倍显微镜下观察其活率。检查时显微镜载物台的温度应保持在37℃左右。在评定活率时，要注意上、中、下3个层次精子活率的变化，左、右、上、下4个方位视野的差异，才能做出较准确的判断。活率在0.3以上即为合格精液。

2. 细管冷冻精液　可直接投入40℃温水中，待其融化后，立即取出，剪去棉塞一端，取样检查。

（二）死活精子比例检查

先将精子死活染色液分装于容量为0.5 mL左右的指形玻璃

小管中，染色液为伊红苯胺黑溶液（含5%水溶性伊红和1%苯胺黑溶液），染色前先放入37℃恒温箱或水浴箱中预热，滴入解冻精液2～3滴，混匀后再放入温箱，3 min后即可制作抹片，待抹片风干后在油镜下观察。死精子为红色，活精子不着色或只在头部的核环处呈淡红色。随机观察200个精子并计算出死、活精子的比例。用这种方法所得到的活精子百分数要高于精子的活率。对于活率观察，技术熟练、估计准确的人员可不做精子死活染色的检查。

（三）密度检查

对精子密度检查的最简单方法是，取1滴解冻精液在低倍显微镜下凭经验粗略地估计其密度是否符合输精的要求。较精确的方法是采用血球计数装置，进行精确的计算，具体方法在这里不作介绍。以此为基础建立起来的光电比色法测定精液中精子密度，已经被大型公牛站广泛应用。通过密度的检查可以计算出被检精液每毫升所含的精子数，再根据解冻后的活率可得每毫升精液中的有效精子数（即呈直线前进运动的精子数），最后乘以输精剂量（颗粒冷冻精液为0.1 mL±0.01 mL；细管冷冻精液为0.5 mL或0.25 mL）计算出每个输精剂量的有效精子数（颗粒冷冻精液为1 200万以上；细管冷冻精液为1 000万以上）。

（四）其它方面的检查

包括畸形精子的比例、顶体完整率、生存指数等方面的检查。在一般生产条件下是不进行的，只有在输精后母牛的受胎率明显下降又很难找到确切的原因时，才送交有关实验室进行这些项目的检查。

六、奶牛的输精

（一）输精时间的确定

奶牛的发情周期平均为21天左右，发情持续期较短，大约20 h，排卵一般发生在发情结束后10～16 h，因此，准确的发情鉴定，适时输精是提高受胎率的有力保证。奶牛输精的实践表明：在母牛接受爬跨（即站立发情阶段的末期或发情后期的开始阶段）；卵泡发育期的后期或卵泡成熟期输精可获得最佳的受胎效果。从母牛接受爬跨开始到排卵后的这段时间输精的不返情率表明，在母牛接受爬跨第8～24小时输精的受胎率最高。

输精人员应掌握以下规律：母牛在早晨接受爬跨，应在当日下午输精，若次日早晨仍接受爬跨应再输精1次；母牛下午或傍晚接受爬跨，可推迟到次日早晨输精。如果输精员由本场人员担任，一般在第一次输精后12 h做第二次输精。如果是个体饲养的小群奶牛，输精时间应更灵活些。

（二）输精部位和输精次数

1. 输精部位　大量的试验证明，采用子宫颈深部、子宫体、排卵侧或排卵侧子宫角输精的受胎率没有显著差异。当前普遍采用子宫颈深部（子宫颈内口）输精。

2. 输精次数　冷冻精液输精，除母牛本身的原因外，母牛的受胎率主要受精液质量和发情鉴定准确性的影响。若精液质量优良，发情鉴定准确，1次输精即可获得满意的受胎率。由于发情排卵的时间个体差异较大，一般掌握在1～2次为宜。盲目地增加输精次数，不但不能提高受胎率，有时还可能造成某些感染，发生子宫或生殖道疾病。

（三）输精方法

输精方法有开张器输精和直肠把握输精两种。

1. 开张器输精法　借助开张器将母牛的阴道扩大，借助一定的光源（手电筒、额镜、额灯等）找到子宫颈外口，把输精管插入子宫颈1～2 cm处，注入精液，随后取出输精管和开张器。此法虽然简单、容易掌握，但输精部位浅，易感染，受胎率低。因此，目前很少采用。

2. 直肠把握子宫颈输精法　与直肠检查相似，一只手戴上薄膜手套，伸入直肠，掏出宿粪，寻找子宫颈，并握住子宫颈的外口端，使子宫颈外口与小指形成的环口持平(图8-3)。用伸入直肠的手臂压开阴门裂，另一只手持输精器插入阴门(插入时先斜上再转成水平，切勿将输精器插入尿道开口)。借助握子宫颈外口处的手与持输精器的手协同配合，使输精器缓越子宫颈内侧的皱褶(一般为4个)，然后注入精液，如图8-3所示。

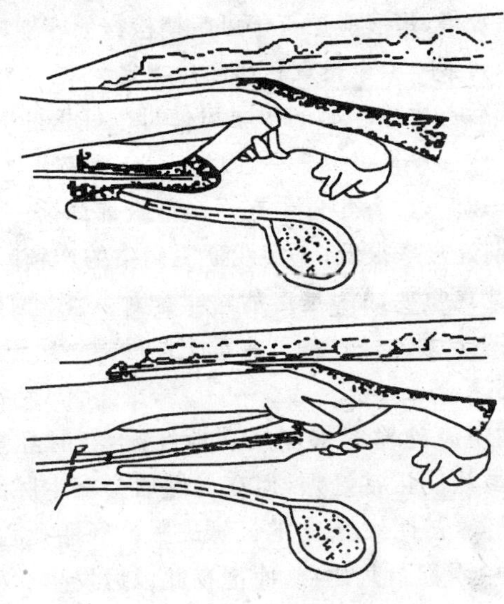

图8-3　牛的直肠把握子宫颈输精法

上．错误的手势；下．正确的手势

在把握子宫颈时，位置要适当，才有利于两手的配合，既不可靠前，也不可太靠后，否则难以将输精器插入子宫颈深部。直肠把握子宫颈法是国内外普遍采用的输精方法，具有用具简单，不易感染，输精部位深和受胎率高等优点。其受胎率比开张器法高出10%～20%，大幅度提高了奶牛的繁殖率和经济效益。同时借助直肠触摸母牛子宫和卵巢的变化，也可进一步判断发情或妊娠情况，防止误配或造成流产。个人的输精技术对受胎率有很大影响,有经验的人工授精员可获得最佳的受胎效果。在炎热的气候条件下,母牛的发情时间较短,全天进行输精都有效。在这种条件下,奶牛饲养者自己进行人工授精操作往往可获得较好的结果;而受过一定人工授精技术训练是获得最佳效果的保证。经常对人工授精人员进行考核有助于评价和改进他们的输精质量和受胎效果。为了获得良好的受胎效果,精液应贮存于可定期检查的容器内。

(四)产犊到第一次输精最佳间隔的确定

虽然产犊后首次输精时间提早可使母牛妊娠的时间提前,但产犊后过早配种也并非明智之举,因为:①产后泌乳早期需要一段时间恢复身体;②一产青年母牛在下次妊娠前尚需完成自身的发育;③产后早期妊娠率很低;④实践证明奶牛的产犊间隔少于365天并非有利;⑤更重要原因是产后过早配种其泌乳期达不到305天。因此,许多生产者对一些高产牛都把产后第一次配种时间控制在产后85～95天。

很难做到所有的输精都能成功地妊娠,有时经多次输精仍不妊娠;有些虽然能正常妊娠,但在妊娠后会发生胚胎死亡和流产。通常把在妊娠初期42天内的妊娠失败称胚胎死亡;妊娠43～151天的妊娠中断称胎儿死亡;而把在此以后发生的妊娠中断叫流产。胚胎死亡可能无任何明显外部症状,因此,母牛输精后继续进行发情观察是十分重要的。特别是对输精3周后无发情表现而被认为妊娠的母牛更应注意。对输精3～6周的母牛也应继续观察,发现返情,应及时再输精,以避免时间和经济的浪费。最后一次输精经6～8周若无任何发情表现,应该进行妊娠诊断。如果经多次输精仍不妊娠,就应及时淘汰。若牛群中有多头母牛出现类似问题,应及时检查和处理。实践证明,上述问题常常是管理不善所致。

七、提高奶牛受胎率的关键技术

影响奶牛受胎的因素很多,如母牛的营养、健康状况、精液品质、输精时机、授精技术水平等。要提高奶牛的受胎率,应重点做好以下几方面工作。

(一)配种组织工作

根据各地奶牛饲养情况,设立简易授精点,备有专用房屋和必要的人工授精用品,能够做到及时配种。在授精站技术人员的指导下,对繁殖母牛进行编号,建立档案。各养殖场(户)建立健全奶牛发情观察预报制度,能及时准确判定母牛发情。建立发情检查制度,对超过14月龄以上仍未发情的小母牛及产后60天仍没发情的母牛进行生殖器官检查,查明原因,搞好疫病防治。

(二)奶牛的饲养管理

营养缺乏或失衡是导致母牛发情不规律、受胎率低的重要原因。如缺乏蛋白质、矿物质(如钙、磷等)、微量元素(如铜、锰、硒等)、维生素(如维生素A、维生素E等)均可引起母牛生殖机能紊乱。营养严重缺乏或不平衡时,会延迟青年母牛初情期的到来,对成年母牛会造成发情抑制,发情表现不明显,排卵率降低。如长期单纯饲喂过多的蛋白质、脂肪或碳水化合物时,会使母牛过肥,同样不易受胎。配种前保持母牛中上等的营养膘情是最理想的,母牛发情征状明显,排卵率高,受胎率高。由此,合理搭配日粮,供给牛的平衡营养是很重要的。舍饲的奶牛要加强运动,经常刷拭牛体,保持牛舍良好的环境如适宜的温度、湿度及卫生,这样有利于保证牛的健康,有利于母牛的正常发情排卵。对于产后母牛,要加强护理,尽快消除乳房水肿。合理饲喂,调整好消化机能。认真观察母牛胎衣与恶露的排出情况,发现问题及时妥善处理,防止子宫炎症发生。子宫尽快复旧,有利于产后尽早正常发情。

(三)人工授精技术

首先,掌握好发情期,做到适时输精。技术人员、饲养员要互相配合，注意观察，及时发现发情母牛。由于母牛发情持续期短，所以要注意即将发情牛及刚结束发情牛的观察，防止漏情、漏配，做好输精准备或及时补配。

第二，掌握授精技术，做到准确授精。直肠把握子宫颈输精法受胎率高，但要求输精人员必须细心、认真，严防损伤母牛生殖道。输入的精液必须准确达到所要求的部位，防止精液外流。

第三，保证精液优良，掌握授精标准。精液冷冻、解冻前后要检查活力，只有符合标准方可用来输精。

第四，严格执行操作规程。输精操作过程中，严格消毒、慎重操作，以防生殖道感染与损伤。精液的取用要合乎规范，以保证精子不被伤害。

（四）及时治疗生殖系统和全身性疾病

奶牛全身和生殖器官疾病均可引起母牛不妊。个体不同，疾病不同，治疗方法各异。为了能采取合理治疗方案，临床上应对病牛仔细检查，确定病性，找出病因，并采取相应的治疗措施。经实践观察，引起母牛不妊的临床表现有发情延迟、发情缩短、持久发情、长期不发情和屡配不妊等，致病原因和治疗方法见表8-3。

表8-3　母牛临床不妊症的病因与治疗

临床表现	原因	卵巢变化	治疗
发情延迟（发情周期延长）	①卵巢发育异常；②持久黄体；③胎儿木乃伊	卵巢增大而硬；表面不光，排卵延迟或不排卵	①促性腺激素释放素（LRH）；②促卵泡素（FSH）100～200 IU，隔日1次，连续注射2～3次；③促黄体素（LH）100～200 IU
发情缩短（发情周期短）	①卵泡囊肿；②黄体功能不全	卵巢上有1～2个以上大卵泡，有波动；母牛呈慕雄狂	①（LH）100～200 IU；②绒毛膜促性腺激素（HCG）5 000～10 000 IU，肌肉注射；③激光照射交巢穴

续表 8-3

临床表现	原因	卵巢变化	治疗
持久黄体	①卵泡囊肿；②黄体功能不全	卵巢上有1～2个以上大卵泡，有波动；母牛呈慕雄狂	①(LH)100～200 IU；②绒毛膜促性腺激素（HCG）5 000～10 000 IU，肌肉注射；③激光照射交巢穴
长期不发情	①卵巢静止；②卵巢萎缩；③隐性发情；④持久黄体	卵巢硬，无卵泡或黄体；卵巢缩小，无卵泡和黄体；有卵泡，但无发情；卵巢增大，硬，有黄体	①HCG2 500～5 000 IU，静脉注射；②己烯雌酚20～25 mg，肌肉注射；③PMSG 20～40 mL，肌肉注射；④LH100～200 mL，肌肉注射；⑤前列腺素 $F_{2\alpha}$5～10 mg，LRHA400～500 mg，肌肉注射
性周期正常，屡配不妊	①输卵管炎；②隐性子宫内膜炎；③慢性子宫内膜炎	生殖器官性功能正常，从子宫内排出混浊黏液	①1%盐水洗子宫，后注入青、链霉素；②1%苏打水冲洗子宫，后用抗生素注入子宫

当牛群中大批母牛发生不妊时，应对饲养管理、健康状况、繁殖管理技术等进行全面调查和综合分析。查日粮组成、饲料品质、矿物质、维生素的含量；查母牛健康状况与营养状况，其中包括全身检查和生殖器官检查；查母牛配种情况；查精液品质。通过上述调查研究，运用我们现有知识和适当手段，加强饲养管理，坚持发情鉴定要细、输精操作要准、患有疾病要治等综合措施，母牛不妊症是可大大减少的。

第三节 奶牛的检胎

检胎有很重要的经济意义。早期诊断出空怀牛可减少饲料等经济损失。正确的诊断可确定妊娠期，计算预产期(用配种月减3，配种日加6计算)和安排干奶期。检胎的方法有直肠检查和激素试验两种途径。通常只用直肠检查,便能快捷、正确地作出判断。直肠检查应注意解剖学位置,循序渐进。直肠检查最早能判断的时间是授精后的第21～24天。触摸到2.5～3 cm发育完整的黄体,表明有90%以上的把握是怀孕了。

在受精后60～90天和180～210天进行两次检胎,第一次是为确诊有胎,第二次是确保有胎,准备干奶。两次检胎后均应作正式记录和报告有关岗位。第一次检胎时间,在有技术保证前提下,可提早到授精后40～60天进行。

激素试验是在本次发情后23～24天采集血浆、全乳或乳脂测定孕酮含量(乳中的孕酮含量比血液中高5～6倍)的方法,来判定妊娠与否。激素试验的阴性诊断可靠性为100%,但阳性诊断可靠性是85%。因为可能发生胚胎早期死亡、发情周期超短(采取时处在黄体期)、黄体囊肿或持久黄体时,均会呈现孕酮阳性反应。检胎时几个主要妊娠指征见表8-4。

表8-4 检胎时几个主要妊娠指征

	21～24天	约40天	约60天	约90天	约180天	约210天
卵巢	直径2.5～3.0 cm,发育完整的黄体					
子宫		①子宫角不对称;②孕角有波动感;③宫角直径4～6 cm	①孕角直径6～9 cm;②按压孕角胎液移动,胚胎反弹,可触感	①孕角直径12～16 cm;②沿宫角可摸到胚胎及小子叶;③子宫下沉进盆腔	子宫下沉在腹腔内	开始上升

续表 8-4

	21～24天	约40天	约60天	约90天	约180天	约210天
宽韧带		子宫中动脉直径0.4～0.6 cm	子宫中动脉直径0.4～0.6 cm	①中动脉直径0.5～0.7 cm；②有震动感	①中动脉直径0.7～0.9 cm；②有搏动感	①中动脉直径0.8～1.0 cm；②有流水感

第四节　奶牛繁殖管理

一、繁殖计划

1. 初配月龄　对后备牛进行好的饲养管理，不但能使后备母牛较早地达到适当的体格大小，同时还可提高受胎率和顺产率。荷斯坦牛达到350 kg 体重即可加入配种队伍。14～16 月龄是投人配种月龄的上限。

2. 产犊间隔　通常的产犊间隔是12.5～13 个月。分娩后60 天出现发情时即可予以配种，平均两个情期受胎，妊娠期 280 天，则12 个月之后即可又一次分娩，但会有很多因素影响这个计划的实施。实验证明，对一些有很高泌乳能力的母牛，为了充分发挥其产奶性能，在分娩后 100～120 天甚至更长一些时间实施配种计划，是经济的。

3. 季节性繁殖　就奶牛场自身效益和管理难度而言，避开最为炎热的七八月份分娩，一可提高 305 天产量，二可减少产科疾患，三可提高受胎率。7～8 两个月的奶牛分娩，通常只安排部分青年牛。但有时为适应市场对乳制品的需要，平衡价值与价格规律，6～8 月份也可有计划多安排一些牛只分娩。

4. 选种选配　应用良种公牛的冻精作人工授精，使之获得新的优秀遗传素质，提高后裔的生产性能与经济效益，是奶牛生产技术中周期较长、回报率最高的手段。同系谱的亲本奶牛相互结合的后裔，有不同程度的效应与回报率，亦有出现负效应的。所以，在选择同样优秀种公牛精液时，还必须注意其结合效应，即要注意选配，才能得到好的选种效果。在选种选配时确定第一优秀公牛（主线公牛）时，还应考虑到受胎率与精液拮抗等因素，需同时选出一头第二优秀公牛备用。

二、笔记本

奶牛繁殖工作之成败，第一是由每天几次的临场观察之效果所决定的，观察的内容包括电脑提示牛只发情、过情、异常行为、子宫（阴道）分泌物状况，配种、检胎、流产等各种信息，把这种信息及时摘记在随身小笔记本上，随后分别输入电脑或档案卡，或安排工作处理之程序，是一种十分简便和良好的习惯。每天应将笔记本内容按发情、配种及繁殖障碍分类，分别造册或输入电脑。

三、牛只繁殖卡（档案）

每头奶牛在初情期之后，应建立该牛的档案（繁殖卡）。繁殖卡内容包括牛号、所在场、舍别、出生日期、父号、母号、发情期、配种日期、与配公牛号、检胎结果（预产日期）、复检结果、分娩或流产、早产日期、难/顺产、犊牛号、重大繁殖障碍摘记等。繁殖卡内容应在发生当月固定的日期填清。

四、月报表

1. 配种月报表　每月3日应将上月配种情况汇总列表报告。配种月报表应包括下列内容：序号、舍别、牛号、配种日期、与配公牛号、配次、耗精数与备注。报表按配种日期顺序编报。

2. 检胎月报表　每月3日应将上月检胎及复检情况分别列

表。检胎月报表包括序号、舍别、母牛号、与配公牛号、配种日期、检胎日期及结果、预产期。其顺序应与配种月报表相对应。

3. 不正产月报表　每月3日应将上月不正产(怀胎日≤270天)情况列表报告。不正产月报表应包括不正产日期、舍别、母牛号、胎次、配种日期、在胎天数、与配公牛号、胎儿、胎衣、分娩摘记、原因简析等。其报表顺序按不正产日期填报。月报表实行电脑管理的,内容不应低于上述各条要求。月报表均应一式两份及以上,由制表人与收表人分别签发(收),并各执一份供使用及备查。

五、技术统计

1. 年情期受胎率　国际通常以情期受胎率来了解和比较牛群的繁殖水准和技术水准。年情期受胎率要求达到53%～55%。

年情期受胎率的计算公式为:

$$年情期受胎率=\frac{年受胎母牛总头数}{年发情并配种牛总头数}\times 100\%$$

年情期受胎率统计日期按繁殖年度,即上年10月1日至本年9月30日止计算。

2. 年一次受胎率　年一次受胎率可反应奶牛场人工授精员掌握配种技术的水平。年一次受胎率达到60%是较高水准的标志。

年一次受胎率的计算公式为:

$$年一次受胎率=\frac{与分母相应牛中的受胎数}{适配期第一次实施配种的牛头数}\times 100\%$$

以繁殖年度计算。

3. 年总受胎率　年总受胎率要求达到85%。计算年总受胎率的公式为:

年受胎母牛头数占年受配母牛头数的百分比。

以繁殖年度计算。

中国奶协规定公式中的分子与分母范围为:年内2次受胎按2头计算,3次受胎按3头计算,以此类推;配后2个月内出群的母牛不确定妊娠者不统计;配后2个月后出群的母牛一律参加统计。以受配后2～3个月的妊娠检查结果,确定受胎头数。

4. 年分娩率　年分娩率要求达到82%。

计算年分娩率的公式为:年实际分娩母牛头数占年应分娩母牛头数的百分比。

年实际分娩牛头数为:年内≥270天分娩母牛头数减去去年内移入并分娩的母牛头数,加上出售牛中年内能分娩的母牛头数。

年应分娩母牛头数为:年初18月龄以上母牛头数加上年初未满18月龄提前配种并在年内分娩的母牛头数。

中国奶协规定年繁殖率的计算公式与年分娩率一样,但其计算范围有以下差别:妊娠7个月以上中断妊娠的,计入公式分子内。年内出群的母牛,凡产犊后出群的,一律参加统计;凡未产犊而出群的,一律不参加统计。为参加中国奶协活动,各奶牛场在繁殖统计中,增加年繁殖率的统计内容。

第五节　奶牛的胚胎移植

胚胎移植是将良种母牛配种后的早期胚胎取出,移植到生理状态相同的母牛体内,使之继续发育成为新个体,所以也称做借腹怀胎。提供胚胎的个体为供体,接受胚胎的个体为受体。胚胎移植实际上是产生胚胎的供体和养育胚胎的受体分工合作共同繁殖后代的过程。胚胎移植产生的后代,遗传物质来自供体母牛和与之交配的公牛,而发育所需的营养物质则从养母(受体)获得,因此供体决定着它的遗传特性(基因型),受体只影响它的生长发育。奶牛胚胎移植的主要程序包括供体的超数排卵、供体和受体的同期发情处理、供体的发情鉴定与配种、胚胎的采集、胚胎的检查与鉴定、胚胎的保存、胚胎的移植。

一、奶牛胚胎移植的现状

动物胚胎移植首先试验成功距今已有100余年，但长期以来并未用于畜牧生产，只是近些年来才作为提高母畜繁殖力的一种技术而得到实际应用。牛的胚胎移植试验最早在1951年取得成功，20世纪60年代末，随着超数排卵、同期发情、胚胎采集和移植方法的改进，尤其是牛卵的非手术采集的成功，使这一技术得到了进一步的发展。1973年Wilmuct把在液氮中（－196℃）冷冻保存了6天的牛胚胎，经解冻后移植，获得了一头公犊。这一胚胎超低温冷冻保存技术的突破，是胚胎移植的重大成就，也是该技术发展中的一次飞跃。由于牛胚胎移植技术的不断发展，目前很多国家都把胚胎移植用于生产，且已具有了一定的规模。其中，美国和加拿大近年来每年移植数十万头。

20世纪80年代以来，随着胚胎移植研究的不断深入，涉及的内容更为广泛，胚胎生物工程的研究成果显著。如胚胎的性别鉴定；卵母细胞的体外培养、成熟和受精；胚胎的分割与嵌合；核移植与转基因等均获成功，这将大大提高胚胎移植的实用价值。我国对牛的胚胎移植，在1982年胚胎经超低温冷冻保存后移植获得成功。

20世纪80年代是我国胚胎移植技术蓬勃发展的年代，其中仅1987年、1988年两年就移植2 100多头。我国奶牛少，而黄牛资源丰富，把奶牛胚胎移植给黄牛，让黄牛“借腹怀胎”生奶牛，是我国胚胎移植的特点。在胚胎生物工程研究方面，我国进展迅速，现已接近并赶上了世界先进水平。例如：牛胚胎二分割于1986年获得成功，牛体外受精于1989年成功，1991年应用PCR扩增牛SRY序列，进行奶牛胚胎性别鉴定在世界上首次获得成功。

现在我国已拥有一批胚胎高科技人员，初步形成一支能掌握牛胚胎移植技术的专业队伍，但由于一些客观条件的限制，目前我国牛胚胎移植处于生产试验阶段，尚未达到实际应用的程度，把它尽快转变成生产力是当务之急。相信经过几年的努力，牛胚胎移植技术将有更快的发展，在生产中也将显示出越来越大的作用。

二、奶牛胚胎移植的意义

如果说人工授精是提高良种公牛配种效率的有效方法，那么胚胎移植为提高良种母牛的繁殖力提供了新的技术途径。

（一）充分发挥优良母牛的繁殖潜能

作为供体的优良母牛，由于省去了很长的妊娠期，繁殖周期无形中缩短了，更重要的是实行超数排卵处理，一次可获得多枚胚胎，以产生更多的胎儿。据我国试验，从一头供体母牛一次超数排卵，最多获得9头犊牛，比自然繁殖提高了数倍。由于可以利用非手术法重复从一头供体牛收集胚胎，所以繁殖率更加提高。

（二）缩短世代间隔，及早进行后裔测定

种公牛的后裔测定在奶牛育种工作中起着很大的作用，可是过去对母牛像对公牛那样进行后裔测定的方法是没有的。如果将同品种的供体母牛重复超排，不断地移植，那么其后代总数就可以大大的增加，这就可以及早地对后代进行后裔测定，及早地了解母牛的遗传力。采用超数排卵和胚胎移植（MOET）进行育种，可缩短世代间隔，已成为育种工作的有力手段。

（三）代替种牛的引进

胚胎的冷冻保存可以使胚胎移植不受时间、地点的限制，这样就可通过胚胎的运输代替种牛的进口，大大节约购置和运输种牛的费用。此外，引进胚胎繁殖的奶牛由于是在当地生长发育，容易适应本地区的环境，也可以从养母得到一定的免疫能力。

（四）保存品种资源

胚胎长期保存是保存动物品种资源的理想方法。将优良品种

的胚胎贮存起来，可以避免因遭受意外灾害而绝种，而且比保存活着的动物费用低得多，又易实施。冷冻胚胎还可以和冷冻精液共同构成动物优良性状的基因库。

（五）克服不孕

有些优良母牛易发生习惯性流产或难产，或是由于其它原因不宜负担妊娠过程的情况下，可让其专作供体，使之正常繁殖后代。对有些母牛由于输卵管堵塞或有炎症不能受胎时，可让其作受体，正常怀孕产犊。

（六）作为研究手段

胚胎移植是研究受精生物学、遗传学、胚胎学、细胞学、育种学、免疫及生殖生理学等理论问题的一种很好的手段，也是研究胚胎生物工程如胚胎分割、嵌合、体外受精、性别鉴定、核移植等的基础。

三、同期发情与超数排卵

（一）供体与受体的选择

1. 供体选择

（1）具备遗传优势，在育种上有价值应选择生产性能高，经济价值大的母牛作为供体。

（2）具有良好的繁殖能力　既往繁殖史正常，易配易孕，没有遗传缺陷，分娩顺利无难产。

（3）健康无病　体质差的母牛通常对超数排卵处理反应差。

（4）营养良好　供体日粮应全价，并注意补给青绿饲料，膘情适度，不要过肥或过瘦。

2. 受体的选择　受体母牛可选用非优良品种的个体，但应具有良好的繁殖性能和健康体况，可选择与供体发情同期的母体为受体，一般两者的发情同步差不宜超过±24 h。

(二)发情同期化

在胚胎移植过程中，必须要求受体和供体达到同期发情。这样，两母牛的生殖器官就能处于相同的生理状态，移植的胚胎才能正常发育。

受体母体的同期发情处理，往往与供体母牛的超数排卵同时进行。在大的牛群中，可以选出相当数量的和供体同时自然发情的受体来。但在小范围并在限定的时间内进行胚胎移植，必须首先要求受体与供体同期发情和排卵。

实践证明，受体和供体发情开始的时间越接近，移植的受胎率就越高；相差的时间越长，则受胎率越低。因为妊娠初期的子宫环境在不断地发生变化。一定时期的子宫环境只适合于相应发育阶段的胚胎。

当前比较理想的同期发情药物是PGs及其类似物，其用量根据药物的种类和用法而不同。采用子宫灌注的剂量要低于肌肉注射的剂量。在注射$PGF_{2\alpha}$24 h，配合注射促进卵泡发育的PMSG或FSH，可以明显提高同期发情效果。

(三)超数排卵的处理

1. 用FSH超排　在发情周期(发情当天为零天)的9～13天中的任何一天开始肌肉注射FSH。以递减剂量连续肌肉注射4天，每天注射两次(间隔12 h)，剂量按牛的体重、胎次作适当调整，总剂量为300～400大鼠单位。第一次注射FSH后48 h及60 h时，各肌肉注射一次$PGF_{2\alpha}$，每次2～4 mg，若采用子宫灌注剂量可减半。进口$PGF_{2\alpha}$及其类似物，由于产地、厂家不同所用剂量不一样。用FSH超排程序如图8-4所示。

2. 用PMSG超排　在发情周期的第11～13天中任意一天肌肉注射一次即可，按每千克体重5 IU确定PMSG总剂量，在注射PMSG后48 h及60 h时，分别肌肉注射$PGF_{2\alpha}$一次，剂量同1。母牛出现发情后12 h，再肌肉注射抗PMSG，剂量以能中和PMSG的活

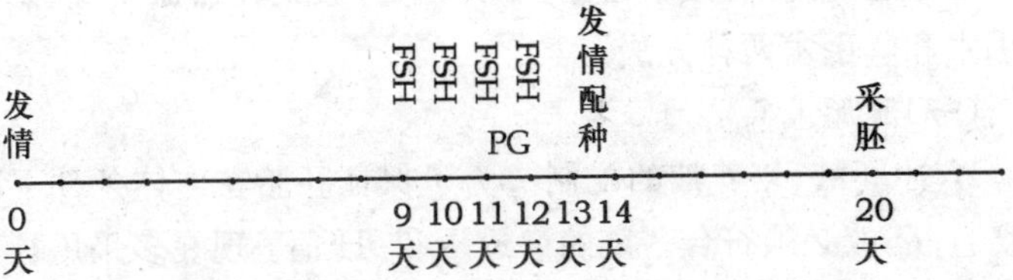

发情
FSH
FSH
FSH
FSH
PG
发情配种
采胚
0天
9天
10天
11天
12天
13天
14天
20天

图 8-4　FSH 超排程序

性为准。用PMSG超排程序如图8-5所示。

发情
PMSG
PG
PMSG
发情配种
采胚
0天
12天
14天
16天
23天

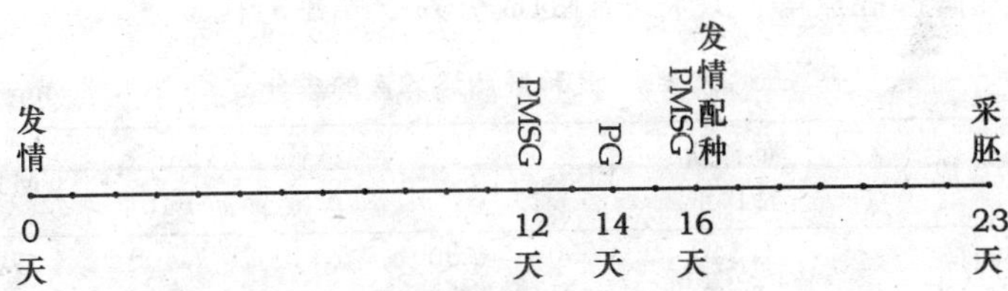

图 8-5　PMSG 超排程序

(四)供体的发情鉴定与配种

超数排卵处理结束后，要密切观察供体的发情征状，正常情况下，供体大多在超排处理结束后12～48 h发情。牛发情鉴定主要以接受它牛爬跨且站立不动的时间，把此时作为零时，由于超排处理后排卵数较正常发情牛多且排卵时间不一致，如:精子和卵子的运行受超排处理的影响，为了确保卵子受精，采取增加输精次数和加大输精量的方法，新鲜精液优于冷冻精液。一般在发情后8～12 h输第一次精，以后间隔8～12 h再输精2次。

四、胚胎收集检查技术

胚胎的收集，简称为采胚。采胎就是借助工具利用冲胚液将胚胎由生殖道(输卵管或子宫角)中冲出,并收集在器皿中。胚胎采集有手术和非手术两种方法。

(一)胚胎采集前的准备

1. 冲胚液、培养液的配制　为了保证胚胎在离体条件下不受损伤,冲胚液必须符合一定的渗透压和pH值。现在多采用杜氏磷酸盐缓冲液(PBS),布林斯特液(Brinster'smedium-3),合成输卵管液(SOF),惠顿氏液(Whitten's medium),哈姆氏液(Ham's F10)以及199培养液(ICM 199)。它们除含各种盐类外,还含有多种有机成分,不但可用于冲洗、采集胚胎,还用于体外培养、冷冻保存和解冻胚胎等。现将它们的成分列于表8-5中。

表8-5　几种胚胎培养液的成分　mg/L

成分	布林斯特氏液	PBS	SOF	惠顿氏液	Ham's F10	TCM199
NaCl	5 546	8 000	6 300	5 140	7 400	8 000
KCl	356	200	533	356	285	400
$CaCl_2$	189	100	190		33	140
$MgCl_2 \cdot 6H_20$		100	100			
$MgSO_4 \cdot 7H_20$	294			294	153	200
$NaHCO_3$	2 106		2 106	1 900	1 200	350
Na_2HPO_4		1150			154	48
KH_2PO_4	162	200	162	162	83	60
葡萄糖	1 000	1 000	270	100	1 100	1 000
丙酮酸钠	56	36	36	36	110	
乳酸钠	2 253		370	2 416		
乳酸钙				527		
核糖						0.5
去氧核糖						0.5
氨基酸					20种	21种
维生素					2种	8种
核酸					20种	21种
微量元素					3种	1种
牛血清白蛋白	5 000	不定	不定	3 000	不定	不定

冲胚液和培养液在使用前都要加入血清白蛋白，含量一般为0.3%～1%，也可用犊牛血清代替之。犊牛血清需加热(56℃水浴30 min)灭活，使血清中的补体失去活性，以利胚胎存活。冲胚液血清含量一般为3%(1%～5%)，培养液血清含量为20%(10%～50%)。

2. 采集时间的确定　采胚时间的确定应根据配种时间、发生排卵的大致时间、胚胎的运行速度、胚胎的发育阶段，胚胎所处的部位、采胚方法等因素来确定。

母牛的排卵时间为发情结束后10～11 h，胚胎发育速度2细胞期为排卵后1～1.5天，4细胞期为排卵后2～3天，8细胞期为排卵后3天，16细胞期为排卵后4天，并且3～4天时进入子宫，7～8天时形成胚胎，9～11天时透明带脱离，22天时开始附植。采胚时间不应早于排卵后第一天，即最早要在发生第一次卵裂之后，否则不易辨别卵子是否受精。通常母牛以非手术法取胚是在发情配种后7天(6～8天)进行。

(二)胚胎采集方法

1. 手术法采集胚胎　按照手术要求在腹部适当部位(腹中线或肷部)作10 cm左右切口，用注射器吸取冲卵液注入输卵管或子宫角内进行冲洗，同时观察卵巢的排卵情况。

手术法采胚有以下几种方法：

(1)输卵管冲胚法。用注射器的磨钝针头刺入子宫角尖端，注入冲胚液，然后从输卵管的伞部接取冲胚液。这种方式是当胚胎还处于输卵管或刚进入子宫时采用(排卵后4天以内)。输卵管冲胚液用量为10 mL即可。

(2)子宫角冲胚法。当确认所有胚胎已进入子宫角内，可采用此法。一种方式是从子宫角上端注入冲胚液，由基部接取；另一种方式是由子宫角基部注入冲胚液，由子宫角上端接取。该冲胚法的冲胚液用量依子宫角容积大小而不同，一般为30～50 mL。

(3)输卵管——子宫角冲胚法。此法是上述两法结合使用。一般情况配种5天后，胚胎已进入子宫角，因超排可影响胚胎在生殖道的运行速度，个别也有配种7～8天后，仍有少数胚胎留在输卵管或胚胎提前(配种后仅3天)由输卵管进入子宫角，采用此法，可以把输卵管和子宫角的胚胎都冲洗出来，因此能获得高的采胚率。

2. 非手术采集胚胎　目前，母牛的采胚一般采用非手术法，在配种后7天(6～8天)进行。

(1)采胚管的构造。采胚管主要构成为二路式和三路式。一般多采用二路式采胚管，二路式采胚管的主体部分由橡胶制成，中心管腔为两部分，一部分是冲胚液进出的通道，导管的前端侧面有几个开口(进出水孔)，冲胚液由此进入子宫角，再由此带着胚胎回到导管。另一部分与导管前边的气囊相连，当气囊充气后自行膨大，以固定导管在子宫角的位置，并防止冲胚液沿子宫壁流到阴道。另外还有一根不锈钢导杆，插入进出冲胚液的导管，以增强导管的硬度，便于导管通过子宫颈到达子宫角。

(2)非手术法采胚的具体方法。母牛在采胚前要禁水禁食10～24 h，将采胚供体牵入保定架内，呈前高后低姿势，于采胚前10 min对其进行麻醉，大都采用在尾椎硬膜外注射2%普鲁卡因，也可在颈部或臀部肌肉注射2%静松灵，使牛镇静，子宫松弛，以利采胚。同时对外阴部冲洗和消毒。为利于采胚管的通过，在采胚管插入前，先用扩张棒对子宫颈进行扩张，青年牛尤为必要。采胚管消毒后，用冲胚液冲洗并检查气囊是否完好，将无菌不锈钢导杆插入采胚管中。操作者将手伸入直肠，清除粪便，检查两侧卵巢黄体数目。将采胚管经子宫颈缓缓导入一侧子宫角基部，助手抽出部分不锈钢导杆，操作者继续向前推进采胚管，当达到子宫角大弯附近时，助手从进气口注入一定的气体(12～25 mL)，充气量的多少依子宫角粗细以及导管插入子宫角的深度而定。认为气囊位置和充气量合适时，抽出全部不锈钢导杆。助手用注射器吸取事先加温至

37℃的冲胚液，从采胚管的进水口推进，进入子宫角内。再将冲胚液连同胚胎抽回注射器内，如此反复冲洗和回收5～6次。冲胚液的注入量由刚开始的20～30 mL逐渐加至50 mL，将每次回收的冲胚液收入集胚器内，将其置于37℃的恒温箱或无菌检胚室内等待检胚。一侧子宫角冲胚结束，按上述方法再冲洗另一侧子宫角。非手术法冲胚每侧子宫角需用冲胚液100～500 mL。结束后，为促使供体正常发情，可向子宫内注入或肌肉注射$PGF_{2\alpha}$，为预防感染也可向子宫内注入抗生素。

3. 术后供体观察　对术后的供体不但要注意其健康情况，同时要留心观察在预定的时间内是否发情，以及生殖器官是否受到感染。

(三)胚胎检查方法

胚胎检查是指在立体显微镜下，从冲胚液中寻找胚胎。检查胚胎应在20～25℃的无菌操作室内进行，可采用以下几种方法：一是静置法，把盛冲胚液的容器静置20～30 min，因胚胎比重大，会下沉到容器底部，然后将上面的液体弃去，将下面的几十毫升冲胚液倒入平皿或表面皿，在立体显微镜下进行检查。二是用带有网格(直径小于胚胎直径)的过滤器放入冲胚液中，由上往下吸出冲胚液，最后检查剩下的几十毫升冲胚液即可，为防止胚胎吸附在过滤器上，用冲胚液反复冲洗过滤器，将冲洗液单独检查，检出的胚胎用吸胚器移入含有2%犊牛血清PBS培养液中进行鉴定。

(四)胚胎的等级分类技术

胚胎的鉴定是将检查到的胚胎应用各种方法对其质量和活力进行评定(或等级分类)。目前常用方法有：形态学法、体外培养法、荧光活体染色法和测定代谢活性法等。

1. 形态学法　这是目前应用最广泛的一种方法。一般是在60～80倍的立体显微镜下或120～160倍的生物显微镜下对胚胎进行综合评定。评定的主要内容是：①卵子是否受精，未受精卵的特点是透明带内分布匀质的颗粒，无卵裂球(胚胎细胞)；②透明带形状、厚度、有无破损等；③卵裂球的致密程度，卵黄间隙是否有游离细胞或细胞碎片，细胞大小是否有差异；④胚胎本身的发育阶段与胚胎日龄是否一致，胚胎的透明度，胚胎的可见结构如胚结(细胞团)，滋养层细胞，囊胚腔是否明显可见。

根据胚胎形态特征将胚胎分为A(优)、B(良)、C(中)、D(劣)四个等级。表8-6中列出了分级标准供参考。

表8-6 胚胎分级标准

作者或单位	A(优)级胚胎	B(良)级胚胎	C(中)级胚胎	D(劣)级胚胎
ELDSEN等	胚胎处于正常发育阶段，外形匀称，桑葚胚阶段呈多角形，分裂球外形紧密	与优等胚胎相似，但不匀称，在桑葚胚期分裂球脱离。与同一供体回收的其它胚胎相比发育略缓慢	胚胎发育晚1～2天，桑葚胚分裂球呈球形，大小不等，细胞中有空泡，与正常相比外形较清晰或较暗	胚胎发育晚2天，细胞界限不清楚，比中等胚胎的缺陷更多
河北省奶牛胚胎移植技术研究中心	胚胎发育阶段与胚龄一致，卵裂球紧密充实，大小均匀成一整体，无游离细胞卵裂球，界限明显，透明度好，透明带圆而平滑。若是囊胚，胚结、滋养层细胞囊胚腔明显可见	胚胎发育阶段与胚龄基本一致，卵裂球有基本结构，比较紧密，但有个别细胞游离，透明度较好，透明带呈圆形	胚胎发育阶段与胚龄不太一致，细胞因松散，游离细胞较多，细胞界限模糊，发暗，卵黄间隙大	有碎片的卵细胞变性，没有细胞组织结构

A(优)、B(良)、C(中)三级为可用胚胎，D(劣)级胚胎不能移植。

应该指出，形态鉴定在很大程度上是凭经验，带有一定主观成分，它需要观察者有丰富的经验。

2. 体外培养法　将被鉴定的胚胎经体外培养观察，进一步判断其死活。由于体外培养的方法本身对胚胎的发育就有影响，所以会干扰评定的准确性。此外，体外培养，需要一定的设备，又不能及时得出结果，所以来用此法对胚胎进行鉴定，在生产上应用较为困难。

3. 荧光活体染色法　将二醋酸荧光素（FDA-Flucreseindi-acetye）放入待鉴定的胚胎中，培养3～6 min，活胚胎显示有荧光，死胚胎无荧光。这种方法比较简单而且能够确切验证胚胎的形态观察结果，尤其对可疑胚胎有效。

4. 测定代谢活性法　通过测定代谢活性，鉴定胚胎的活力，其方法是将被鉴定胚胎放入含有葡萄糖的培养液中培养1 h后，测定培养液中葡萄糖的消耗量，每培养1 h消耗葡萄糖2～5 μg以上者为活胚胎。

五、胚胎的保存技术

胚胎的保存，是在体外条件下将胚胎贮存起来而不使其失去活力。通常有3种保存胚胎的方法，即常温保存、低温保存和冷冻保存。

（一）胚胎的常温保存技术

胚胎的常温保存是指胚胎在常温（15～25℃）下保存，在此温度下，胚胎只存活10～20 h，因而只能作短期保存。在胚胎移植实践中，受体和供体有时并不在同一地点，这就涉及新鲜胚胎的常温保存和运输问题。通常采用含20%犊牛血清的PBS保存液，可保存胚胎4～8 h。

（二）胚胎的低温保存技术

低温保存是指在0～10℃的较低温度下保存胚胎的方法。在此温度下，胚胎细胞分裂暂停，新陈代谢速度显著减慢。所以较常温保存的存活时间要长。但细胞的一些成分，特别是酶处于不稳定状态，因此，在此温度下保存胚胎也只能维持有限时间。其最大优点是操作方便，能保存数天。适用于胚胎移植的培养液均可用于保存液。目前低温保存广泛采用改良的PBS液，它的特点是在室温中能较长时间的保持pH值的稳定。牛胚胎通常低温保存的最适温度为0～6℃，降温速度是10℃/min。牛胚胎低温保存后胚胎存活率除受保温温度影响外，还与胚胎的发育阶段、保持时间、降温速度和方法、保存液等有密切关系。

（三）胚胎的冷冻保存技术

冷冻保存一般是指在干冰（－79℃）和液氮（－196℃）中保存胚胎。其最大优点是胚胎可以长期保存，而对活力无影响。

1. 逐步降温法　这是一种传统方法，又叫常规方法。牛胚胎冷冻最初获得成功就是用的此法。解冻后胚胎的存活率较高，但操作程序较复杂。其具体做法是：

（1）胚胎的采集及鉴定　选择合格的桑葚胚或囊胚于含有20％犊牛血清的PBS液中冲洗两次。

（2）加入冷冻液　将冷冻的胚胎在室温（20～25℃）下分三（或六）步，加入不同浓度的甘油（最终浓度为1.4 mol/L），每步平衡5～10 min。

（3）装管和标记　将胚胎和冷冻液装入塑料管中加以封口，并在细管外标记供体号、编号、数量、等级、冷冻日期等。

（4）冷冻和诱发结晶及贮存　将装入胚胎的管收入冷冻仪中进行降温，先以13℃/min的速率从室温降至－6～－7℃，在此温度下诱发结晶，并平衡10 min，然后以0.3℃/min的降温速度降至－35～－38℃，之后投入液氮中长期保存。

（5）解冻　从液氮中取出装胚胎的细管，在25～37℃水浴中使胚胎解冻。

(6)脱除抗冷剂　①将解冻后的胚胎按进入冷冻液时相反的浓度，即从高浓度到低浓度分三步(或六步)脱除抗冻剂，每步5～10 min，最后将胚胎用不含抗冻剂的20%血清PBS冲洗3～4次，彻底解除抗冻剂；②或将解冻后的胚胎放入0.5 mol/L或1.0 mol/L的蔗糖溶液中平衡10 min左右，再将胚胎在不含抗冻剂的20%犊牛血清PBS液中清洗3～4遍。

2. 一步细管法　即在细管内用非渗透性蔗糖溶液一步脱落抗冻剂(甘油)的方法。其特点是从解冻到移植的全过程简单易行，利于在生产中推广应用。

3. 玻璃化法　抗冻剂在急剧降温到很低温度时，能被浓缩但不结晶，且黏滞性增加，形成玻璃化。用这种方法冷冻，胚胎内外的液体能同时玻璃化，不会形成冰晶，能较好地保护胚胎。玻璃化冷冻法的优点是无须冻前分步添加和冻后分步解除抗冻剂，特别是省去了降温操作，也不需要比较复杂的冷冻设备(冷冻仪)。

六、胚胎移植技术

胚胎的移植和胚胎的采集一样，也有手术法和非手术法两种。

(一)手术法胚胎移植技术

用手术法给受体移植胚胎与从供体采集胚胎的方法大致相同，也是用常规外科手术法，在排卵侧的腹部作切口，若做左右两侧移植，则取腹中线切口为宜。牛3日龄以前的胚胎(8细胞以前)，应移到输卵管部位。将吸有胚胎的吸管由输卵管伞部插入输卵管的壶腹部，随即把带有胚胎的液体注入输卵管内。5日龄后的胚胎应移植到子宫角顶端，即在宫管接合部5 cm左右处，先用钝形针头刺一小孔，把已吸有胚胎的吸管经刺孔插入子宫角，将胚胎注入子宫角内。此时要特别注意，吸管要切实插入子宫腔内，注意不可插到子宫壁肌层里，然后迅速将子宫复位缝合。

手术移植时，为保证胚胎输入输卵管或子宫角，防止胚胎黏到吸管内丢失，因此，用吸管吸取胚胎的程序为先吸入一段保存液，一段空气，然后再吸一段含有胚胎的保存液，一段空气，最后再吸少量保存液，吸管的尖端再留一段空隙。

(二)非手术法胚胎移植技术

非手术法移植比手术法简便易行。移植器的基本构造主要有三部分构成：①内径为0.2 cm，长约52 cm的不锈钢移植器外壳，它分前后两部分，前部分长约12 cm，在最前端侧面有一小孔，后部长约40 cm，其后端有一准星；这个准星和前部小孔在同一水平上，前后两部分通过螺旋相连接。②长约51 cm，直径相当于0.25 mL塑料细管内径的一根不锈钢推杆。移植前可将移植胚胎吸入0.25 mL塑料细管内，隔着细管在立体显微镜下检查，确定胚胎已吸入细管内，然后将细管(棉塞端向后)装入移植器中。

先将受体直肠内的宿粪掏净，通过直肠检查确定黄体侧并记录黄体发育情况，助手分开受体阴唇，移植者将移植器插入阴道，为防止阴道污染移植器，在移植器外套上塑料薄膜套，当移植器前端插入子宫颈外口时，将塑料薄膜撤回。按直肠把握输精的方法，缓缓使移植器前端进入黄体侧子宫角内，并将移植器准星调到与地面垂直的位置(此时移植器前端开口朝下)，助手迅速将推杆推进，通过细管棉塞把含胚胎的培养液推到移植器前端，经开口处滴入子宫角内。移植操作要迅速、轻巧，不得对子宫造成损伤。

受体在胚胎移植后不仅要注意它们的健康状况，同时要留心观察它们在预定的时间内的发情状况，60天后经过直肠检查时进行妊娠诊断。对妊娠母牛，则要加强饲养管理和保胎，防止流产，并按预产期做好接产和犊牛护理工作。

(三)影响胚胎移植妊娠率的因素

影响胚胎移植妊娠效果的因素是多方面的，而且各种因素相互制约，加之胚胎损失的原因很复杂，涉及生理、内分泌、遗传、免疫和环境因素等。

1. 胚胎因素　包括胚胎质量、日龄、移植胚胎的数量、提供胚胎的供体、胚胎在体外停留的时间、鲜胚和冻胚等。

2. 母体因素 包括供、受体发情周期化程度，受体的孕酮水平，受体的营养，子宫卵巢的生理状况等。

3. 其它因素 包括自然发情与人工诱导发情，移植器污染程度以及操作者熟练程度等。

复习思考题

1. 奶牛发情鉴定的常用方法有哪些？
2. 发情鉴定的其它方法有哪些？
3. 说明牛人工授精的技术程序。
4. 妊娠诊断的主要方法有哪几种？
5. 提高奶牛受胎率的主要技术措施有哪些？
6. 奶牛胚胎移植的意义是什么？
7. 提高奶牛胚胎移植成功率的主要途径有哪些？

第九章　奶牛繁殖障碍及防制办法

重点提示：本章重点学习由于环境原因导致的不孕症及其防制办法，包括导致发情障碍、卵巢功能障碍、输卵管及子宫疾病、受精作用障碍及妊娠障碍的环境原因及其防制办法。

第一节　遗传因素导致的繁殖障碍

奶牛生产力的提高首先依赖于繁殖率的提高。繁殖障碍大大降低繁殖率，因为繁殖的基础指标受配率、受胎率、胎儿成活率等受到影响，较为常见的表现是不发情、不受精、流产、胎儿死亡或畸形。引起繁殖障碍的原因有遗传和环境两个方面。

由于遗传原因的繁殖障碍是一个容易忽视也是不容易发现的问题，实践中还往往易被错诊误断。假如繁殖障碍为遗传原因所致，那么，对患病奶牛无论采取什么样的治疗措施都是徒劳。尽管生物技术像器官置换、基因疗法为解决这一问题带来希望，但目前和今后一段时间较多地尚处于实验室阶段，难以用于临床，况且还要考虑治疗成本，因此，要注意种牛的选择。

一、有害基因

基因决定性状发育。决定奶牛繁殖障碍的基因对奶牛业一般是有害的，这些有害基因可位于常染色体上，也可位于性染色体上。通常根据基因影响强烈的强度，把有害基因分为3种：一种可导致母畜怀孕期间胚胎中途夭折或出生时死亡，这种基因称为致死基因；另一种可引起幼畜出生后或晚些时候死亡，称半致死基因;还有一种是某些基因虽不致死,但能降低生产力或形成外形、技能有缺陷的性状,这种基因称为狭义的有害基因。有害基因一般属常染色体隐性遗传,位于性染色体上的有害基因属于伴性遗传,性状的表现与性别有关。

有害基因对奶牛繁殖机能的影响,主要是妊娠期间胎儿死亡吸收、生后死亡或畸形以及卵巢发育不全等。

二、染色体畸变

一般是染色体结构和数目的变异,主要发生在配子形成过程中和胚胎早期,结果使个体染色体核型异常,导致胚胎死亡、生育力降低或不育。

易位是指两个非同源染色体之间转移了片段,它使染色体结构发生改变,目前发现各种类型的染色体易位均使奶牛繁殖率降低,影响较大的是罗伯逊易位,即着丝粒融合。两个端着丝粒染色体,一个染色体的长臂与另一个染色体的短臂交换,结果形成一个大的由两条长臂组成和一个小的由两条短臂愈合而成的染色体。后者常在细胞减数分裂过程中丢失。已报道的牛罗伯逊易位近30种,几乎涉及了所有的染色体,特别是1/29罗伯逊易位对牛繁殖率的影响,已进行了较广泛的研究,认为该易位可明显降低母牛的繁殖率。调查显示,1/29易位可使荷斯坦母牛的繁殖率下降7%,但对公牛则不明显。1/29罗伯逊易位降低母牛繁殖率的原因是在减数分裂过程中,易位染色体有两种分离方式:相邻分离和交互分离。前者产生不育配子——配子中染色体出现重复或缺失等不平衡现象,只有交互分离才能产生可育配子——配子中具有完整的染色体组。繁殖率的高低决定于这两种配子的产生数量。

牛胚泡多倍体出现频率通常不足1%,常染色体或性染色体三体($2n+1$)均有报道,其表现不一,有致死、畸形、间性、不孕、不育、侏儒等。绝大多数嵌合体个体呈间性表型,多数无繁殖能力。上述染色体数目变异的产生是基于减数分裂过程中染色体不分离、核内复制以及受精异常、胚胎融合等。

三、性异常

1. 双生间雌　牛的异性双胞胎，母犊多间性，不育率高达92%以上，被称为自由马丁。主要是由于异性孪生牛的胎盘血管吻合，雄性个体首先发育，其产生的雄激素随血液到达雌体邻胎，60天后雌性胎儿表现雄性化，变化主要表现在性腺和生殖道。有关双生间雌的成因目前说法不一，除激素学说外、还有Y染色体细胞学说、H-Y抗原学说等。

2. 雌雄间体　又称雌雄同体或两性畸形。因性染色体、生殖道异常所致。

第二节　环境因素导致的繁殖障碍

这部分内容包含了所有非遗传因素，如饲养、管理、生理、疾病、衰老、繁殖技术、免疫反应等。

一、不孕（育）症

奶牛不育是指母牛暂时或永久性的繁殖障碍，一般将母牛的不育称为不孕症。我国某些地区繁殖牛群中不孕症的发生率高达25%。奶牛患不孕症时，影响牛群繁殖计划的完成，降低（甚至完全没有）产奶量，浪费饲养管理费用，增加医疗与配种开支。

关于奶牛不孕的标准，目前尚无统一规定。王建辰（1984）认为育成母牛达20月龄、产后80天、高产母牛（指305天产奶量10 000 kg以上）120天不孕者，判为不孕。下面介绍由于生殖器官疾病引起的繁殖障碍。

(一)发情障碍

1. 不发情　不发情(乏情)是指无发情表现的完全无性欲。乏情不是一种疾病,而是许多疾病所表现的一种症状。分为初情期前、产后和配种后乏情3类。

(1)初情期前期乏情　指母牛13月龄后仍不出现发情。除遗传原因(生殖器官发育不全、异性孪生不育、两性畸形、染色体异常、近亲繁殖)外,主要受营养、季节、传染病的影响。

(2)产后乏情　奶牛产后正常乏情时间为20～70天,超过这一时间范围即为异常,主要病因有哺乳、营养、季节、光照、产科疾病、慢性消耗性疾病、持久黄体。

(3)配种后乏情　指母牛配种未孕,30～40天或以上不见发情。可能起因于胚胎死亡或延期流产、卵巢囊肿、子宫疾病、营养缺乏、全身性疾病等。

2. 安静发情　奶牛产后、青年母牛初情期发情表现不明显。可能与激素不足或缺乏有关。

3. 发情不排卵　母牛发情正常但无卵子排出。原因可能是卵泡部分黄体化,然后在发情周期中退化。

4. 经常发情　即慕雄狂,是卵泡囊肿的一种临床症状,表现异常强烈的性欲。但并非有囊肿卵泡的母牛都表现慕雄狂,也不是所有慕雄狂母牛都是由于卵泡囊肿所引起,其它的原因还有:卵巢炎、卵巢肿瘤、子宫肿瘤以及内分泌器官(脑垂体、甲状腺、肾上腺或神经系统主要是丘脑下部)功能紊乱等。

5. 无规律发情周期　目前原因尚不清楚,有时可能与子宫炎有关。

(二)卵巢功能障碍

卵巢的主要功能是产生卵子和分泌雌激素,这一功能与维持奶牛正常繁殖密切相关。若奶牛卵巢功能失调,必然会发生繁殖障碍。

1. 卵巢机能减退、不全和性欲缺乏　卵巢机能减退是指卵巢活动减弱，表现为节律性周期或不完全性周期，产后长时间不发情；卵巢机能不全是指有发情表现但不排卵或排卵延迟以及虽有排卵但无发情表现；性欲缺乏是指卵巢活动严重障碍，发情周期完全停止。

病因　卫生管理不良，营养不平衡，运动不足，过肥、衰竭性疾病，机体和生殖器官发育不良，衰老，产科病，促性腺激素分泌降低，以及能引起新陈代谢障碍的各种因素。据文献资料，牛的卵巢机能不全，在冬春季节占不孕牛的34.9%，夏季占19.9%；亦有调查表明，它占不孕牛的40.8%。

症状　临床特征是性周期不规律或性周期不完全（无性欲、无发情、无排卵性周期）。个别母畜出现隐性发情，安静发情，多次输精而不孕。直肠检查，卵巢形状和质地无明显变化，也摸不到卵泡或黄体，有时一侧卵巢上可感觉到有很小的黄体遗迹；卵巢萎缩时，则质地硬实，体积变小如豌豆大，表面光滑。由于雌激素长期低下，子宫内膜逐渐萎缩、收缩活动减弱，乳腺分泌活动降低。机能性卵巢机能减退，预后良好。致病因子强或作用时间长（尤其对老龄牛）、卵巢和子宫出现病理形态学变化的卵巢机能不全或性欲缺乏则预后不良。

治疗　实践证明，保证全价饲养，特别是维生素和微量元素营养，改善卫生条件，创造良好的畜舍环境，坚持每日逍遥运动，既防病又治病。通常可采用如下疗法：

(1)直肠按摩卵巢和子宫，每日按摩1次，每次5～10 min，4～5次为一疗程。用52～53℃的1%氯化钠溶液作阴道灌注，每日1次，连续3～5次。机能不全的，可用1%碘酊涂布子宫颈口，每2～3天1次，2～3次为一疗程。这3种疗法可单独或交替使用。

(2)利用公牛催情，一般将公牛结扎输精管后放于母牛群中。

(3)应用孕马血清促性腺激素(PMSG)以激活卵泡生长，加速排卵过程，配合改善饲养管理条件，疗效颇佳。注射剂量为1 500～2 500 IU，剂量过大或重复应用，易产生过敏反应。注射后 36～48 h，卵巢就发生反应，第 7～8 天，50%～80%的牛出现发情，第1次发情时输精，受胎率不超过15%～20%，但至第 2 或第 3 次发情时，受胎率即明显增高。注意，PMSG 往往能刺激几个卵泡生长和成熟，排出两个或多个卵细胞，造成双胎妊娠。

(4)应用促性腺激素(GTH)，剂量 100～300 IU，肌肉注射，每日或隔日 1 次，持续 2～3 次；亦可应用卵泡刺激素(FSH)，剂量100～300 IU，一次肌肉注射，连续 2～3 次，直至出现发情；还可用人绒毛膜促性腺激素(HCG)，静脉注射 2 500～5 000 IU，或肌肉注射1 000～2 000 IU，可间隔1～2 天重复注射1 次，少数病例出现过敏反应。

(5)应用类固醇激素，常用的有苯甲酸雌二醇(或丙酸雌二醇)，4～10 mg，肌肉注射。己烯雌酚，20～25 mg，肌肉注射。黄体酮对无排卵性周期及多次输精而未受孕有效，在性欲初期或黄体形成期，隔日注射2 次，可促使黄体生长素分泌，加速黄体形成。性欲缺乏的，可注射3 次孕酮，每2 天注射1 次，第8 天再注射PMSG，具有一定疗效。还可应用己烯雌酚和己烷雌酚(人造雌酚)。

2. 持久黄体　妊娠黄体或性周期黄体超过正常时间(25～30 天)而不消失，称持久黄体。持久黄体与妊娠黄体及性周期黄体，在组织结构和生理作用方面基本相同。持久黄体同样可以分泌孕酮，抑制卵泡发育，使性周期停止，引起不孕。此病占不孕牛数的20%～25%。

病因：奶牛运动不足、饲料单一、缺乏矿物质及维生素等。由于脑垂体前叶分泌的促卵泡素(FSH)不足，促黄体素(LH)和催乳素(LTH)过多引起黄体滞留。持久黄体易发生于产乳量高的母牛，还与子宫疾病有密切关系，如子宫炎、子宫积脓及积水、子宫肿瘤、产后子宫复旧不全、部分胎衣不下等，胎儿早期死亡，也会形成持久黄体。

症状:持久黄体的主要特征是发情周期停止,母牛不发情。病牛从体膘、毛色、泌乳性能等方面和一般的正常母牛没有显著区别,外阴收缩呈三角形,有明显的皱纹,阴道壁苍白,一般都没有阴道分泌物流出,母牛神态安静,遇有发情母牛时也不参与爬跨。直肠检查无胎,但可发现一侧(个别为两侧)卵巢增大,卵巢表面有或大或小的突出黄体,可以感觉到它们的质地比卵巢实质硬。经过两次以上的检查(每次间隔 5～7 天),在卵巢的同一部位可触到同样黄体。为了与妊娠黄体加以区别,必须仔细触诊子宫,在有持久黄体时,子宫可能没有变化,但有时松软下垂,稍粗大,触诊没有收缩反应。

治疗:首先应改善饲养管理。前列腺素治疗,$PGF_{2\alpha}$及其合成的类似物是疗效确实的黄体溶解剂,应用之后患牛绝大多数可望于 3～5 天之内发情,配种并能受孕。

(1)$PGF_{2\alpha}$5～10 mg,或按每千克体重 9 μg 计算,肌肉注射。

(2)氯前列烯醇,商品名为 Estrumate,牛用的为安瓿制剂,2 mL安瓿含药500 μg,一次肌肉注射即可。一般注射后1 周内即可奏效,如有必要可隔 7～10 天,再注射一次。

(3)前列腺素类似物有$PGF_{2\alpha}$甲脂,子宫内注入 0.5～1 mg,肌肉注射 2～4 mg;15 甲基前列腺素$F_{2\alpha}$,肌肉注射 2～3 mg;13-去氢-ω-乙基前列腺素$F_{2\alpha}$,肌肉注射 2～4 mg。

(4)胎盘组织液对持久黄体也有良好的疗效,皮下注射剂量为每次20 mL,每隔1～2 天注射一次,直至出现发情为止。大多数母牛在开始用药后 8～10 天发情。

持久黄体并发有子宫疾病时,应同时加以治疗,只要治愈这些疾病,持久黄体就会自行消失。

3. 卵泡囊肿　卵巢滤泡上皮变性,卵泡壁结缔组织增生、变厚,卵细胞死亡,称为卵泡囊肿。判断标准是卵泡直径大于2.5 cm,

不排卵，持续存在10天以上，表现慕雄狂或根本不发情。若为囊肿卵泡上皮黄体化，或排卵后黄体细胞退化(黄体化不足)，黄体内有空腔并积液，则称为黄体囊肿。卵泡囊肿和黄体囊肿是不排卵的或提前排卵的囊肿，是卵巢囊肿的特殊形式。

病因：卵泡囊肿的主要原因是由于脑垂体前叶分泌FSH过多而LH不足，卵泡过度增大，但未能正常排卵而形成囊肿，也有卵巢不断产生新的卵泡而形成小囊肿。因此，母牛经常在雌激素的刺激下表现持续的发情症状，即“慕雄狂”。长时间应用性激素能诱发卵泡囊肿。卵泡囊肿常在精料为主的营养充足的条件下发生。值得注意的是，卵泡囊肿多发生在产后1.5个月左右，这可能和产后催乳有关。病牛的子宫运动受到影响，子宫肥厚松弛，收缩迟缓，容易感染，因而经常伴随有阴道、子宫的炎症。在荷斯坦奶牛的品系中，卵巢囊肿呈明显的家族性发生，要注意鉴别，慎重选择。

症状：病牛多体膘过肥，被毛粗硬但有光泽，尾椎骨呈隆起状，外阴充血突出呈馒头形，触诊有面团感。卧倒时阴户开张，经常伴有啪啪的排气声，阴道常流出黏稠而透明或半透明的分泌物，比正常发情母牛的分泌量少而不呈牵缕状。少数病牛阴道外翻。由于阴户开张，易于感染，很多病牛并发颗粒性阴道炎和子宫炎。病情严重的母牛呈典型的慕雄狂状，表现不规则的持续发情，神情紧张、粗野、好角斗，经常发出公牛似的吼叫声，对其它发情母牛总是跟踪爬跨，也接受其它母牛的爬跨。与慕雄狂相反的是不发情，通常不发情的出现率高于慕雄狂。有时这两种类型能相继出现于同一病牛。

治疗：改善饲养管理条件，对高产母牛可适当增加运动量。该病多采用激素疗法：

(1)绒毛膜促性腺激素(HCG)治疗卵泡囊肿有较好效果，报道称治愈率为75%。肌肉注射一次1 0000～20 000 IU，静脉注射3 000～5 000 IU。一般在用药后1～3天外表症状逐渐消失，应注意观察。7天进行直检:囊肿卵泡可被吸收或破裂,并有黄体生长。只要病牛外表症状或生殖道病变有所好转,应继续观察一个性周期,而不要急于注射过多的激素,以免引起相反的效果,产生持久黄体。该法若一次无效,可连用3次。

(2)促黄体素,一次肌肉注射100～200 IU,一般注后3～6天即形成黄体,15～30天恢复正常发情周期。若用药一周后,症状和直检都无好转,可增加剂量0.5倍进行2次肌肉注射。

(3)促黄体素释放激素肌肉注射一次1.5～2 mg,静脉注射1.2 mg。

(4)肌肉注射黄体酮,每次50～100 mg,每日或隔日1次,连用5～7天,总量200～700 mg。该法在应用HCG法治疗无效时使用。

(5)静脉注射肾上腺皮质激素地塞米松,剂量为10 mg,隔天1次,连用3次。在应用HCG法治疗无效时使用。

(6)促性腺激素释放激素肌肉注射0.25～1 mg。若应用促排2号或3号,100～200 IU肌肉注射。

(7)黄体囊肿,理想的方法是应用$PGF_{2\alpha}$。

(三)输卵管及子宫疾病

1. 输卵管炎　常并发于子宫内膜炎、卵巢炎、腹腔炎,或继发于子宫感染。由于输卵管炎可造成卵管腔狭窄、闭塞或分泌物积聚,阻碍精子及卵子通过,因而引起奶牛不孕。常见的病原菌有葡萄球菌、链球菌、大肠杆菌等。

直肠检查,在输卵管靠近子宫处,发现有圆形或近似圆形的小囊,小的如黄豆,大的似卵巢,触之波动,此症状多为脓性输卵管炎。若触摸如粉笔状且有弹性,系因管内充盈液体,此症状多为输卵管水肿。患结核性输卵管炎时,可有硬的结节,呈连珠状。输卵管与周围组织粘连时,其活动性受到限制。

单纯的输卵管炎,除屡配不孕外,无全身症状。

可应用抗生素和磺胺类治疗。同时为了刺激、恢复输卵管的功能,可应用激素:脑垂体后叶素50～100 IU,肌肉注射;或催产素肌肉注射10～40 IU,静脉注射2.5～10 IU,或苯甲酸雌二醇5 mg,2～3天1次。

当输卵管炎并发其它炎症时,应进行综合治疗。

2. 子宫内膜炎 子宫内膜炎是造成不孕的主要原因之一,分慢性和急性两种类型。

3. 子宫积水积脓 积水是指子宫内积有大量棕黄色、红褐色或灰白色的黏稠液体,也称积液。积脓是宫腔内积蓄脓性或黏性液体。

病因:病原菌主要是布氏杆菌、溶血性链球菌、化脓棒状杆菌、大肠杆菌等。子宫积水(液)多继发于子宫疾病,且与雌激素、孕激素长期刺激有关。子宫积脓多在产后半个月继发于分娩过程中的疾病如难产、胎衣不下及子宫炎。怀孕后胎儿死亡、误给孕畜输精或冲洗子宫引起流产,也能导致子宫积脓。

症状:患牛多数不发情。产后由于子宫颈开放,躺卧或排尿时有脓液排出。阴道检查,内积有黄、白或灰色脓液,直检子宫体积增大,子宫壁增厚,有波动,两子宫角大小不一,卵巢上有黄体。

治疗

(1)冲洗子宫。此法简单易行,常用的冲洗液有:3%～5%高渗盐水、0.02%～0.05%高锰酸钾、2%～10%复方碘液+生理盐水、抗生素+生理盐水等。冲洗后注入抗生素或塞入抗生素胶囊。所用抗生素应是土霉素或青霉素,而不宜用氨基糖甙类,因其不适于厌气环境。

(2)前列腺素疗法$PGF_{2\alpha}$12.5～30 mg,肌肉注射,一天后子宫内积液排出,3～4天表现发情。

(3)短期内应用雌激素,可使子宫颈开张,排出子宫内积脓或积水。

4. 子宫颈炎 患牛子宫颈管发生病理性变化并有炎性渗出物,对精子有危害和妨碍通过作用,导致母牛不育。子宫颈炎往往继发或并发于阴道炎、子宫炎。受精、分娩和助产造成的损伤或感染也是病因之一。阴道检查子宫颈口稍有开张，子宫颈膣部松软、水肿、充血或出血，有脓性分泌物，严重者子宫颈变粗、坚实，膣部黏膜皱壁肥大呈菜花状。

应同时治疗原发或并发病。只患子宫颈炎时，可进行冲洗，并应用抗生素治疗。

(四)受精作用障碍

1．性细胞异常　卵子形态和机能异常，如巨型卵、椭圆形卵、扁形卵以及透明带破裂；卵子发育缺陷、老化变性。结果不能受精，即使受精，合子也不能发育或难以存活；另一方面原因来源于公牛精液品质不良，如无精子、精子死亡、精子畸形、活力不强、密度过小或混有脓血、尿液。

2．异常受精　可能是由于性细胞衰老、某些疾病、温度升高、X射线、有毒物质等因素影响了受精过程，发生若干异常，如多精子受精、一卵双核单精子受精，不能形成原核、雌核发育或雄核发育。

(五)妊娠障碍

1．胚胎死亡　多发生在早期，即配种后8～19天，胚胎附植前后，死亡率高达38%。引起胚胎死亡除遗传原因外，尚有以下因素：

(1)营养。维生素A、硒、磷、铜、碘缺乏可使胚胎死亡率明显升高。

(2)分子信号及细胞信号。分子信号指母体产生的激素；细胞信号则是胚胎产生的活性物质。若胚胎和母体的这种双向信号产生的数量不足或时间不适宜，均可使胚胎死亡率升高。

(3)子宫环境。胚胎的发育必须与子宫的妊娠变化同步，否则，黄体溶解，妊娠终止；子宫内蛋白质、能源物质及离子浓度发生异常，会导致早期胚胎死亡。

(4)疾病。许多传染病如毛滴虫病、牛传染性鼻气管炎、弯杆菌病、牛病毒性腹泻、钩端螺旋体病、昏睡嗜血杆菌病、弧菌病等，均可引起胚胎早期死亡。

(5)母体激素。配种后孕酮分泌不足，雌激素——孕激素失衡，是引起早期胚胎死亡的重要原因。

(6)免疫学因素。母牛受孕后，若免疫机制功能失常，会产生抗胚胎抗体，降低胎儿存活率。

(7)温度。主要指热或冷应激状态。据报道，在高于32.2℃或低于10℃的情况下输精，受胎率明显降低。

早期胚胎死亡属于隐性流产，临床难以发现。若配种受孕，以后怀孕现象消失，多属胚胎早期死亡，发生了隐性流产，可通过对血中早孕因子(EPF)和孕酮水平的测定，做出早期诊断。

2. 胎儿流产。

3. 疾病　除生殖系统疾病外，主要有与代谢有关的疾病，如酮病、脂肪肝、生产瘫痪等。

二、免疫介导性不育(孕)症

免疫介导性不育包括自身免疫性雄性不育和同种免疫性雌性不育，即精子不能生成或生成无效精子；体内产生抗精子抗体，精卵细胞不亲和而不能受精。牛同免性雌性不育惟一的临床表现是发情始终正常而屡配不孕。检测结果证实，血清内存在精子凝集抗体，精子在注入子宫颈管后，活力即完全降低以至完全丧失。

复习思考题

1. 从大的方面来考虑，引起繁殖障碍的原因有哪些？
2. 目前为了避免遗传原因的繁殖障碍，可采取的主要措施是什么？
3. 何谓卵巢机能减退？何谓卵巢机能不全？何谓性欲缺乏？
4. 说明卵巢机能减退、卵巢机能不全和性欲缺乏的病因及治疗方法。
5. 说明持久黄体的病因及治疗方法。
6. 什么叫卵泡囊肿？其病因是什么？如何治疗？
7. 胚胎死亡发生的原因有哪些？

第十章　影响奶牛生产性能的因素

重点提示：本章重点学习奶牛乳房的内部结构；乳的合成与分泌机理；影响乳牛生产能力的因素——遗传因素、环境因素和生理因素。

第一节　乳牛泌乳机理

与乳牛生产力最密切相关的就是其乳房，因此很有必要首先了解一下乳房的内部结构。

一、乳房的内部结构

乳房内有一条悬韧带，自上而下将乳房平分为左右两半，每一半边乳房的中部又被结缔组织形成的膈膜所隔开，又分为前后两半，因此，乳房就被分为前后左右 4 部分，即 4 个乳区，每一乳区的延长部分称作乳头。4 个乳区一般互不相同，互不影响。4 个乳区产奶量是不均衡的，后两乳区的产奶量较多，约占总产奶量的 55％以上，4 个乳区不仅产奶量不均衡，有时甚至奶的成分也不相同。如果乳房的一个或一侧乳区损坏而不产奶了，其余三个乳区的产奶不但不下降，反而还会产生一定的代偿作用，即其他乳区的产奶量要增加，但这种代偿作用不会全部代偿回来。乳房内部系由血液循环系统、淋巴系统、神经系统、腺体组织和结缔组织等所组成。结缔组织主要起支撑乳房的作用，并将乳腺泡联成外形似葡萄穗的乳腺小叶。乳腺小叶结合成乳腺叶，乳腺叶是由许多乳腺泡和末梢导管连接而成的，这些小管汇成许多较大的乳导管,乳导管末端与乳池相通。腺体组织是由乳腺泡和导管系统构成的。

(一)乳腺泡

乳腺泡是乳房的基本产奶单位,系由单层分泌上皮组成极小的空腔,数目可达数十亿之多。它的主要功能是:从周围的血管中吸取所需要的营养物质,在细胞内合成乳脂肪、乳蛋白和乳糖,并将这些合成物和吸收来的矿物质、维生素、血清白蛋白、免疫球蛋白、γ-酪蛋白和水分等分别排到乳腺泡腔内,在乳腺泡腔内混合成乳。当催产素经血液运输到达乳房时,可刺激腺泡周围肌上皮细胞网收缩,使乳汁从乳腺泡向乳导管排入,并进入乳池中。

(二)导管

乳房的导管为乳汁提供储存区并将之输送到乳池。排列在导管系统和乳池的细胞由两层上皮细胞组成,肌上皮细胞以纵向结构排列,这种结构可使导管缩短变粗而有利于奶的流动。

(三)神经

乳房由传入神经(感觉神经)和传出神经(运动神经)支配,擦洗、按摩、吸吮、挤压乳房,都会对乳房感受器(温度与机械感受器)产生刺激,刺激产生冲动由传入神经传到大脑,传出神经传送来自大脑的冲动,使垂体后叶释放催产素而使排乳过程开始。

(四)血液循环

乳房血液来自一对外耻动脉,这对动脉进入后乳房背侧分支形成前乳动脉和后乳动脉,再分成越来越小的分支最后形成围绕每个乳腺泡的毛细血管。动脉毛细血管在网状结交织中形成静脉。这些静脉在乳房基部构成一个圆周静脉环。血液从这种静脉网状结构可以通过两条道路之一运行。第一条路线经由与外耻骨动脉平行的外耻骨静脉并流入后静脉穴最后到达心脏;第二条路线则通过腹部皮下静脉(通称为乳静脉)前行,最后进入前静脉穴(乳井)而到达心脏。

（五）淋巴

淋巴循环系统，可调节乳房内部体液平衡，并能抵御疾病感染。淋巴由乳房行进到胸管最后流入前静脉穴的血液中去。乳牛淋巴流入量可高达每小时 2 600 mL，非泌乳牛仅 15～250 mL。初产和高产乳牛，分娩前后，由于淋巴液积聚，会导致乳房水肿。

二、乳的合成与分泌

（一）乳的合成

1. 乳脂肪的合成　其前体物是血液中的乙酸、β-羟丁酸、甘油三酯和游离脂肪酸。乳脂肪大约有 50％的短链脂肪酸（C_4～C_{14}）和 50％长链脂肪酸（C_{16}～C_{20}）组成的。日粮中植物性脂肪酸多属长链类且不饱和，进入瘤胃中被氢化而成饱和脂肪酸。长链脂肪通过瘤胃被小肠吸收进入淋巴系统，与蛋白质结合进入血液中由乳腺细胞所吸收，用于合成甘油三酯；短链脂肪酸并非直接来源于日粮中的脂肪酸，而是乳腺分泌细胞中由乙酸盐和羟丁酸盐所合成的。乙酸盐含 2 个碳原子，羟丁酸盐含有 4 个碳原子，都来源于瘤胃中植物性碳水化合物发酵而成的挥发性脂肪酸，短链脂肪酸气味芳香。在乳脂肪合成过程中，利用乙酸比羟丁酸多。甘油三酯通过毛细血管壁及分泌上皮膜时分解成脂肪酸和甘油进入乳腺泡分泌细胞。乳脂含量比血脂高 9 倍。

2. 乳蛋白质的合成　乳中 90％以上的蛋白质是以血液游离氨基酸为其前体物合成的，而占 10％的免疫球蛋白，血清白蛋白和 γ-酪蛋白复合物是由乳腺上皮细胞对血液蛋白质进行选择性吸收的结果，在奶中未发生变化。乳蛋白含量是血蛋白的一半。

3. 乳糖的合成　乳糖的前体物是惟一的，即葡萄糖。乳的渗透压主要受乳糖浓度影响，当分泌细胞产生大量乳糖时，可吸收水分进入乳汁中，以保持渗透压的稳定。由此可以看出，泌乳量取决于乳糖，而乳糖的前体物又是血糖（葡萄糖），所以血糖对乳的合成具有举足轻重的作用。乳糖含量为血糖含量的90倍。

4. 维生素、矿物质和水分　奶中维生素来自血液，它们随血液透过乳腺泡膜进入乳腺泡腔而形成乳的成分。各种维生素浓度，尤其是脂溶性维生素，取决于血液中维生素浓度。奶中的主要矿物质是Ca、P、K、Na、Cl和Mg，约共占0.75%，其中以Ca(0.12%)、P(0.10%)、K(0.15%)和Cl(0.11%)的含量高。钠和钾参与乳汁渗透压的调节因而相对稳定。但如发生乳房炎或者处于泌乳末期，乳中带有咸味，这是由于乳中乳糖和钾的浓度增高以及钠和氯的浓度相应较高的缘故，微量元素也是从血液中通过膜扩散进入乳腺泡腔的。总之，维生素、无机盐、酶、激素及水等都是由血液中的原有营养物质进入乳中的，是乳腺上皮细胞对血浆进行选择性吸收的结果。

综上所述，血液提供了乳的全部原料，但两者不仅在外观上，而且在所含的同类营养物质的结构和数量上都存在显著差异。改善前体物供应的速度，就会使乳的数量或质量出现改观，这表明在乳腺合成功能上还存在潜力。

(二)乳的分泌与排出

乳的分泌速度是不稳定的，随着房内压的变化而变化。当乳充满腺泡腔和末梢导管时，腺泡外层的星状肌上皮细胞网反射性收缩，将乳周期性地转移到乳导管和乳池内。乳腺的全部腺泡腔、导管、乳池构成了蓄积乳的容纳系统。挤乳后5～8 h，容纳系统逐渐蓄积，刺激压力感受器，可反射性地使小叶间弹性纤维组织伸张，从而使房内压并不显著增加，因而乳的分泌速度是高而比较稳定的。当奶继续积蓄时，就会使容纳系统被动扩大，房内压迅速升高，以至压迫乳腺中的毛细血管和淋巴管，妨碍了血液循环，降低了前体物的供应速度，分泌速度即开始迅速降低。据研究，如果不给母牛挤奶，则挤奶后35 h，奶即停止分泌，持续下去，奶的成分将被血液吸收。排乳后，房内压下降，乳的分泌增强，可见，乳的分泌与排出是密切相关的，相辅相成的。因此合理安排挤奶次数，减低房内压，可以提高产奶量。“排乳”亦称“放乳”，就是奶从腺泡腔进入乳导管，经乳池、乳头管排出，这一过程是神经系统和内分泌激素共同作用的反射过程。当对乳房施行擦洗、按摩、挤奶或犊牛吸吮刺激乳头时都可对乳房的机械和温度感受器产生刺激，反射性地使垂体后叶释放催产素，经血液流入到乳腺，引起腺泡和导管的肌上皮细胞收缩，迫使乳汁从腺泡进入导管，经乳池从乳头管排出。排乳反射主要动因是催产素，它与肌上皮细胞的蛋白质受体有高度亲和力，两者结合，使肌上皮细胞引起乳汁从乳腺排出；相反，交感神经活动的加强或者肾上腺素和去甲肾上腺释放素分泌均可抑制排乳。排乳反射活动在刺激作用以后 1 min 左右即行发生，持续时间最长可达 7～8 min，因而从人来讲，及早开始挤奶和迅速的挤奶动作是很重要的，对乳牛来讲，选择排乳速度快的牛也很重要。这样，不仅可提高产奶量而且也提高了乳脂率。否则，如果动作缓慢，排乳反射已过，房内压迅速降低，乳汁就返回乳腺泡，这就是“返乳”，也称为“收乳”。此时，就挤不出奶了，既降低产量又降低乳脂率。因此，必须认识到乳房是一个受神经系统和内分泌系统调节、控制的特殊结构体，必须按照排乳规律施于相应的措施，才有可能获得高的产奶量。排乳反射与大脑皮层有密切关系。排乳反射过程中各个环节都能形成条件反射。例如，挤乳的地点、时间、各种挤乳设备、挤乳操作、挤乳员的出现等等都能作为条件刺激物形成排乳的条件反射。这对于排乳活动是很有利的；相反，如果给予异常的刺激，如喧哗、粗暴待牛、不熟练、不正确的操作等都可抑制排乳反射，使产乳量下降。其抑制途径包括中枢性抑制与外周性抑制。所以，建立正常的操作规程与制度，如定时、定点、定人员、技术熟练、环境安静等是至关重要的。

第二节 影响乳牛生产性能的因素

影响乳牛生产性能的因素，归纳起来，不外有三大方面的因素，即遗传因素、环境因素和生理因素。但从遗传学角度来讲，生产能力为数量性状，受遗传与环境两大因素的影响。遗传方面主要是育种工作，环境条件最主要的是饲养管理。奶的产量和组成是乳牛遗传基础——内因及其外界环境——外因相互作用的结果。乳牛产奶量的高低是受其遗传基础即泌乳潜力的制约，这是创造高产乳牛的前提，而泌乳潜力的充分发挥则以饲养管理为其关键措施，两者相辅相成，缺一不可。改善饲养管理条件，使牛群达到高水平，可以充分发挥现有乳牛的泌乳潜力，但是当乳牛群的产奶量达到较高的水平后，即泌乳潜力已得到充分发挥，此时，再想提高牛群产奶量，其有效的，主要的手段就是靠育种工作即品种改良。因此，两者必须有机地结合起来，即俗话所说的“好种好养”，才能达到高产、稳产。

一、遗传因素——品种与个体

乳牛品种不同，在遗传特性上就有显著不同，从而在其产奶量和乳的组成上有着显著差异，这是品种的特征之一。众所周知：在正常条件下，荷斯坦牛是产奶量最高的品种，而在乳脂率方面则以娟姗牛为最高。各品种间在乳的组成上的差异最大的是脂肪；其次是蛋白质和非脂固体物，而矿物质和乳糖的差异最小。不论什么品种，个体间的差异也很大，并且超过品种间的差异。例如荷斯坦牛乳脂率的变异范围为 2.6%～6.0%，而产奶量的变异范围则更大，由 2 000 kg 左右到 30 000 多 kg。这是由于尽管属于同一品种或牛群，且处于同样环境条件下，但因其遗传基础相差太大，故而在产奶量和乳的组成上存在着巨大差异。个体间的差异，对乳牛选种非常有利，这是选育工作的基础，也是某一品种或群体即使在纯繁条件下，经人工选择得以不断提高的根本原因。因而很有必要对乳牛进行严格的选择和淘汰。

二、环境因素

1. 饲料与饲养管理对产奶量的影响　这是环境因素中最重要的因素，特别是饲料条件对提高乳牛的产奶量和乳脂率等起决定性作用。

2. 饲料和饲料添加剂对乳成分的影响

(1)蛋白质饲料。蛋白质饲料不足，会强烈地影响乳中蛋白质和脂肪的含量，而对乳糖的影响较小。

(2)多汁饲料。在精料水平固定的情况下，饲喂大量易消化的碳水化合物能促进产奶量的提高。如喂南瓜和山芋能明显提高产奶量。

(3)粗饲料。日粮中粗饲料比例过低时，瘤胃中乙酸比例下降，乳脂率亦下降，所以，粗饲料比例应不低于日粮中总干物质的40%，粗纤维应不低于15%。

(4)饲料添加剂。如高温季节在日粮中添加乙酸钠，在乳牛日粮中(尤其是终年喂青贮料和精料偏高的牛)添加碳酸氢钠都有助于提高乳脂率。研究表明，乳牛日粮中补加碳酸氢钠可增加乳牛食欲和干物质采食量，以补偿泌乳期能量之不足。补饲碳酸氢钠，不仅泌乳高峰期显著延长，每个泌乳期每头牛产奶量增加约500 kg，乳脂率亦可提高0.3%。高产乳牛在泌乳盛期补喂碳酸氢钠，对预防酮尿病和瘤胃酸中毒等代谢病有明显效果，碳酸氢钠的补饲方法是：乳牛分娩后或产犊前10天开始喂，到泌乳结束时为止，每头每天补饲量为日粮干物质总量的0.8%或精料量的1.5%～2.0%，与精料充分混合均匀后饲喂。

3. 饲养技术

(1)饲喂次数。理直气壮乳牛的饲喂次数，我国各地比较一致，采用 3 次饲喂，每次间隔的时间大致相等，每天采食时间大约为 7 h。但是如果遇到高产乳牛、泌乳盛期或夏天等情况要适当延长饲喂时间和增加饲喂次数，以保证采食到足够的营养物质。

(2)饲喂方式。是指每次的饲喂方法。饲喂要定时定量，先粗后精，少喂勤添，以便使乳牛形成一个良好的条件反射。条件反射形成后不要轻易变动，否则将影响消化，降低饲料的利用效果，饮水多在饲喂后进行。

(3)饲料要相对稳定。选用的饲料要保持相对稳定。冬季和夏季日粮变化不宜过于悬殊，青粗饲料要做到：青中有干，干中有青，青干搭配，饮水充足。

(4)粥料。粥料饲喂乳牛，对提高产奶量十分明显，具体做法是：在供乳牛的精饲料中，抽出一些玉米面、胡萝卜、麸皮、豆皮、豆腐渣等，夏天按 1/3，冬天按 1/2 的数量，加热做成粥料，在每次饲喂时，单喂或拌草喂，对高产乳牛增强食欲与产奶量，有良好效果。

4. 产犊季节及外界温度　在我国目前条件下，母牛最适宜的产犊季节在冬、春季。夏季饲料条件虽好，但气温太高，高温对乳牛生产能力的不利影响，会超过饲料条件好对乳牛生产能力的有利作用，即可以这样认为：夏季对乳牛生产能力的影响既有利也有弊，弊大于利，并且对高产牛的影响比低产牛大。据研究，荷斯坦乳牛的适温范围是 0～20℃，生产环境上限是 27℃，下限是－13℃。若超出适温范围对荷斯坦牛开始有不利影响，若超出生产环境界限，会导致产奶量明显下降，甚至危及健康。夏季气温超过 27℃的情况是常见的，冬季，在北方低于－13℃的情况也不鲜见，但牛舍只要门窗关闭好，无贼风，加之牛只本身的散热，牛舍内温度一般也不会低于－13℃。因此，夏季的产奶量往往低于其他季节，这是高温的影响。高温使乳牛生产能力下降的主要原因是高温对乳牛消化活动产生了不良的影响，即高温降低了乳牛的采食量并降低了饲料转化率。夏季所产牛乳的乳脂率、乳蛋白率亦下降。很明显，要提高夏季乳牛产奶量的主要途径有两条：一是改善饲养条件来弥补由于高温对消化活动产生的不利影响而造成营养物质的食入量和吸收量的减少。主要措施是降低粗纤维含量高的粗饲料比例，而增加产生高效率热能的碳水化合物饲料和蛋白质饲料的比例。二是降低乳牛所处的小环境的温度，即搞好夏季的防暑降温工作。如在牛舍四周及运动场种树，搞好绿化，防止阳光直射，在运动场搭简易凉棚亦是很有效的措施；南京农业大学研究成功的“间歇淋水加吹风”的综合措施，可大大提高皮肤蒸发散热效果，可使产奶量提高 17％～24.8％。这是一种具有较高的经济价值和广泛的实用价值的降温方法。此方法要求在每 2 头牛背上方安装吊扇一台，自动淋水管一根，吹风和间歇淋水并用。在牛舍建筑方面，主要考虑夏季降温防暑，冬季只要门窗关闭后不透风，无贼风即可。此外，在夏季特别炎热的地区还要使产犊避开最炎热的月份。如济南市乳品公司(现为济南佳宝公司)乳牛场就是采取每年的 10～11 月份停止配种的做法，以避开 7～8 月份产犊。

5. 运动、刷拭与护蹄　乳牛在舍饲期，每天要进行适当的运动，这样不仅能增强体质，而且还能提高产乳量和乳脂率，经常地、认真地刷拭牛体，可促进皮肤呼吸，促进血液循环，保持牛体清洁，防止体表寄生虫的滋生，有利于牛的健康和产奶量的提高。乳牛场还要坚持定期修蹄，保持正常蹄形，否则，易形成变形蹄。变形蹄的严重性在于初期不立刻产生危害，容易被人忽视，但一旦发展到严重变形，使肢轴和肢势异常或出现跛行时，产量就会突然下降，有的甚至不能站立与运动，食欲减退，日渐消瘦，致使生产性能低下，只好被迫淘汰。而削蹄则可增加产奶，如据前苏联一学者分组进行削蹄，结果，中等变形蹄削蹄后产奶量增加 5.1％～7.1％，在伴有跛行的变形蹄组，其效果达 12.4％～17.3％。蹄腿是影响生产寿命的部位之一，因此变形蹄由于引起蹄病，因而最终缩短牛的寿命。每年削蹄1～2次，就可使牛群基本上保持正常的蹄形。

三、生理因素

1. 年龄和胎次　乳牛产奶能力随年龄和胎次的增加而发生规律性变化。在一般情况下，2岁产犊的头胎母牛，泌乳量约为成年牛的70%，3岁时为80%，4岁时为90%，5岁时为95%，6岁时为成年产量。荷斯坦牛产量最高出现在4～5胎。牛乳成分有随着年龄增长而呈略降低的趋向。

2. 初产年龄　母牛初次产犊年龄的迟早，对其头胎和终生产乳量有一定影响。一般情况下，育成母牛体重达成年母牛体重的70%时，14～16月龄配种，23～25月龄首次产犊为宜，如此安排，不但不会影响牛体的正常生长发育，而且对其产奶量和繁殖力有良好的影响，能增加终生产奶量。

3. 泌乳期　乳牛泌乳期内产乳量呈规律性变化，一般母牛分娩后产乳量逐渐上升。低产牛在产后20～30天，高产牛在产后40～50天产乳量达到高峰。高峰期可维持30～60天，高产牛的高峰维持时间长，中、低产牛则维持时间短。高峰过后产奶量开始下降，高产牛每月下降4%～5%，低产牛每月下降9%～10%，最初几个月下降幅度较小，到泌乳末期(妊娠5个月以后)由于胎儿的迅速生长，胎盘激素和黄体激素分泌加强，抑制脑垂体分泌促乳素，因此，产奶量下降幅度较大。乳脂肪含量的变化与产奶量的变化相反。乳蛋白含量随泌乳期的进展而逐渐增加，乳糖和矿物质比较稳定，到泌乳末期，乳中氯的含量显著增加。

4. 产犊间隔　乳牛最理想是一年泌乳10个月，干乳2个月，产犊间隔为12～13个月。据研究，生产潜力相同的个体，往往是产犊间隔短的牛，可望获得高的产奶量。如有资料表明，产犊间隔由12个月延长到14个月，则平均产奶量由6 864 kg下降到

6 123.5 kg。经产母牛一般产后60天就要抓紧配种，争取3个月内怀孕。乳牛产后60天，特别是76～85天，配种受胎率最高，超过90天则明显下降。

5. 干乳期的长短　为了使乳腺组织获得一定的休息时间和母牛体内储存必要的营养物质，为提高下一胎产奶量和使胎儿更好的生长，必须让母牛在分娩前有2个月左右的干奶期。

6. 挤奶技术和乳房按摩　正确的挤奶技术和乳房按摩是提高乳牛产奶量的重要条件之一，而合理安排挤奶次数可大大提高产奶量和奶的质量。据研究，每天挤奶3次者，比挤奶2次增加产奶量10%～20%，挤4次比挤3次又可提高5%～15%，有人试验，以挤奶间隔12 h为基准，每超过1 h，乳脂率降低0.10%～0.15%；反之，比12 h每缩短1 h，乳脂率提高0.20%～0.25%，蛋白含量亦有类似现象，但不如乳脂率明显。是不是挤奶次数越多，间隔越短就是越好呢？实际并非如此，因为次数增多，会减少母牛的休息时间，而且次数多，奶较难挤，因为挤奶时的房内压较低。再者，挤奶次数由多改为少对高产乳牛的影响较大，而对低产牛的影响则较小。综上所述，可以这样安排挤奶次数：一昼夜产乳量在15 kg以下者，可采用二次挤奶制，15～30 kg每天挤3次，30 kg以上挤4次；同样情况下的初产母牛则要多挤一次，这是因为初产母牛乳房仍处于生长发育阶段，容量较小，故增加一次挤奶。另外，也是为了增加乳房的按摩刺激，促进乳房进一步生长发育。挤奶前，用45～50℃的温水擦洗乳房，能引起血管反射性扩张，使乳房血流量增加，擦洗与按摩乳房都能通过神经中枢促使垂体后叶增加催产素的释放量。如此一来，乳房血流量增加，血液中催产素含量增高，两者结合，就会使乳腺内催产素的量大大增加，产生强烈的排乳反射，再加以熟练的挤奶技术，便会夺得较高的奶量。试验表明，充分擦洗按摩乳房，不仅可使产奶量提高10%～20%，而且乳脂率提高0.2%～0.4%。这是因为如挤奶前不按摩乳房，乳腺泡的乳只有10%～25%进入乳池，经充分按摩进入乳池中的腺泡乳可达70%～90%；乳池乳的乳脂率仅为0.8%～1.2%，输乳管中乳的乳脂率为1.0%～1.8%，而腺泡中乳脂率高达10%～12%。如上海六牧试验，当乳牛挤奶量为0～3 kg，3～7 kg，7～9 kg，9～10 kg时，其乳脂率分别为2%，3.1%，3.8%和5.0%，最后把乳脂变为3.1%。

7. 体型大小 同一品种、同一年龄的乳牛，在一般情况下，体型大者，由于消化器官容积大，采食量多，故产乳量较高。不同品种之间似乎亦是如此。但不是说，体型、体重越大，产奶量就越高，而是有一定限度，一般情况下，乳牛体重为600～700 kg时，产奶量相对较高。在计算体型与产奶量的关系时，通常每100 kg体重产奶量应达到或超过1 000 kg。在乳牛育种工作中，把体型的大小作为重要的育种指标，给予十分重视，因为任何品种的乳牛，在不同的自然条件下，都有一个理想体重。

8. 疾病与药物 乳牛患乳房炎、酮病、乳热症和消化道疾病时，泌乳量显著下降，乳的成分和品质亦发生变化。例如，乳牛患急性乳房炎时，奶中干物质、乳脂肪、乳糖含量显著下降，而蛋白质和矿物质则明显增加，奶呈碱性，有咸味。乳牛患布氏杆菌病、结核病、口蹄疫均可降低产奶量，牛乳品质下降。

此外，是否严格遵守操作规程，如定时、定位、定人员、认真擦洗按摩乳房，工作时间不准大声喧哗等均有利于乳的分泌与排出；反之，若人声嘈杂，噪声不断，挤奶时间与位置不固定，常换挤奶员等诸如此类的不遵守操作规程的情况，均可通过大脑皮层，经中枢神经或外周途径，对乳的分泌与排出产生抑制作用，从而减低产奶量。但音乐对产奶量的影响不同于喧哗和噪声，据报道，在每幢100头牛的双列对尾式牛舍安装了3个10 W的音响，音量控制在40～50 dB，主要播放轻音乐、歌曲和交响乐，通过与对照组比较，平均日产奶量提高了3.3%，可能是播放音乐，刺激了奶牛的泌乳神经中枢，增强了乳腺分泌上皮细胞的活动之故。看来，“对牛弹琴”(此处是播放音乐)有时可能是有用的，而且简单易行，但每天播放多长时间，音量控制在多少分贝，播放什么音乐对奶牛产奶量作用效果最佳，以及对犊牛、育成牛生长发育的影响等问题值得进一步探讨。

复习思考题

1. 说明奶牛乳房的内部结构。
2. 奶牛乳房腺体组织是如何构成的？
3. 试述乳脂肪、乳蛋白质、乳糖的前体物及合成过程。
4. 为什么说血糖对乳的合成具有举足轻重的作用？
5. 牛奶中的维生素、矿物质和水分是如何产生的？
6. 说明排乳反射的过程。
7. 提高奶牛产奶量的技术途径有哪些？

第十一章　后备牛的培育技术

重点提示：本章重点学习犊牛培育的原则和技术措施（初生期、初生期后）、育成牛的阶段饲养管理技术及初孕牛的饲养管理技术。

第一节　犊牛的培育技术

犊牛是后备牛的第一阶段，后备牛分为犊牛、育成牛和初孕牛。还有人把后备牛划分为犊牛期、育成期和青年期。犊牛是指出生6月龄的牛。

一、犊牛培育的目的

（一）提高牛群质量与生产水平

牛群质量的高低取决于其遗传基础及其环境条件。要不断提高牛群质量，其第一步，应具有优良的遗传基础，这就要靠选种选配。科学的选种选配能为后代个体组合兼具双亲优良特性并优于群体的遗传基础。这样，第一步，靠选种选配就可实现。第二步，优良遗传基础的充分显现，则需在其后备阶段的生长发育过程中及成年以后有良好的环境条件，其中最主要的是人们的饲养管理活动，这是使遗传基础充分显现出来的关键。这就是培育，所以培育的实质就是在一定的遗传基础上，利用条件作用于个体的生长发育过程，从而能动地塑造出理想的个体类型。在牛的生命周期中，后备阶段尤其是犊牛期是生长发育强烈的阶段，其生理机能正处在急剧变化中，易于受条件作用而产生反应，因而可塑性大，此阶段生长发育情况直接影响成年时体型结构和终生的生产性能。因此，加强后备牛培育，就可以在成年时将其优良的遗传基础充分显现出来，从而使个体不仅在遗传上而且表型上也优于先代群体。同时，加强后备牛培育，也可使某些缺陷得到不同程度的改善与消除。可见，加强后备牛培育是除选种选配和加强成年牛饲养管理以外，提高牛群质量和生产水平的一项重要技术措施，并且这三个措施是相互联系的，而后备牛培育在其中起着承上启下的作用。犊牛培育尤为重要。

（二）获得健康牛群

牛的布氏杆菌病、结核病等传染病对牛群的危害很大，对于乳牛来说，不仅对牛群有危害，而且还关系到广大人民群众的身体健康，因而就必须消灭这些疾病。办法有二，一是要对现有牛群采取措施，即对现有牛群进行预防、检疫、隔离及封锁疫区；二是对未来牛群采取措施，即将病牛群中的初生犊牛尽快地转移到无病区，并对其加强培育，从而获得新一代的健康牛群，杜绝疫病逐代蔓延。

（三）使牛群不断扩大

犊牛阶段，机能不全，对环境的适应能力较差，容易遭受环境影响而死亡，特别在初生期，这个特点更突出。据统计，犊牛生后7天内的死亡数占犊牛总死亡数的60%～70%。但是，如果能充分发挥人的主动能动性，采取各种有效措施，如早喂初乳，加强护理，搞好防疫卫生工作等，就可以大大地降低犊牛死亡率，扩大牛群。

二、犊牛培育的一般原则

（一）加强妊娠母牛的饲养管理，促进胚胎的生长发育，以获得健壮的初生犊牛

生命周期开始于受精卵，受精卵一旦形成，便开始了它的生长发育，环境条件也就开始对个体的生长发育发生作用，因而培育工作从胚胎期就要着手进行，家畜胚胎期的外界环境是母体，因此，

母体新陈代谢情况，即能否为其提供适宜的条件，则又受母体所处的环境条件，也就是人们的饲养管理活动的影响。所以，家畜在胚胎期的生长发育归根到底是要受此期饲养管理的影响。那么，如何进行饲养管理，才能使母体为胚胎提供最适宜的条件呢？这就必须根据胚胎生长发育的规律。牛胚胎生长发育的规律大致上是这样的：在胚胎前期，发育快，细胞分化强烈，但绝对增重不大，但是3月龄后生长速度就逐渐加快，同时，细胞的强烈分化转入相似细胞的迅速增多即生长。牛在胚胎发育期不同时期生长强度的差异，见表11-1。

表11-1　牛胚胎在不同时期的生长强度　　%

整个胚胎发育期的(%)			整个胚胎发育时期
第一个1/3	第二个1/3	第三个1/3	
0.50	23.70	75.80	100

牛胚胎生长发育规律启示我们：由于前期绝对增重不大，但分化很强烈，对营养的质量要求高，这就要求我们在日粮上特别注意其质量(全价性)，妊娠后期，绝对增重很快，对营养的数量要求大，因此，应数量、质量并重，供给大量的全价日粮，但要注意日粮体积不能太大，以免影响胎儿。最后2个月，增重占60%，需要量更大，因而必须干奶并进行较丰富的饲养，以保证本身维持和胎儿生长发育之需。胚胎期还要加强母牛运动，以增强体质，利于胎儿生长发育，并利于分娩。在实际生产中，纯粹因胎儿过大而引起的难产为数不多，胎儿大小(主要)取决于母体的影响即母体效应，因而难产最主要的原因除胎位不正外，就是运动不足。放牧的牛和舍饲期运动的牛很少发生难产，而且产程缩短，长久拴着不运动的牛难产率就高。为此，加强妊娠母牛运动是防止难产的有效措施，尤其是产前1个月的运动可有效地防止难产。前苏联学者亦试验证明：饲草丰盛、空气新鲜、经常运动的妊娠牛所生的犊牛比饲养管理差的

妊娠母牛在生理、生化及免疫生物学等指标上均较好，犊牛的患病率、死亡率均低。

(二)加强消化器官的锻炼

牛必须具有发达的消化系统，即应该具有容积大、强而有力的消化器官。对于乳牛来讲更应该如此，只有这样，乳牛才能采食大量的粗饲料和适量的精料，充分发挥出产奶潜力，而且还有利于保持消化系统机能正常和身体健康。处于泌乳盛期的乳牛，尤其是高产乳牛往往因不能采食到足够的营养物质而出现营养赤字，造成产乳潜力得不到充分发挥或者被挤垮的后果。如果消化器官容积足够大的话，就可以减轻甚至避免这种不良后果。为此，早期补饲草料，锻炼消化器官，提高对植物性饲料的适应性，减少哺乳量并实行早期断奶，用适量的精料、大量优质青粗饲料进行培育，以促其形成容积大、强而有力的消化器官，养成巨大的采食量，才有可能培育成高产乳牛。犊牛生后 2～3 周就能采食草料，出现反刍，腮腺开始活动，如果早期喂给草料，可促进瘤胃加速发育，刺激瘤胃微生物的生长繁殖，而瘤胃微生物的代谢尾产物，尤其是挥发性脂肪酸对瘤胃黏膜乳头的发育具有强烈的刺激作用。不同的饲料对犊牛瘤胃生长发育的影响是大不一样的，固体性饲料对犊牛瘤胃生长发育的影响比液体饲料(即奶)大，而在固体性饲料中，优质的青粗料比精料的影响要大。因此，为了使牛具有强大的消化器官，进而培育成高产乳牛，以少量的牛乳、适量的精料、大量的优质青粗饲料进行培育是很有必要的，并且也是完全可能的。

实际生产中，牛场的技术人员非常重视犊牛腹部的发育，而生长速度并不要求太快，一般要求 3 月龄时体重达到 90 kg 以上，6 月龄时 160 kg 以上，12 月龄时，体重为初生重的 7～8 倍，14～16 月龄时体重达到 350～370 kg 或以上。切莫用过多的奶和精料进行过度饲养。

三、犊牛的饲养

(一)初生期的饲养

犊牛出生后7天内为初生期,也称新生期。此期犊牛的特点是生活环境发生了变化:从母体子宫内到了母体外,但由于神经系统和某些组织器官机能尚未完善,因此,对新的生活环境适应能力很差,具体表现在以下两个方面:第一,抗病力差,初生犊牛抗病菌感染能力很差。胚胎期是在母体的直接保护和影响下生长发育的,在很大程度上可以排除外界环境的直接干预与不良影响。出生后,犊牛就直接暴露于外界,再也不能受母体的直接保护了,因而客观上就要求犊牛必须具有抵抗不良环境的能力才能生存,可是,初生犊牛的这种能力很差,首先是其免疫力差。初生犊牛本身没有产生抗体的能力,必须到4周龄以后,才具备自己产生抗体的能力;牛又不像人和兔那样在胚胎期间母体抗体可通过胎盘到达胎儿的血液循环中,故本身也不带。其次,皮肤的保护机能差,即未建立起完善的生理屏障作用。由上所述可见,犊牛抗病菌感染能力差,易受各种病菌的侵袭而引起疾病,甚至造成死亡。第二,表现在营养方面不适应新的环境。由于生长发育旺盛,代谢强度大,因而需要大量营养物质。此时,犊牛再也不能依靠母体通过脐带供应营养了,营养物质只能经消化系统活动才能获得。而初生犊牛的前胃机能远未健全,且第一胃很小,只有真胃的一半大小,仅有真胃和肠具有消化和吸收功能,但胃肠运动及消化腺的分泌能力还较差。容易因营养不足而严重地影响其生长发育。

初生犊牛脱离了子宫,和母体失去了直接联系,因而仅能通过初乳与母体发生间接联系。所谓初乳,即母牛分娩后5～7天所产生的乳,与常乳比较有如下特点:营养全价,干物质含量高,易消化,酸度高。干物质中蛋白质的总含量较常乳多4～5倍,尤其是白蛋白与免疫球蛋白,比常乳高20～25倍,白蛋白是极易消化的,对初生犊牛特别有利，免疫球蛋白是抗体，具有免疫力；乳脂肪多1倍左右；维生素A和维生素D多10倍左右；各种无机盐，尤其是镁盐也较多；初乳中还含有一种溶菌酶。此外，初乳中尚含有4种蛋白酶抑制素，正常奶中则极少，抑制素可保护抗体，使其不被消化而直接吸收。由于初乳具有这些特点，因而它对初生犊牛具有特殊的作用：第一，可提高抵抗病菌感染的能力。因初乳中含有不会被消化掉的抗体及溶菌酶，加之初乳的酸度高，故可抑制病菌的活动。据研究，初乳中的抗体对于乳牛所敏感的所有微生物几乎都有抵抗力，甚至能将其完全杀死。因此，供给初生犊牛初乳，可大大提高其抗病力，提高对不良环境的适应能力。第二，可满足生长发育的营养需要。由于初乳是营养丰富、干物质含量高、易于消化吸收的食物，而且由于酸度高，可刺激胃肠系统的早期活动和促进消化液的分泌，提高对营养物质的消化利用率。所以，供给初乳，就解决了消化机能差与营养需要强烈之间的矛盾，满足了生长发育的营养需要。第三，有利于胎粪的排出。由于初乳中含有较多的无机盐，特别是较多的镁盐，具有轻泻作用，可促使胎粪排除，从而解决了初生犊牛因胃肠活动力差而使胎粪排出受影响的问题。

以上对初生期犊牛的特点和初奶的特性及作用进行了分析，可以看出，初生期是决定犊牛能否存活的关键时期，因而又称之为初生关，而喂给初奶，又是过好初生关的最主要措施。同时也知道，初奶中各种成分的含量及酸度是随时间推移而逐渐降低的，一般认为以最初分泌的为最高，而且犊牛吸收抗体的能力以初生时为最强（有人研究，初生时抗体的吸收率为50%，之后逐渐降低，生后20 h便降至12%）。初生犊牛肠道对初奶抗体（Ig）的通透性有时限性，具体是多长时间，不同的学者报道不一（24 h、90 h和180 h 3种说法），超过时限之后犊牛消化道开始消化、分解初奶中的Ig，因此它们不能再被完整地吸收入血液，犊牛通过初奶获得Ig的机会就也就失去了。近年来，有关免疫球蛋白含量变化的报道与前述一般认为以最初分泌的为最高的说法差别很大，比如，济南军区军事医学研究所测定，牛产后1～3天IgG的含量是逐渐升高的，牛产后第1天初奶IgG含量平均为55.16 mg/mL±4.21 mg/mL，与国外文献报道的59.5 mg/mL接近；第2天平均为61.58 mg/mL±5.56 mg/mL，第2天起略高于国外报道值；产后第3天IgG和补体C_3含量达到最高峰(免疫球蛋白IgG平均为75.27 mg/mL±6.85 mg/mL)；以后逐渐下降，常奶IgG含量为0.68 mg/mL与国外文献报道的0.62 mg/mL接近。这个报道与人初奶产后第4天含量最高，以后下降基本一致。所幸第1天与第3天差异不太大，否则就太可惜了，因为第3天免疫球蛋白的吸收率很低。因此犊牛出生后尽早饲喂足量初奶是非常重要的。具体地讲尽早就是出生后2 h内，关于足量，美国专家研究认为，出生后2 h内喂2～3 L初奶，并在出生后12 h内，犊牛摄取初奶的总量必须达到其体重的10%，其依据是他们通过大量试验、检测认为犊牛出生后24 h内血中IgG1的浓度须达到10 mg/mL以上才能在自然状态下有效抵御病原微生物的感染，而保证血中IgG1这个浓度的重要措施就是出生后2 h内喂2～3 L初奶，并在出生后12 h内，犊牛摄取初奶的总量必须达到其体重的10%；我国也是建议首次喂量保证2 L以上，首次后6～10 h再及时喂2～4 L，首次喂量不能太大，太大易引起消化紊乱。首次为什么要在出生后2 h内喂初奶？为什么不再早一些？因为牛一般在出生后1～2 h才能站立和表现出吸吮反射，当然也有体弱的犊牛出生后较长时间甚至几天才能站立起来的，对这样的牛要强制性地喂给。犊牛开始时站不稳、倒下，再站、再倒，反复多次，有一种说法称这种现象是“拜四方”，说犊牛必须在“拜四方”后才能站立，其实没有这么神秘。例如在草原畜牧业国家，犊牛一生下来就能站立，会走甚至会跑，在澳大利亚，荷斯坦牛生下的犊牛就是这样，原因是母牛和犊牛的体质都很好。

以后每日初奶的喂量可按体重的1/8～1/6计，平均6～7 kg（分2～3次喂完）。这是根据犊牛的营养需要和初奶营养物质平均含量计算确定的，犊牛每日食6～7 kg初奶完全可满足其营养需要。

初奶挤出后，应及时哺喂，若搁置时间久，温度已下降（尤其是冬天和初春），应水浴加热到35～38℃后再喂给。初奶温度过低不可喂给，以免引起胃肠疾病，加温亦不可过高，因初乳酸度很高，加温过高，很易引起凝固，犊牛消化困难。

若母牛产后生病或死亡，可喂给同时期分娩的其他健康母牛的初奶（最好选择头3天的初奶）。如无此种母牛，则要喂常奶，但每天须补饲20 mL鱼肝油，以补充维生素A之不足，因哺乳动物母体通过胎盘将维生素A转送给胎儿的能力很差，因此新生犊牛体内储存维生素A很少，生后急需补充维生素A，喂初奶，此问题易解决；无初奶时，就需额外补充维生素A。另外，给250 g蓖麻油或具轻泻作用的其他物质，以代替初奶的轻泻作用。头5天还要加250 mg土霉素，以后减半。也可喂人工初奶，其配方是新鲜鸡蛋2～3个，食盐9～10 g，新鲜鱼肝油15 g，加入到1 L清洁煮沸、并冷却到40～50℃的水中，搅拌均匀，按每千克体重8～10 mL混入常奶中喂给。人工初乳与母牛初乳之间必然存在一定差异，因母牛初乳到目前为止还有不十分清楚的成分，故其效果总有差异。一般犊牛饮不完其母亲所分泌的母乳，特别是高产母牛，有较多的剩余初乳。初乳由于酸度高和镁盐多，因此不能作为鲜奶出售，也不能加工制奶粉等，但是由于初乳具有前述的那些优点，因此不要将其废弃掉，而应加以合理利用。剩余初乳与常乳混合喂给其他犊牛是一种利用方法。近年来国际上不少国家都推广将剩余的初乳储存起来，用于喂犊牛。据称2头母牛的剩余初乳可以喂一头犊牛（4～5周龄断奶），这样就能大量节约全乳或代乳料。但要注意，带血的初乳，以及产前2周或产后用过抗生素的母牛所产的初乳，都不宜储存。初乳储存的方法有 3 种,即发酵法、加保存剂法和冷冻保存法,其中以发酵法最为简便易行,应用也最广。发酵初乳亦称酸初乳,与青贮方法一样,是利用乳酸菌发酵产生适宜的酸度,达到抑制腐败菌繁殖而得以保存的目的。制作酸初乳最好将其储存于有盖的塑料桶内,如用铁桶,则最好加塑料作衬里,以免酸腐蚀金属,犊牛食入过多的锌等。10～15℃室温下,5～7 天发酵成功,15～20℃需 3～4 天,20～25℃则 2 天即成。如急用时,可将发酵好的初乳作为发酵剂,按 5%～6%的比例加入待发酵的初乳中,10℃时 2 天即成,20～25℃时 1 天即成。储存期间,每天要搅动,以免起泡沫和产生大量凝块,最好 2 次/天。初乳发酵后储存期不要超过 1 个月。已发酵好的初乳可混在一起,但不同日期的不能混在一起,环境温度以 10～25℃最适宜。气温太低,初乳不易发酵;反之,气温太高,初乳则易腐败,因此在炎热季节不可进行发酵初乳,而应采用第二种方法即加保存剂法。所用保存剂主要是有机酸,如丙酸等,剂量为 0.7%～1.5%;也有采用 0.3%甲醛来保存初乳的。用冷冻的方法,可很好地保存初乳,质量高,并且冷冻初乳可以喂新生犊牛。冷冻初乳其储存期可达 6 个月之久,但此法代价较高,故较难以在牧场采用。用保存初乳喂犊牛时,应加以稀释,使之接近常乳,以免引起下痢等疾病。

(二)初生期后的饲养

当犊牛初生期结束后,就可以从护仔栏转入犊牛舍,进入初生期后的饲养阶段。在此阶段开始哺喂常乳、补饲草料,并逐渐过渡到断奶,而以固体性饲料进行培育。

1. 哺喂常乳　应实行早期断奶,后面将专门叙述。关于犊牛的喂奶次数,我国各地多采用 3 次喂奶的方法,这和 3 次挤奶的时间安排基本一致。国际上不少国家多采用 2 次喂奶制,我国也有牛场做过每天 2 次喂奶的试验,获得了良好的效果。如上海试验证明:同样奶量 2 次喂奶和 3 次喂奶,犊牛没有差异,却大大减轻了劳动强度。

2. 早期喂饲植物性饲料　早期喂饲植物性饲料的目的就是为了促进胃尤其是瘤胃的生长发育，从生后1周开始，就应给予优质干草，任其自由咀嚼，练习采食，同时开始训练犊牛吃精料。初喂时可涂抹犊牛口、鼻，教其舔食，以慢慢适应，一般出生后3周开始，就可以向混合精料中加入切碎的胡萝卜之类的多汁料，青贮料从2月龄开始喂给，由于犊牛生长发育旺盛，营养需要多，而消化机能弱，所以此期供给的饲料应是营养浓度高，适口性好，易消化吸收的。这样，就兼顾了生长发育与消化器官锻炼的需要。一般所配日粮中蛋白质含量应是20%以上，脂肪含量为7.5%～12.5%，粗纤维含量不超过5%。

此外，犊牛还应补充一些抗生素，抗生素饲料能刺激消化道有益微生物群体的优先繁殖，抑制有害微生物，减少和寄主对营养物的竞争，并降低下痢等消化系统疾病的发病率，还可使犊牛增加采食量，总之，可以预防疾病、增进健康、提高增重(特别是在条件差的情况下，补喂抗生素的效果更为显著)。例如，上海第六牧场犊牛坚持在初生期结束后，每天补饲金霉素10 000 IU，30天后停喂，犊牛的日增重提高7%～16%，下痢亦大大减少。

四、犊牛的管理

(一)初生犊牛的护理

1. 清除黏液　犊牛出生后，应首先清除口及鼻部的黏液，以免妨碍呼吸；其次是略擦拭其体躯上的黏液，并将它放在母牛前面，让母牛舔干。母牛舔干犊牛身上的羊水，还有利于子宫收缩复原，便于排出胎衣。若母牛不舔，可在犊牛身上撒麸皮，诱使母牛舔。另外，据报道，对逾期不孕的奶牛，经注射母牛分娩时收集的羊水后，对患有卵巢静止、持久黄体、非浓性子宫内膜炎及原因不明的空怀母牛均有一定的治疗效果，并能促进空怀母牛的发情、排卵、受胎。这与羊水内含有激素(雌激素、孕激素)、酶类及一些免疫物质有关。

2. 处理好脐带 分娩时细菌感染的门户首先是脐带,脐带直到分娩之前一直是补给营养的路径。而这条路径直接与肝脏和膀胱相连,分娩时脐带刚一断,这条路径还不能马上完全闭合,内脏就处于开放状态,细菌就会由此进入。所以,犊牛生后一定要处理好脐带,如脐带已断裂,可在断端用5%碘酊充分消毒,未断时可在距腹部6~8 cm处用消毒剪刀剪断,然后充分消毒。

(二)哺乳卫生管理

犊牛生后2周内宜用带有橡皮奶嘴的奶壶哺乳,这样的哺乳器,犊牛只有用力吮吸才能吃到奶,也就会使唇、舌、口腔与咽头黏膜的感受器受到足够强的刺激,产生完全的食管沟反射,乳汁全部流入真胃。同时,由于吮吸速度较慢,乳汁在口腔中能与唾液混匀,到真胃时凝成疏松的乳块利于消化。如果直接用奶桶哺乳,犊牛不费力就可吃到乳,刺激强度小,食管沟闭合不全,且由于饮奶过急,乳汁往往会溢于前胃。由于此时前胃机能不完善,因而乳汁会在前胃中引起异常发酵,导致犊牛生病。同时,奶在口腔中未能充分和唾液混合,到真胃中会凝成较坚硬的凝乳块(喂未对水的初乳时更明显)而难以消化。若这种凝乳块过大过硬,常会堵塞皱胃与十二指肠连接的幽门,使皱胃内容物不能下移,造成皱胃扩张而死亡。3周龄后瘤胃中已形成微生物区系,就可对乳汁进行正常发酵了,也就可以用奶桶喂奶了。每次饮完奶后,喂奶用具及时洗净,用前消毒,并及时地用干净的毛巾将残留乳汁擦净,并用颈枷夹住,等其干燥后再放开犊牛,以免形成舔癖,舔癖的危害很大,常使被舔的犊牛造成瞎乳头及脐炎等;而有舔癖的牛,则因舔吃牛毛,久而久之在瘤胃中形成毛球,堵塞幽门或肠管而致丧命。若已形成舔癖,则可用小棒敲打嘴部,破坏其吮吸反射,经反复多次即可纠正。

(三)犊牛舍卫生管理

初生期犊牛是放在护仔栏内,初生期结束后转入犊牛舍。犊牛生后 2 周内极易患病,主要是肺炎和下痢,这与牛舍卫生有很大关系。要求护仔栏在产犊前进行充分消毒,并铺上厚厚的垫草,犊牛栏也要做到定期消毒,保持舍内空气新鲜,温湿度适宜,阳光充足,这样才能保证犊牛健康地生长发育。

(四)运动与光照

运动对骨骼、肌肉、循环系统、呼吸系统等都会产生深刻的影响,尤其是犊牛正处在生长发育旺盛的时期,运动就显得更重要。一般情况下生后 10 天就要将其驱赶到运动场,每天进行 0.5～1 h 的驱赶运动,1 月龄后增至 2～3 h,分上、下午 2 次进行。光照可增加淋巴球吞噬细胞的数量与活性;还有试验证明,光照可提高日增重 10%～17%。

(五)皮肤卫生

要坚持每天刷拭皮肤,因为刷拭对犊牛有机体起着按摩皮肤的作用,能促进皮肤的呼吸和血液循环,增强代谢作用,提高饲料转化率,有利于犊牛的生长发育。同时借助刷拭,还可保持牛体清洁,防止体表寄生虫滋生和养成犊牛温驯的性格。

(六)调教管理

做好犊牛的调教管理工作,使之从小养成一个温驯的性格,无论对于育种工作还是成年后的饲养管理与利用都很有利。例如,犊牛没经过良好的调教,性格怪癖,就会给测量体尺、称重等育种工作带来很大麻烦;成年乳牛挤乳时踢脚、抗拒挤乳;公牛顶撞伤人等现象,都是由于在犊牛时期没有经过调教或不善调教之故。因此,管理人员必须用温和的态度对待犊牛,经常抚摸犊牛、按摩乳房和刷拭牛体,测量体温与脉搏,日子久了,就能养成犊牛温驯的性格。

五、犊牛的早期断奶

(一)早期断奶的意义

有许多试验证明,过多的哺乳量和过长的哺乳期,虽然可使犊牛增重较快,但对犊牛的内脏器官,特别是对消化器官有不利的影响,而且还影响了牛的体型及成年后的生产性能,为此国内外对犊牛的早期断奶进行了大量研究,取得了显著效果,并已在生产中普遍应用,实践证明早期断奶的意义主要表现在如下三方面:

1. 大量节约鲜奶,缓解了供奶紧张状况。

2. 由于缩短了哺乳期,降低了喂奶量,又节约了劳动力,因而降低了培育成本。

3. 由于提早补饲植物性饲料,促进了消化器官,特别是瘤胃的生长发育,提高了犊牛的培育质量,并有可能进一步培育成高产乳牛,而且由于瘤胃的强大,可减少消化道疾病的发病率,因而能提高犊牛成活率,降低死亡率,减少损失。

(二)早期断奶时间的确定及其生物学基础

我国早期断奶的时间确定为4~8周,因近年来的研究证明,及时(早)地补饲草料,4周龄时瘤胃容积可占全胃容积的64%,已达成年牛相应指标的80%左右,6~8周龄时前两胃的净重占全胃净重的65%,已接近成年牛的比例,而且6~8周龄犊牛瘤胃发酵粗、精饲料产生的挥发性脂肪酸的组成和比例与成年牛相似,就是说此时的犊牛对固体性饲料已具备了较高的消化能力,因此这个时期是犊牛断奶的适当时期。

值得提出的是:早期断奶的牛,其前期的生长发育及被毛光泽可能较差,但对以后的生长发育绝无影响,而且由于犊牛具有强大的消化器官及生长发育的可补偿性,牛在后期(育成期)增重很快,并优于断奶较迟的犊牛,成年后其产奶性能无疑地要比断奶晚的牛高。

例如，北京农业大学（现中国农业大学）和北京双桥乳牛场早在1980—1983年就进行了早期断奶的系统试验研究，研究了低奶量对各阶段体重（生长发育）、繁殖性能、产奶性能的影响。选择5对半同胞和2对全同胞母犊牛，随机配对分为试验组和对照组，试验组哺乳量为90 kg，犊牛混合料288 kg，哺乳期30天；对照组哺乳量为500 kg，犊牛混合料215.5 kg，哺乳期为100天，粗料均为自由采食。因试验组犊牛哺乳期仅30天，所用犊牛混合料除注意能量和蛋白质浓度较高以外，对7～90日龄的犊牛还添加了多维素，其数量为每吨混合料50 g。两组犊牛出生后1～7天喂其母亲初乳，8日龄试验组改喂混合初乳，对照组则喂混合常乳，1～10日龄日喂3次，1月龄后改喂2次，两组犊牛料的料水比为1∶1拌匀喂给。当犊牛料加到每日每头2 kg时，一直保持到6月龄，而靠增加粗料进食量来满足。6～12月龄精料进食量逐渐增加到2.5 kg，直到18月龄，其他养分靠粗料来满足。结果是两组牛全部成活，试验组牛只生长发育良好，培育期内被毛光泽正常、毛短、胎毛脱落及时，腹部与中躯发育良好而紧凑，体型匀称，克服了以往早期断奶出现的毛色暗而无光泽、腹部较松弛下垂、被毛过长等缺点。在生长发育方面：6月龄时，试验组平均体重比对照组低17.6 kg，但在6～8月龄期间，体重逐步得到了较好的补偿生长，到18月龄时两组牛体重基本相同。繁殖机能方面：试验组母牛初情期仅比对照组晚3.3天，试验牛一次输精全部受胎，而对照组为1.67次（受胎率为60%），说明繁殖机能优于对照组。在18个月的培育期内，试验组平均培育成本为976.5元，而对照组为1 194.6元，试验牛每头降低成本218.1元，下降幅度为18.3%，其中212.4元，即97.4%是在0～6月龄期间节省的。在产奶性能方面：试验组、大群推广组和孪生母牛试验组头胎305天产奶量分别比对照组多424 kg、354 kg和439 kg，且三者的提高幅度大体近似。可见，低奶量培育的母犊在成年后奶量比常规奶量培育法有提高产奶量的趋势。

欲使早期断奶取得成功,其关键在于及早(及时)地给犊牛提供优质的精粗饲料;犊牛料、代乳料的合理配制与利用以及正确地制定犊牛的早期断乳方案。分别阐述如下:

(三)犊牛料及代乳料的配制与利用

犊牛料系根据犊牛的营养需要而配制成的容易消化吸收的精饲料,起着促使犊牛由以奶为主的营养向完全以植物性饲料为主的营养的过渡作用。形态可以为粗磨粉状,犊牛出生 4~7 天后开始提供,任其自由采食。随着时间的推移而增加采食量,1 月龄内宁可少吃青草,也要多供犊牛料,以保证犊牛初期的生长速度,当每天采食量达到 0.75~1.0 kg 时,即可断奶,当每天采食量达到 2 kg时(约 3 月龄),可改喂混合料,犊牛料的配制原则是:20%以上的粗蛋白,7.5%~12.5%的脂肪,干物质含量 72%~75%,粗纤维不高于 5%,此外,矿物质、维生素、抗生素等都要保证。根据这个原则,犊牛料的配方可以很多,但多以植物性的高能、高蛋白饲料为主。

代乳料亦称人工乳,比犊牛料具有更高的营养价值和极低的粗纤维含量,并具有更高的消化率,是一种粉末状的饲料,饲喂时要以水稀释后喂给,代乳料主要作用是代替全乳,从而达到节约鲜奶之目的。稀释率为 1∶(6~7),代乳料还可起到补充全乳某些营养成分不足的作用,初生期结束后立即使用。配制代乳料的原则是含有 20%以上的乳蛋白,脂肪含量 10% 以上。在此原则下,代乳料的原料是以奶的副产品为主,如脱脂奶,而不像犊牛料是以植物性饲料为主。由于乳蛋白成本高,且来源短缺,因此,我国有些地区以发酵的剩余初乳来代替,一般每两头母牛所产的剩余初乳可培育一头母犊至 4~5 周龄断奶。

(四)早期断乳方案的制定

犊牛早期断奶方案的制定要根据生产用途(乳用、肉用),犊牛料、代乳料的生产水平及饲管水平等来具体安排，没有统一规定，各地各单位要视具体情况来定。

乳用犊牛早期断奶方案，断乳时间为 4～8 周龄，原则是在保持一定的生长速度前提下（不要饲养过度，也不可饲养不足），尽量多用青粗饲料。现介绍黑龙江省 8511 农场的方案：哺乳期 1 个月，哺乳量 100 kg。方法是 1～3 日龄喂初乳，4～20 日龄每头每天喂奶 4.5 kg，21～30 日龄喂奶量为每日 2.0 kg。初生期后在饲槽内放置犊牛料（粉状），其配方是：豆饼 35%，玉米面 22%，麸皮 20%，高粱面 20%，骨粉、生长素、食盐各占 1%。此外，犊牛料中还添加四环素，同时提供玉米秸干草粉，任其自由采食。当每头每天采食量达 2.5 kg 时，不再增加，3 月龄后改喂普通混合精料。

第二节　育成牛的培育技术

育成牛是指生后半年到配种前的犊牛，犊牛满 6 月龄从犊牛舍转入育成牛舍，进入育成牛培育阶段，育成母牛不产乳，无直接经济效益，也不像犊牛期那样脆弱、易病甚至死亡，因此，往往得不到应有的重视。所以，实际生产中有的牛场将质量最差的草喂给育成牛，以至达不到培育的预期要求，育成牛的培育是犊牛培育的继续，虽然育成牛阶段的饲养管理相对犊牛阶段来说是粗放些，但决不意味着这一阶段可以马马虎虎，这一阶段在体型、体重、产奶性能及适应性的培育上比犊牛期更为重要，尤其是在实行早期断奶的情况下，犊牛阶段因减少奶量对体重造成的影响，需要在这个时期加以补偿。如果此期培育措施不得力，那么到达配种体重的年龄就会推迟，进而推迟了初次产犊的年龄；如果按预定年龄配种，那么将可能导致终生体重不足；同样，若此期培育措施不得力，对体型结构、终生产奶性能的影响也是很大的。因此，对育成牛的培育也应给予高度重视。

一、育成牛的饲养

育成牛在不同的年龄阶段，其生长发育特点及消化能力有所不同，因而不同阶段的饲养措施也就不同。

1.0.5～1岁　此期是生长最快的时期，性器官和第二性征的发育很快，体躯向高度和长度方面急剧生长。前胃虽然经过了犊牛期植物性饲料的锻炼，已具有了相当的容积和相当的消化青粗饲料的能力，但还保证不了采食足够的青粗饲料来满足此期强烈生长发育的营养需要，同时，消化器官本身也处于强烈的生长发育阶段，需要继续锻炼。因此，为了兼顾育成牛生长发育的营养需要并进一步促进消化器官的生长发育，此期所喂给的饲料，除了优良的青粗料外，还必须适当补充一些精饲料。一般来说，日粮中干物质的75%应来源于青粗饲料，25%来源于精饲料。

2.12月龄至初次妊娠　此阶段育成母牛消化器官容积更大，消化能力更强，生长渐渐进入递减阶段，无妊娠负担，更无产奶负担，若能吃到优质青粗饲料基本上就能满足营养的需要，因此，此期日粮应以青粗料为主，如此安排，不仅能满足营养需要，而且能促进消化器官的进一步生长发育。

二、育成牛的管理

犊牛转入育成牛舍时，要实行公母分群，通槽系留饲养。育成牛的管理项目除了运动和刷拭以外，还有一项非常重要的管理项目就是要坚持乳房按摩。乳腺的生长发育受神经和内分泌系统活动的调节，对乳房外感受器施行按摩刺激，通过神经—体液途径或单纯的神经途径(前者通过下丘脑—垂体系统，后者通过直接支配乳腺的传出神经)能显著地促进乳腺生长发育，提高产奶量。乳腺对按摩刺激产生反应的程度，依年龄有所差异。性成熟后，特别是妊娠期是乳腺组织生长发育最旺盛的时期，此期加强按摩效果最显著。如据上海牛奶公司第六牧场的试验，对 6～18 月龄的育成母牛每天按摩一次乳房，18 月龄以上者按摩 2 次，每次都配合使用热毛巾擦洗乳房，结果试验组比对照组产奶量提高了 13.3%。育成母牛按摩乳房还可使其提前适应挤奶操作，以免产犊后出现抗拒挤奶现象。又如太原南郊奶牛场也做了这方面的试验，选用 5 对半同胞育成牛，分为两组，其母亲的胎次一致，产奶量差异不显著，12 月龄后开始按摩乳房，结果表明，接受乳房按摩的初产牛均能顺利接受挤奶，且乳房形状、容量及产奶量均有明显改善和提高：产奶量对照组 4 073 kg，试验组 4 523 kg，提高 11.05%；乳房容量对照组 9.4 L，试验组 10.7 L，提高 13.83%；乳房圆周对照组 133 cm，试验组148 cm，提高 11.28%。每次按摩时间以 5～10 min 为宜。

第三节 初孕牛的饲养管理

初孕牛指怀孕后到产犊前的头胎母牛。

母牛怀孕初期，其营养需要与配种前差异不大。怀孕的最后 4 个月，营养需要则较前有较大差异，应按奶牛饲养标准进行饲养。

这个阶段的母牛，饲料喂量一般不可过量，否则将会使母牛过分肥胖，从而导致以后的难产或其他病症，因此，初孕牛应保持中等体况。

初孕牛必须加强护理，最好根据配种受孕情况，将怀孕天数相近的母牛编入一群。

初孕牛与育成牛一样，更应注意运动，每日运动 1～2 h，有放牧条件的也可进行放牧，但要比育成牛的放牧时间短。

初孕牛牛舍及运动场，必须保持卫生，供给充足的饮水，最好设置自动饮水装置。

分娩前 2 个月的初孕牛，应转入成年牛舍进行饲养。这时饲养人员要加强对它的护理与调教，如定时梳刷，定时按摩乳房等等，以使其能适应分娩投产后的管理。但这个时期，切忌擦拭乳头，以免擦去乳头周围的蜡状保护物，引起乳头龟裂；或因擦掉“乳头塞”而使病原菌从乳头孔侵入，导致乳房炎和产后乳头坏死。

在分娩前 30 天，初孕牛可以在饲养标准的基础上适当增加饲料喂量，但谷物的喂量不得超过初孕母牛体重的 1%；与此同时，日粮中还应增加维生素、钙、磷等矿物质含量。初孕牛在临产前两周，应转入产房饲养，其饲养管理与成年牛围产期相同。

复习思考题

1. 犊牛培育的目的是什么？
2. 犊牛培育的一般原则是什么？
3. 如何锻炼犊牛的消化器官？
4. 为什么要对犊牛以少量的牛乳、适量的精料、大量的优质青粗饲料进行培育？
5. 为什么说喂给犊牛初乳是过好初生关的最主要措施？如何喂给初乳？
6. 如何才能搞好犊牛的管理？
7. 说明犊牛早期断奶时间的确定及其生物学基础。
8. 试述育成牛的阶段饲养技术。
9. 试述初孕牛的阶段饲养技术。

第十二章　成乳牛的饲养管理技术

重点提示：本章重点学习成乳牛的一般(常规)饲养管理技术、泌乳规律、泌乳期各阶段的饲养管理技术、干乳期的饲养管理技术、围产期乳牛饲养管理、高温季节奶牛的饲养管理要点、挤奶技术及奶牛膘情的定性管理技术。

第一节　成乳牛的一般饲养管理技术

一、分群

据实验，按产奶量高低进行分群并实行阶段饲养，不论是对提高产奶量或增加经济效益效果都很显著；反之，则浪费饲料，增大成本，降低经济效益。

二、日粮组成力求多样化和适口性强

乳牛是一种高产动物，对饲料要求比较严格，在泌乳期间，其日粮组成必须是多样化和适口性强。多样化可使日粮具有完善的营养价值，以保证乳牛能积极地进行生命活动和泌乳活动。日粮组成单一或饲料种类少，往往不能满足其需要，而且多样化与适口性有着密切的联系，一般来讲，日粮组成多样化了，其适口性就较好。乳牛的日粮一般要由3～4种或以上的青粗饲料(干草、青草、青贮饲料等)，3～4种或以上的精料组成。

近年国外在泌乳牛的饲养上采用全价混合饲料自由采食的饲养法——TMR饲养法，即根据母牛不同泌乳阶段的营养需要，将

精、粗饲料经过加工调制，配合成全价的混合饲料，供牛自由采食。采用这种饲养方法可简化饲养程序，节约劳力，减少牛舍投资，并可使每头牛得到廉价的平衡饲料。此外，可多喂粗料，少用精料，从而可降低饲养成本，并避免以往乳牛由于分别自由采食精、粗饲料而使精料吃得过多，粗料采食不足，以至造成瘤胃机能出现障碍，导致产奶量、乳脂率下降和发生消化道疾病等问题。

三、精、粗饲料的合理搭配

饲喂草食动物应遵循的一个原则是以青粗饲料为基础，营养物质不足部分用精料和其他饲料添加剂进行补充。这一原则的实质乃精粗饲料的合理搭配。良好的干草和青绿多汁饲料及青贮料，易消化、适口性好，能刺激消化液的分泌，增进食欲，保持消化器官的正常活动，促进健康，获得大量高质量的牛乳。相反，如果长期饲喂过多的精料，就可使乳牛的健康状况恶化，并降低产奶量和乳的品质。这并不是说精料就是不能多喂，而是要按上述原则饲喂精料，即精料只能作为补充部分，不能作为基础。高产乳牛的日粮中，精料虽作补充部分，但往往大于基础部分，这是产奶的需要，为此，要控制瘤胃发酵，如添加缓冲化合物等。即使按照这个原则并控制瘤胃发酵，高产乳牛也难免患营养代谢疾病，而低产牛则不然，故人们常说越是高产乳牛越难养。

根据以上原则，可确定不同体重的乳牛每天应喂中等品质以上的粗饲料数量如表 12-1 所示。

表 12-1 不同体重母牛的粗料日喂量（风干物质计） kg

体重	中等给量	最大给量
300	10	14
400	11	16
500	12	18
600	13	20

每3～4 kg 青贮料可代替1 kg 精料；块根类饲料，约8 kg 可代替1 kg 精料。由于块根多汁饲料有刺激食欲的作用，但含能量低，所以，增喂多汁饲料时，粗料喂量并不按比例减少。

精料的喂量，根据乳牛的营养需要而定。一般是每产3～5 kg 乳给1 kg 精料。如果青粗饲料品质优良时，可按表12-2的精料量进行补喂。

表12-2 乳牛的精饲料给量

	每天产乳量(kg)					
	10以下	10～15	15～20	20～25	20～25	30以上
每产1 kg 乳的精料量(g)	100以内	150	200	250	300	350
每头牛每天的精料量(kg)	1以下	1～2	3～4	5～6	6～7	10以上

为了充分满足乳牛的营养需要，应根据饲养标准，精确计算不同体重、年龄和生产水平的母牛对各种营养物质的需要量，正确地配合日粮，促使乳牛将吃进去的饲料，除维持其体重外，全部用于产奶。

四、饲喂次数和顺序

在我国，乳牛每天的饲喂次数，一般都与挤奶次数相一致，实行3次挤奶，3次饲喂。但在某些情况下，如高产乳牛、夏季饲养以及泌乳盛期应由3次改为4～6次。饲喂的顺序，一种是“先粗后精”、“先干后湿”、“先喂后饮”的方法。先喂粗料，当粗料吃的差不多时再拌上精料。这样可使牛越吃越香，在饲喂过程中都能保持良好的食欲。另一种是先喂精料，后喂粗料，最后饮水的方法。这两种饲养方式，可根据各地具体条件，灵活采用，一般以前一种方式较好，尤其在舍饲条件下更应采用前一种方式。

五、饲喂技术

在乳牛饲养上，首先要做到“定时定量，少喂勤添”。因为定时饲喂,可使牛消化腺的分泌机能在吃到饲料以前就开始活动。如要饲喂过早,它必然要挑剔饲料不好好采食;喂迟了又会使牛饥饿不安,也会打乱牛消化腺的活动,影响牛对饲料的消化和吸收。所以,只有按时合理饲喂,才能保证牛消化机能的正常活动。每次上槽,都要掌握饲料喂量,喂过多或过少,都会影响母牛的健康和生产性能。并且要做到“少给勤添”,以保持牛只旺盛的食欲。

六、饮水

众所周知,水是动物不可缺少的营养要素。水对于乳牛来说就显得更为重要。牛乳中含水88%左右。据实验,日产奶50 kg的乳牛,每天需饮水100～150 L,一般乳牛每天也需水50～70 L。如饮水不足,就会直接影响产奶量。试验证明,乳牛饮水充足,可以提高奶量达10%～19%,因此,必须保证乳牛每天有足够的饮水,最好在牛舍内装置自动饮水器,让乳牛随时都能充分饮水。如无此设备,则每天应给牛饮水3～4次,于饲喂结束后进行,夏季天热时应增加饮水次数。此外,在运动场内应设置水池,经常贮满清水,让牛自由饮水。冬季饮水时,要注意水不能太凉,且以不放食盐为宜,以免饮水太多,造成体热大量散失。因此,让牛不饮过冷的水是防止冬季体热消耗的有效措施之一,也是一种增奶措施。如有人试验证明,在11月份2～6℃的气温环境中,69头乳牛第1周在冷水池中饮水,第2周在牛舍内饮10～15℃的温水,第1周比第2周产奶量少9%。也有人试验,冬季饮8.5℃的水比饮1.5℃的水,产奶量提高8.7%。又有人在冬季长期供20℃的水,结果乳牛体质变弱,容易感冒,胃的消化机能减弱。因而应提出冬季饮水适宜温度:成母牛12～14℃,产奶与怀孕牛15～16℃。此外,在冬季拿出部分精料用开水调制成粥料喂牛,对牛体保温,提高采食量,增加产奶量均有明显效果。而夏天则应让乳牛饮凉水,以减轻热应激造成的危害。有人分别以10℃水和30℃水试验,结果表明饮10℃水的乳牛，其产奶量、采食量均增加，而呼吸次数及体温均降低，故夏季提供清凉的饮水是很有效的措施。夏季饮凉水时，可在其中适量放些食盐，以促使牛多饮凉水，增大体热散失量，进一步减轻热应激造成的危害。

第二节 泌乳规律

在泌乳期中，乳牛的泌乳量、体重及干物质采食量均呈现规律性的变化，构成乳牛泌乳规律。

一、泌乳量的变化

产犊后，产奶量逐渐上升，低产牛在产后 20～30 天，高产牛在产后 40～50 天产乳量到达泌乳曲线最高峰。泌乳高峰期有长有短，高产牛泌乳高峰期持续时间一般较长。高峰期后，产乳量逐渐下降。

二、干物质采食量的变化

高产乳牛干物质采食量产后逐渐增加，但增加的速度较平缓，其高峰出现在产后 90～100 天，之后再缓慢平稳地下降。

三、体重的变化

产后体重开始下降，产后 2 个月左右体重降到最低，最低体重出现的时间较高产乳牛泌乳高峰的出现稍迟些或同时发生，以后体重又渐增，至产后 100 天左右，体重可恢复到产后半个月时的水平。一般来讲，乳牛，尤其是高产乳牛在泌乳盛期失重 35～45 kg 是比较普遍的，若超过此限，就会对产奶性能、繁殖性能及母牛健康产生不利的影响。由此可见，高产乳牛由于其干物质采食量高峰的出现比其泌乳高峰的出现迟 6～8 周，因而高产乳牛在泌乳盛期往往会陷入营养不足的困境，乳牛不得不分解体组织来满足产奶所需的营养物质。在这种情况下，既要充分发挥产奶潜力，又要尽量减轻体组织的分解，惟一可行的办法就是要提高日粮营养浓度，即增大精料比例，这也就是美国、日本等国20世纪70年代后所采用的“引导饲养法”，亦叫做“挑战饲养法”。实际上，高产乳牛即使是采用了“挑战饲养法”，在泌乳盛期内要完全避免体组织的消耗也是不可能的，但可以通过此法，使其减重不超过一定限度，从而保证既能发挥出产奶潜力又不影响母牛健康和繁殖性能。由于干物质采食量达到高峰以后下降的速度较平稳，因而盛期过后要注意调整日粮结构，降低营养浓度，防止过肥。

第三节　泌乳期的饲养管理

一、泌乳初期的饲养管理

这个时期母牛刚刚分娩，机体较弱，消化机能减退，产道尚未复原，乳房水肿尚未完全消失，因此，此期应以恢复母牛健康为主，不得过早催奶，否则大量挤奶极易引起产后疾病。

分娩后要随即驱赶母牛站起，以减少出血和防止子宫外脱，并尽快让其饮喂温热麸皮盐水10～20 kg（麸皮500 g，食盐50 g）以利恢复体力和胎衣排出（因为增加了腹压），为了排净恶露和产后子宫早日恢复，还应饮热益母草红糖水（益母草粉250 g，加水1 500 g，煎成水剂后，加红糖1 kg，水3 kg，温度以40～50℃为宜），每天1次，连服2～3天。在正常情况下，母牛分娩后胎衣8 h左右自行脱落，如超过24 h不脱，不可强行拖拉，对体弱和老年母牛可肌肉注射催产素或与葡萄糖混合作静脉注射，效果较好，但剂量为肌肉注射的1/4，以促使子宫收缩，尽早排出胎衣。产后不能将乳汁全部挤净，否则由于乳房内压显著降低，微血管渗出现象加剧，会引起高产乳牛的产后瘫痪。一般产后第1天每次只挤奶2 kg左右，第2天挤乳量的1/3，第3天挤1/2，第4天后方可挤净。

分娩后乳房水肿严重，要加强乳房的热敷和按摩，并注意运动，促进乳房消肿。

在本期内如食欲食好、消化机能正常、不便稀、乳房水肿消退、恶露排干净，可逐渐增加精料，多喂优质干草，对青绿多汁饲料要控制饲喂，切忌过早催奶，引起体重下降，代谢失调。否则，不宜增加精料，只能增加优质干草。

二、泌乳盛期（泌乳高峰期）的饲养管理

此期体质已恢复，乳房软化，消化机能正常，乳腺机能日益旺盛，产乳量增加甚快，进入泌乳盛期。我国制定的《高产乳牛饲养管理规范》中规定16～100天为泌乳盛期。若头产牛在15～21天内不催奶，逐步给予良好的营养水平，可使高峰期延长到120天。泌乳盛期是整个泌乳期的黄金阶段，此阶段产奶量约占全泌乳期产奶量的40%左右。如何使乳牛在泌乳盛期最大限度地发挥其泌乳性能是夺取高产稳产的关键，此阶段也最能反映出饲养管理的效果。饲养管理效果的反应与妊娠期有着密切的关系，随着妊娠期的进展，效果反应就逐渐变得不明显了，虽然产后5～6个月不配种，其产奶量仍较高（即对饲养管理效果的反应仍较好），但并不提倡。乳牛泌乳规律告诉我们高产乳牛采食高峰要比泌乳高峰迟6～8周，这不可避免地在泌乳高峰期出现一个“营养空档”。饲养实践表明通过增加营养浓度也不能完全弥补这个“空档”。在这个“空档”内，乳牛不得不动用其体储备即分解体组织来满足产奶所需的营养物质，所以，在泌乳的头8周内乳牛体重损失25 kg是常常发生的。当母牛靠消耗体内储存来达到最高产奶量时，蛋白质可能成为第一限制因素。因此，日粮中应该用额外的蛋白质来平衡动用体组织消耗的能量。此期把体

重下降控制在合理的范围内是保证高产、正常繁殖及预防代谢疾病的最重要的措施之一，增加营养浓度，减小空档，可使体重的下降程度减轻，从而有可能将失重控制在合理的范围内，现在提倡的“引导”（“挑战”）饲养法就是在泌乳盛期增加营养浓度。具体做法是：从母牛产前2周开始，直到产犊后泌乳达到高峰逐渐增加精料，到临产时其喂量以不得超过体重的1%为限。分娩后第3～4天起，可逐渐增喂精料，每天按0.5 kg左右增加，直至泌乳高峰或精料不超过日粮总干物质的65%为止。注意在整个“引导”饲养期必须保证提供优质干草，日粮中粗纤维含量在15%以上，才能保证瘤胃的正常发酵，避免瘤胃酸中毒、消化障碍以及乳脂率下降，采用以上做法，可使多数乳牛出现新的泌乳高峰，通常将这个新的泌乳高峰称为“引导高峰”，其增产的趋势可持续于整个泌乳期，因此，这种饲养法被称为“引导饲养法”。此法的优点在于可使瘤胃微生物区系及早地调整，以适应分娩后高精料日粮；有利于增进分娩后母牛对精料的食欲和适应性，防止酮病发生。

泌乳高峰期日粮应由如下饲料组成：

(1)品质优良的高能粗料，如良好的玉米青贮、优质干草等。

(2)增喂适量脂肪饲料，增加日粮能量浓度，如脂肪酸钙等保护性脂肪；采用能量含量高的谷类饲料，如玉米、大麦、高粱等。其中，增加脂肪酸钙等保护性脂肪是补充能量的最好方法。

(3)将天然蛋白质置于饲料表面饲喂。

(4)高产乳牛产后对钙、磷需要量很大，但日粮中往往不能满足，所以钙、磷和其他矿物质呈负平衡状态。可补喂贝壳粉、蛎粉和石粉，但必须测其利用率，而不要单纯按其含量计算钙和磷。

三、泌乳中期的饲养管理

我国《高产乳牛饲养管理规范》（简称《规范》）中规定产后

101～200 天为泌乳中期。本期内乳牛食欲最好，干物质采食量达到最高峰，高峰之后下降很平稳；产奶量逐月下降；体重和体力也开始逐渐恢复。此期想使产奶量不下降是不可能的，我们只能发挥人的主观能动性，使其下降的速度缓慢、平稳些，这就得继续采取各种有效措施，如多样化、适口性强的全价日粮，注意运动，认真擦洗并按摩乳房。由于进入本期时，干物质采食量已达到高峰而下降幅度又大大小于产奶量的下降幅度，因此，要调整日粮结构，减少精料，尽量使乳牛采食较多的粗饲料。

四、泌乳后期的饲养管理

我国《规范》中所讲的泌乳后期一般指产后第 201 天到干奶前。本期内日粮除饲养标准满足其营养需要外，对于体况消瘦的母牛，还要增加营养，以使母牛尽快恢复已失去的体重，增强体力。使母牛逐渐达到上次产犊时体重和膘情的标准——中上等体况，即比泌乳盛期体重增加 10%～15%。但本期内必须防止体况过肥，以免难产及导致其他一些疾病的发生。

为什么要在泌乳后期恢复体况而不是像过去那样在干乳期恢复呢？这是因为研究表明，从饲料能量的转换效率及饲养的经济效果来看，泌乳牛在此期各器官仍处在较强的活动状态，对饲料代谢能转化成体组织的总效率比干乳期为高，故泌乳后期恢复体况比干乳期要经济、安全。

第四节 干乳期的饲养管理

一、干乳期的意义

（一）促使胎儿很好地生长发育

妊娠后期，特别是分娩前 2 个月左右是胎儿生长最迅速的阶段，因而也是需要营养最多的阶段，在产前给母牛 2 个月左右的干乳期，并加以合理的饲养管理，可保证胎儿很好地生长发育。

（二）干乳期是母牛的周期性休息时期

母牛在干乳期中乳腺细胞可以得到充分休息和整顿，为下一个泌乳期更好地、积极地进行分泌活动做好准备，因此一旦分娩，进入下次泌乳期时，乳腺细胞更富有活力、大量泌乳。否则，若使分泌上皮细胞持续进行分泌活动，不仅妨碍乳腺细胞的休息、整顿，使下次泌乳期产奶量大大下降，而且对以后几个胎次都会有很不利的影响。例如，据 Swanson(1965)用一卵双胎的母牛进行试验，与 60 天的干乳期相比，不干奶而持续挤奶的牛，其奶量的减少，在下一个泌乳期为 25%，第三个泌乳期为 40%。

二、干乳期的长短

由上述可见，没有干乳期是不行的，实际上干乳期太短也是不行的，而干乳期太长又会降低本胎次的产乳量，因而要正确确定干乳期的长短。

干乳期的长短依每头母牛的具体情况而定，一般是 45～75 天，平均为 60 天。凡是初胎母牛及早期配种的母牛、体弱的成年母牛、老年母牛、高产母牛（年产乳 6 000～7 000 kg 或以上者）以及牧场饲料条件恶劣的母牛，需要较长的干乳期（60～75 天），一般体质强壮、产乳量较低、营养状况较好的母牛，则干乳期可缩短为 45～60 天。

三、干乳方法

干乳的方法正确与否关系到母牛的健康和能否造成乳房炎或其他疾患。干乳的方法可分为逐渐干乳法和快速干乳法等两种主要方法。其基本原理是通过改变对泌乳活动有利的环境因素（主要是饲管活动）来抑制其分泌活动。

(一)逐渐干乳法

此法要求在10～20天内将奶干完,用于高产乳牛。其方法是:在预定干乳前的10～20天开始变更饲料,逐渐减少精料、青草、青贮料等促进泌乳的饲料,适当限制饮水,加强运动和放牧,停止按摩乳房,减少挤奶次数,改变挤奶时间(由3次减为1次),第3天,第6天、第10天挤奶1次,产奶下降到4～5 kg时,停止挤奶,这样就可使母牛逐渐干乳。

每次挤奶必须挤净。对高产牛则只喂品质差的干草(秸秆),当产乳量降到4～5 kg时,即停止挤奶。

(二)快速干乳法

此法要求在7天内将乳干完,一般多用于中、低产乳牛,基方法是:从干乳的第1天开始,适当减少精料,停喂青绿、多汁饲料,控制饮水,加强运动,减少挤奶次数和打乱挤奶时间,由3次改为1次,次日减少1次或隔天1次,由于母牛在生活规律上突然发生巨大变化,产乳量显著下降,一般经过5～7天,日产量下降到8～10 kg或以下时就停止挤奶。

以上两种方法相比较而言,逐渐干乳法因时间拖得过长,母牛长期处于贫乏的饲养条件下,影响了母牛健康和胎儿生长发育,因此,在实践中以快速干乳法应用较广。

另外,有一些学者提倡采用一次停奶法。即到达停奶之日,认真地擦洗并按摩乳房,将奶彻底挤净后就不再挤了。这种方法的原理是:充分利用乳房内高的压力来抑制分泌活动,完成停奶。据称与常规干乳法相比有如下优点:第一,可最大限度地发挥其产奶潜力。因为停奶前一切正常,没有改变对泌乳活动有利的环境因素(饲养管理),一般可多产奶50 kg左右。第二,不影响母牛健康和胎儿生长发育,而常规法使母牛在10天左右的时间内处于贫乏的饲养条件下,影响了母牛的健康和胎儿生长发育。一次停奶法可使胎儿初生重提高3 kg左右。第三,可使乳房炎的发病率降低约25%。

无论采用哪种干乳方法，在采取干奶措施之前，都要做好隐性乳房炎的检查，以减少疾患。隐性乳房炎的检查，可用专门的检出液，将4个乳区的奶分别挤少许于4个盛奶皿中，然后分别滴上2滴检出液，稍加摇动，若出现凝块则为阳性，否则为阴性。另外，据报道，黑龙江省闫家岗农场发明以试纸诊断隐性乳房炎，即用敏锐化学试纸，上有4个圆形黄色环，专供检查乳牛隐性乳房炎之用，检出率高。方法是：先弃掉开始1～2把奶之后，将4个乳区挤出的乳汁分别取1～2滴于4个黄色环上，立即观察色环变化来进行判定。经临床使用，效果很好。对诊断为阳性者要先治疗，待再检查转为阴性后再行干奶。治疗方法有抗生素法和激光穴位照射法，激光穴位照射治疗，其治愈率比抗生素法要高。对检查为阴性的乳牛，最后一次挤净后，要配合采用乳房炎的预防措施。因为在干乳期中仍然有可能患乳房炎，尤其是第1周，发病率可高达34%，第2周为24%，以后逐渐下降，产前发病率又增加，一般可采用药液灌注后浸泡或封闭乳头孔的做法。经乳头向乳池灌注抗生素油剂，每个乳头10 mL。乳头孔要用抗生素油膏封闭，或用5%碘酒浸泡乳头（每天1～2次，每次0.5～1 min，连续3天）。

在停止挤奶后2周内，要随时注意乳房情况。一般母牛因乳房贮积较多的乳汁而出现肿胀，这是正常现象，不要害怕，也不要抚摸乳房和挤奶，经过几天后就会自行吸收而使乳房萎缩。如果乳房肿胀不消而变硬、乳牛有不安的表现时，可把奶挤出，继续采取干乳措施使之干乳。如果发现乳房有炎症时，可继续挤奶，待炎症消失后再行干乳。

四、干乳期的饲养管理

母牛在干乳后7～10天，乳房内乳汁已被乳房所吸收，乳房已萎缩时，就可逐渐增加精料和多汁饲料，5～7天内达到妊娠干乳牛的饲养标准。

干乳期饲养管理的原则就是：在整个干乳期中，其饲养措施不能使母牛在此期过肥。

对体况仍不良的高产母牛，要进行较丰富的饲养，提高其营养水平，使它在产前具有中上等体况，即体重比泌乳盛期一般要提高10%～15%。母牛具有这样的体况，才能保证正常分娩和在下次泌乳期获得更高的产乳量，对于体况良好的干乳牛，一般只给予优质粗饲料即可。对营养不良的干乳母牛，除给予优质粗料外，还要饲喂几千克精饲料，以提高其营养水平，一般可按每天产10～15 kg乳所需的饲养标准进行饲喂，日给8～10 kg优质干草，15～20 kg多汁饲料（其中品质优良的青贮料约占一半以上）和3～4 kg混合精料。粗饲料及多汁料不宜喂得过多，以免压迫胎儿，引起早产。

对于干乳母牛，不仅应注意饲料的数量，尤其要注意饲料的质量，必须新鲜清洁，质地良好。冬季不可饮过冷的水（水温以15～16℃为宜）和饲喂冰冻的块根饲料以及腐败霉烂的饲料或掺有麦角、霉菌、毒草的饲料，以免引起流产、难产及胎衣滞留等疾患。

干乳母牛每天要有适当的运动，夏季可在良好的草场放牧，让其自由运动。但要与其他母牛分群放牧，以免相互挤撞，发生流产。冬季可视天气情况，每天赶出运动2～4 h，产前停止运动。干乳牛如缺少运动，则牛体容易过肥，引起分娩困难、便秘等，以至发生早产和分娩后产乳量的降低。

母牛在妊娠期中，皮肤呼吸旺盛，易生皮垢。因此，每天应加强刷拭，促进代谢。对于乳牛每天要进行乳房按摩，以利分娩后的泌乳。一般可以在干乳后10天左右开始按摩，每天一次，产前10天左右停止按摩。

第五节　围产期奶牛饲养管理

围产期乳牛是指分娩前后各 15 天以内的母牛。

根据乳牛阶段饲养理论和实践划分这一阶段对增进临产前母牛、胎儿、分娩后母牛以及新生犊牛的健康极为重要。实践证明，围产期母牛比泌乳中、后期母牛发病率均高。据统计，成母牛死亡有 70%～80%发生在这一时期。所以，这个阶段的饲养管理应以保健为中心。上海将乳牛产后 2～3 周称为产后康复期。围产期医学已发展成一门新兴学科，乳牛科学应加以借鉴。

一、临产前母牛的饲养管理

临产前母牛生殖器最易感染病菌。为减少病菌感染，母牛产前 7～14 天应转入产房。产房必须事先用 2%火碱水喷洒消毒，然后铺上清洁干燥的垫草，并建立常规的消毒制度。

临产母牛进产房前必须填写入产房通知单，并进行卫生处理，母牛后躯和外阴部用 2%～3%来苏儿溶液洗刷，然后用毛巾擦干。

产房工作人员进出产房要穿清洁的外衣，用消毒液洗手。产房入口处设消毒池，进行鞋底消毒。

产房昼夜应有人值班。发现母牛有临产征状表现腹痛、不安及频频起卧，即用 0.1% 高锰酸钾液擦洗生殖道外部。

产房要经常备有消毒药品、毛巾和接产用器具等。

临产前母牛饲养应采取以优质干草为主，逐渐增加精料的方法，对体弱临产牛可适当增加喂量，对过肥临产牛可适当减少喂量。临产前 2 周的母牛，可酌情多喂些精料，其喂量也应逐渐增加，最大量不宜超过母牛体重的 1%。这有助于母牛适应产后大量挤乳和采食的变化。但对产前乳房严重水肿的母牛，则不宜多喂精料。

临产前15天以内的母牛，除减喂食盐外，还应饲喂低钙日粮，其钙含量减至平时喂量的1/2～1/3，或钙在日粮干物质中的比例降至0.2%。

临产前2～3天，精料中可适当增加麸皮含量，以防止母牛发生便秘。

二、母牛分娩期护理

舒适的分娩环境和正确的接生技术对母牛护理和犊牛健康极为重要。母牛分娩必须保持安静，并尽量使其自然分娩。一般从阵痛开始需1～4 h，犊牛即可顺利产出。如发现异常，应请兽医助产。

母牛分娩应使其左侧躺卧，以免胎儿受瘤胃压迫产出困难，母牛分娩后应尽早驱使其站起。

母牛分娩后体力消耗很大，应使其安静休息，并饮喂温热麸皮盐水10～20 kg(麸皮500 g，食盐50 g)，以利母牛恢复体力和胎衣排出。

母牛分娩过程中，卫生状况与产后生殖道感染的发生关系极大。母牛分娩后必须把它的两肋、乳房、腹部、后躯和尾部等污脏部分用温水洗净，用净的干草全部擦干，并把沾污垫草和粪便清除出去，地面消毒后铺以厚的干垫草。

母牛产后，一般1～8 h内胎衣排出。排出后，要及时消除并用来苏儿清洗外阴部，以防感染。

为了使母牛恶露排净和产后子宫早日恢复，还应喂饮热益母草红糖水(益母草粉250 g，加水1 500 g，煎成水剂后，加红糖1 kg和水3 kg，饮时温度40～50℃)每天1次，连服2～3次。

犊牛产后一般30～60 min即可站起，并寻找乳头哺乳，所以这时母牛应开始挤奶。挤奶前挤乳员要用温水和肥皂洗手，另用一桶温水洗净乳房。用新挤出的初乳哺喂犊牛。

母牛产后头几次挤奶，不可挤的过净，一般挤出量为估计量的1/3。

母牛在分娩过程中是否发生难产、助产的情况，胎衣排出的时间、恶露排出情况以及分娩时母牛的体况等，均应详细进行记录。

三、母牛产后15天内的饲养管理

为减轻产后母牛乳腺机能的活动并照顾母牛产后消化机能较弱的特点，母牛产后2天内应以优质干草为主，同时补喂易消化精料，如玉米、麸皮，并适当增加钙在日粮中的水平(由产前占日粮干物质的0.2%增加到0.6%)和食盐的含量。对产后3～4天的乳牛，如母牛食欲良好、健康、粪便正常、乳房水肿消失，即可随其产乳量的增加，逐渐增加精料和青贮喂量。实践证明，每天精料增加量以0.5～1 kg为宜。

产后1周内的乳牛，不宜饮用冷水，以免引起胃肠炎，所以应坚持饮温水，水温37～38℃，1周后可降至常温。为了促进食欲，要尽量多饮水，但对乳房水肿严重的乳牛，饮水量应适当减少。

乳牛产后，产乳机能迅速增强，代谢旺盛，因此常发生代谢紊乱而患酮病和其他代谢疾病。这期间要严禁过早催乳，以免引起体况的迅速下降而导致代谢失调。对产后15天或更长一些时间内，饲养的重点应当以尽快促使母牛恢复健康为原则。

挤奶过程中，一定要遵守挤乳操作规程，保持乳房卫生，以免诱发细菌感染而患乳房炎。

母牛产后12～14天肌肉注射促性腺激素释放激素，可有效预防产后早期卵巢囊肿，并使子宫提早康复。

第六节　高温季节奶牛的饲养管理要点

乳牛(尤其是饲养数量最多的荷斯坦牛)较耐寒不耐热,所以,改善高温季节的饲养管理就成为提高全年产奶量的一条重要途径。

一、高温给乳牛带来的危害

高温季节,牛体散热困难,当受高温应激时,必将产生一系列的应激反应。如体温升高,呼吸加快,皮肤代谢发生障碍,食欲下降,采食量减少,营养呈负平衡。因此造成的后果便是:体重减轻,体况下降,产乳量及乳脂量同时下降,繁殖力下降,发病率增高,甚至死亡。例如,武汉地区 7～9 月份,乳牛由于高温(41.3℃),产奶量下降 58%以上,有时还会发生热射病死亡;重庆地区第三季度比第四季度产奶量下降 11.3%,母牛繁殖率下降 33.3%,7 月份受胎率仅为 24.7%。

二、高温季节降温防暑的主要措施

乳牛高温季节饲养管理的原则应以降温防暑为主,把高温的不良影响减少到最小限度。

(一)满足营养需要

据测定,每升高 1℃需要消耗 3%的维持能量,即在炎热季节消耗能量比冬季大(冬季每降低 1℃需增加 1.2%维持能量),所以高温季节要增加日粮营养浓度。饲料中含能量、粗蛋白质等营养物质要多一些,但也不能过高,还要保证一定的粗纤维含量(15%～17%),以保证正常的消化机能。如果平时喂精料 4 kg,夏季可增加到 4.4 kg;平时喂豆饼占混合料的 20%,夏天可增加到 25%。

(二)选择适口性好,营养价值高的饲料

如胡萝卜、苜蓿、优质干草、冬瓜、南瓜、西瓜皮、聚合草等。

(三)延长饲喂时间,增加饲喂次数

高温季节,中午舍内温度比舍外低,如北京舍外凉棚下为34.4℃,舍内28.5℃。为了使牛体免于受到太阳直射,12时上槽,这既可增加乳牛食欲,又能增加饲喂时间;饲喂次数如果由3次改为4次,在午夜再补饲一次,则会取得更好的增奶效果。

(四)喂稀料,既增加营养,又补充水分

为此将部分精料改为粥料是有益的。如北京地区所配制的粥料:精料1.5 kg,胡萝卜、干粕1.25～2.5 kg,水5～8 kg。

(五)减少湿度,增加排热降温措施

牛舍内相对湿度应控制在80%以下。相对湿度大,牛体散热受阻加大,加重热应激,所以牛舍必须保持干燥,且通风良好,早晚打开门窗,有条件时,可安装吊风扇,以加速水分排除,降低湿度。

(六)保持牛体和牛舍环境卫生

牛舍不干净,最容易污染牛体,这既影响牛体皮肤正常代谢,有碍牛体健康,又严重影响牛乳卫生。夏天经常刷拭牛体,有利于体热散失。夏天蚊蝇多,不仅干扰乳牛休息,还容易传染疾病,为此,可用1%～1.5%灭害灵药水喷洒牛舍及其环境。为了防止乳房炎、子宫炎、腐蹄病、食物中毒的发生,应采取下列措施:从5月开始用1%～3%的次氯酸钠溶液浸泡乳头;母牛产后15天,检查1次生殖器官,发现问题及时治疗;每月用清水洗刷1次牛蹄,并涂以10%～20%硫酸钠溶液;每天清洗1次饲槽。

第七节　挤奶技术

一、手工挤奶

1. 准备　挤乳人员在挤乳前应剪短指甲,以免损伤乳头及皮肤。乳房上过长的毛要剪掉。赶牛时要温和对待,不要鞭打脚踢;

牛站起来，即清理牛床后1/3处的垫草，将粪便刮于粪沟，以便于挤乳操作。同时要洗刷牛的后躯，避免牛体的碎草、粪土等物落入乳中。在准备好清洁的挤乳用具和穿好工作服、洗净双手之后，即可进行挤乳前的准备操作。第一步是擦洗乳房，这是促进乳牛排乳，减轻挤乳负担，获得清洁牛乳所必不可缺少的工作。洗乳房的用水，应该是清洁温水，温度以45～50℃为宜，洗的方法是：挤奶员站在牛的左侧，用带水毛巾先洗乳头孔及乳头，再洗乳房。然后站在牛的后侧，一手扶住牛的坐骨，一手擦洗牛的乳镜、乳房两侧及大腿之间。要洗得全面彻底，每次挤乳应洗2～3次，最后将毛巾拧干擦拭乳房的每一部位。接着，将牛尾拴在牛的后腿上，立即进行预备按摩乳房操作。

在挤乳前进行预备按摩乳房的操作是非常必要的，因为通过轻度按摩，可以刺激乳房排乳，创造方便的挤乳条件。操作方法是：用双手按摩乳房表面，以后轻按乳房各部，这时乳房膨胀，皮肤表面血管怒张，呈淡红色，皮温升高，触之很硬，这是乳房内开始放乳的象征，应立即挤乳，不要耽误。

挤出的第一、第二把奶应收集在专用器具内，不可挤入奶桶内，也不宜随便挤在牛床上，因为最初挤出的奶中含有大量细菌，能污染垫草而传播疾病。

2. 挤乳方法　挤乳时，挤奶员要坐在板凳上，位于牛的左侧后1/3～1/2处，与牛体纵轴呈50°～60°的夹角，将奶桶夹于两大腿之间，如果不坐板凳而是蹲着挤奶，则会因重心不稳，挤奶员会失去对牛的防卫能力，而完全处于被动状态。手工挤奶应采用拳握法，拇指和食指先压紧乳头基部，以免奶回流进乳池，然后用其余三指来挤压乳头，把奶挤出来。此法优点是乳牛不会感到痛苦，自始至终都能保持手和乳头的干燥，牛乳比较卫生，挤乳速度快，省劲而方便。拳握法应使握拳的下端与乳头的游离端齐平，以免乳汁溅到手上或桶外，造成污染或浪费乳汁。握力一般为15～20 kg，尽量做到用力均匀、一致。挤奶频率应与排乳反射的强度一致，每分钟 80～120 次，原则是母牛大量排乳时，就必须提高挤乳速度。一般在开始挤奶的头 1 min 内速度为 80～90 次/min，以后大量排乳时，速度为 100～120 次/min，后期排乳较少，速度又可降为 80～90 次/min。挤奶技术与产奶量有很大关系，例如，济南市乳品公司(现为济南佳宝)举行的一次挤奶技术比赛，利用同一头母牛连续 4 个早晨分别由四个参赛的工人进行当天第 1 次挤奶，比赛结果见表 12-3。

表 12-3　挤奶技术与产奶量的关系

挤奶员号	日期(日/月)	平均挤乳速度(次/min)	每分钟挤奶量(kg)	总挤奶量(kg)	总挤奶时间
1	9/10	145	1.375	13.50	9′49″
2	10/10	124	1.625	14.15	8′46″
3	11/10	92	2.215	16.375	7′47″
4	12/10	157	1.300	13.46	10′21″

由此说明，奶的产量并不在于挤奶时手的活动频率，关键在于单位时间所能挤出的奶量。手工挤奶的另一种方法是指挤法或称为滑下法，即以拇指和食指捏住乳头基部向下滑动，将奶挤出。此法初学者很易学会，但对乳牛危害极大，它能引起乳头皮肤破裂，乳头变长，乳头腔弯曲等严重变形。此外，此法需用润滑剂来减轻手指与乳头皮肤的摩擦，乳汁当然是取之最方便的润滑剂，这样就增加了牛乳污染的机会。因此，除乳头特别短小者外，此法应禁止采用。

当大部分乳已挤完后，应再次按摩乳房。采取半侧乳房按摩法，即先后按摩右侧和左侧的乳区。动作是两手由上而下，由外向里按压一侧两乳区，用力稍重，如此反复 6～7 次，使乳房内乳汁流向乳池，然后重复榨取各个乳区。到挤乳快结束时，进行第 3 次按摩乳房。这次必须用力充分按摩，尤其对新产牛更要做好，方法是用两手逐一分别按摩四个乳区，直到完全挤净，点滴不留为止。挤毕可在乳头上涂以油脂，防止龟裂或用消毒药水浸泡乳头。每次按摩时，要把挤乳桶放在一边，以免按摩时毛发、皮垢等落入桶内污染牛乳。

3. 注意事项

(1)擦洗、按摩乳房及挤奶动作都要迅速，全过程要在 10 min 内完成，时间太长，将降低产乳量。因为乳的分泌与乳牛的神经系统与内分泌有密切的关系，对乳房的擦洗、按摩、挤压，对乳房就产生了一种刺激，通过神经系统作用于乳房的收缩组织，同时也通过神经—内分泌反射引起肌上皮和平滑肌细胞的收缩，使乳由乳房排出。这种反射和收缩作用时间是很短的，只能维持几分钟，所以从擦洗乳房到挤乳结束一定要连贯进行，中途不可停顿，要求在数分钟内挤完。如果时间拖得过长，反射性活动已过，乳便返回乳房而很难挤出，这样就必然降低产乳量。试验证明，缓慢的挤乳可以降低乳量 12%左右。

(2)挤乳时精力要集中，禁止喧哗、嘈杂和特殊音响等，勿让陌生人站在母牛附近。以防乳牛受惊，影响乳量。

(3)严格执行作息时间，并以一定次序进行作业，不可任意打乱或改变。因改变时间和顺序，会引起乳牛的不安，这不仅会造成挤乳困难，而且还会降低产乳量。

(4)遇有踢人恶癖的母牛，首先态度要温和，严禁拳打脚踢。挤乳时注意牛的左后腿，如发觉牛要抬左后腿时，可迅速用右手挡住。不得已时，才用绳将两后腿拴起，然后进行挤乳。

(5)患乳房炎的牛应在最后挤乳，均匀与好乳混合。一切与牛乳接触的用具，在使用前后，均应洗净晾干，保持清洁。

二、机械挤奶

机械挤奶有3种类型:管道式、挤乳台和桶式挤奶系统。现介绍桶式挤奶系统。

桶式挤奶系统分有提桶式、悬吊式或挤乳车等多种。

在拴系式饲养条件下,适宜采用。利用固有的牛床床位,比建造挤乳台较为经济。

挤乳桶:用不锈钢材(或铝合金)制成,整套装置与一个简单真空泵相接通。有20 L和27 L等多种容量,使用方便,容易清洗。一名挤乳工同时操作2~3个挤乳桶,1 h可挤15~20头乳牛。

悬吊式挤乳桶:使用悬吊式挤乳桶需要接触一个真空泵和一条真空导管.此类挤乳桶无需挤乳杯簇装置,牛乳通过透明桶盖上的吸乳头直接流入悬吊整体。这种挤乳桶最大特点是乳牛不会触碰挤乳装置或打乱整个挤乳过程。悬吊式挤乳桶容量是20 L。一名挤乳工同时使用2~3个桶,每小时可挤15~20头乳牛。

挤乳车:挤乳车是最小的挤乳装置,不需要任何安装工作。挤乳车简单、方便、经济、可随时使用。1 h挤10~15头乳牛。挤乳车特别适合于小型牛场和奶牛专业户。

不论采取哪种挤乳设施,挤乳必须定时,固定专人,每次挤乳应使乳牛感到舒适。

挤乳程序:挤乳通常分以下几个步骤。

1. 挤乳设备的消毒　挤乳前,应对挤乳过程中所需要的全部设备进行彻底清洗消毒,有时还应对某些挤乳设备进行检查和调整。

2. 母牛挤乳前的准备　如前所述,挤乳前应先用温水清洗乳房和乳头,并用毛巾擦摩。然后,将每个乳区的第一把乳挤到带有黑色背景的容器中,以检查有无乳房炎发生。

在一般情况下,当刺激(4~5 s)之后,乳房开始发胀,偶尔乳头有乳漏出，这表示母牛已经排乳。

3. 挤乳　通常在擦洗或按摩 1 min(不宜超过 1.5 min)后，必须套上挤乳杯开始挤乳。由于大多数母牛排乳时间为 4～7 min，所以挤乳最好在 4～7 min 内完成。但也要依乳牛的产乳量及其他具体情况而定。

无论采用何种方式挤乳，一定要挤干净。挤乳工人通常习惯于用一只手压低挤乳杯，并用另一只手向下按摩，这个过程一般不应超过 20 s。

4. 卸下乳杯　挤乳不全或挤乳过度都必须避免。

各地实践证明，乳房机械损伤的最大原因是没有及时卸下乳杯。因为挤乳不完全，往往是一个或几个乳区挤乳有困难而造成的。所以，乳房一挤空，必须立即将乳杯卸下，并用消毒液浸泡乳头。

乳杯从母牛乳房卸下后，必须立即进行清洗。先将乳杯浸入清洁的冷水中，以除去内部缝隙中的牛乳，尔后放入消毒液中，消毒液每消毒 5～7 头牛后必须更换一次。

5. 清洗挤乳设备　最后一头牛挤完之后，全部挤乳设备必须彻底清洗并放好，以备下次使用。

挤乳桶和盛乳桶的清洗消毒，通常先用凉水洗刷，再用热碱水洗刷，继之用清水清洗两次，随后用蒸汽灭菌 3～5 min。清洗消毒后的挤(盛)乳桶应倒置存放于柜内或工作木架上。

此外，在挤乳过程中，应注意先挤健康的乳牛，最后再挤患乳房炎或者患其他疾病的乳牛，并将患病牛的牛乳与正常牛乳分开。

第八节　奶牛膘情的定性管理

繁殖母牛和泌乳母牛的体膘与繁殖和生产能力有着密切的关系，母牛只需保持一定的膘情就可以多产奶和正常的繁殖犊牛。把母牛保持在较好膘情下，需要的维持需要比另一头保持在较低膘情下的维持需要高。并且发现，膘情太好的母牛，在受胎率上，往往不如膘情中下等的母牛，肉用母牛也是这样。

一、母牛的体膘指数

体膘指数评定的主要部位在腰部前后到尾根，用手触摸时，大拇指按在短肋的端部，食指在自然伸展的情况下按在短肋的背侧。母牛的体膘指数分 5 级，每级的情况，以坐骨端、腰角、短肋（即腰椎横突）、大肋弓（即第 13 肋骨）及尾根部位的膘大或膘小的程度而定。

1 分体膘：短肋、腰角、坐骨端明显突出，肌肉下榻，各短肋端可见，触摸时肋骨头有锋利感。第 12 和第 13 肋间凹陷极明显，大肋弓突出，在坐骨端与尾根间严重地塌成深窝，从背腰到尾根很少有肉感，严重的皮包骨形态。

1.5 分体膘：短肋、腰角、坐骨端及肋弓可见。触摸短肋时可感到尖突，短肋间凹陷依然在目。第 12 和第 13 肋骨弓依次可见，但骨间窝较浅。坐骨端与尾根间的空窝不很深。后腿肌肉依然瘦薄。

2 分体膘：各短肋骨端已难见到。短肋间空缺不很明显，触摸短肋时很容易摸到并且骨突感明显。第 12 和第 13 肋骨弓间尚可见凹陷，但不明显。坐骨端与尾根间的空窝尚可见。推动皮肤有移动感。

2.5 分体膘：第 12 和第 13 肋的大肋弓隐约可见，短肋在触摸下骨突呈钝圆状，后腿肌肉平直。

3 分体膘：第 12 和第 13 肋弓在卷卧或回首时可见，正位站立时不易看见。背、腰、尻部的骨突不明显，具平整感，短肋在触摸时稍加力后可觉察骨突和骨缘，呈圆弧感。短肋间无空感。触压时可以摸到不多的软组织。尾骨与体躯结合平滑，但肌肉脂肪不多。后腿肌肉有圆弧感。

3.5 分体膘：胸肋、腰肋到腰角，呈平整状，有海绵状覆盖。短肋被覆盖，触摸时尚可感到骨突，大腿部充实。

4 分体膘：胸肋、背、腰、腰角部整片平坦，充实，只有在用力压摸时可感到骨缘或骨突。臀部在腰角和坐骨端之间平整。在尾根、坐骨端和腰角都多肉感。大腿部充实多肉。

4.5 分体膘：牛躯体圆筒状。触摸骨突部，可感到有浮游状物覆盖在上。

5 分体膘：牛整个背腰呈圆筒状，坐骨端和腰角都几乎不见。尾根和坐骨端间全区充实，尾根被包埋在脂肪中，触摸时很难感受骨架结构。见表 12-4。

表 12-4 奶牛膘情指数(等级)评定

等级	观察触摸
1	背部脊骨突出，脊椎可见。胸部肋骨清晰可见。脊椎横突尖锐，触摸感觉不到脂肪层。腰角和坐骨结节突出，触摸尖锐。腰角和坐骨结节之间、尾根两侧深陷。腰椎横突形成明显的“搁板”
2	大拇指触摸可明显感觉到脊椎横突的圆形末端，有薄薄的一层脂肪层。可见胸部肋骨，但不如“1 级”明显。可看见“搁板”，也不如“1 级”明显。从奶牛后面看，脊柱显著高于背线，脊椎间距不明显。腰角与坐骨结节之间、尾根两侧仍可见下弦，但不如“1 级”明显
3	只有大拇指用力摸才能感觉到每个腰椎横突，“搁板”不易辨认，从奶牛后面看，脊椎的突起程度不如“2 级”。可见腰角和坐骨结节，但呈圆形。尾根两侧无凹陷
4	用力触摸也感觉不到腰椎横突。从后面看不出脊背突起。腰角浑圆，从后面看，两腰角间平直。从腰角至尾根区域，可感觉到很厚的脂肪层
5	奶牛后背、两侧和后躯脂肪很厚。感觉不到腰椎横突。看不见肋骨和腰角

二、繁殖母牛最佳受胎膘情

母牛产犊后 2～3 个月是要发情配种的，当体膘指数在 2～3 之间时母牛最易受胎，育成母牛在 2 分是适宜的，成年母牛不要超过 3 分。

三、乳母牛稳产高产的膘情

见表 12-5。

表 12-5　奶牛各阶段适宜的膘情指数

泌乳阶段	适宜的膘情指数
产犊后到 30 天	自 3.5 分下降到 2.5 分以上
泌乳 31～60 天	从 2.5 分以上，下降到 2.0 分
泌乳 61～120 天	2.0 分上升到 3.0 分
泌乳 121～210 天	维持 3.0 分
泌乳 211～300 天	上升到 3.5 分，并维持在 3.5 分
干乳期	3.5 分或稍高

复习思考题

1. 为什么说越是高产奶牛越难养？
2. 如何搭配奶牛的精、粗饲料？
3. 说明奶牛的供水原则。
4. 在泌乳期中，乳牛的泌乳量、体重及干物质采食量是怎样变化的？
5. 阐明奶牛泌乳期各阶段的饲养管理要点。
6. 为什么要在泌乳后期恢复奶牛的体况？
7. 奶牛干乳期的意义是什么？
8. 如何进行奶牛干乳期的饲养管理？
9. 奶牛围产期的饲养管理要点有哪些？

10. 奶牛高温季节的饲养管理要点有哪些?

11. 挤奶时应注意哪些问题?

12. 说明奶牛各阶段适宜的膘情指数及奶牛膘情指数(等级)评定方法。

第十三章　奶牛场的建设

重点提示：本章重点学习奶牛场场址的选择原则、牛场布局的确定原则、拴系式牛舍和散放式牛舍的建筑要求。

第一节　场址的选择

奶牛场是影响奶牛生长发育和生产性能最主要、最直接的环境因素之一，因此，搞好奶牛场的建设，是提高奶牛业生产和经济效益的非常重要的措施。而要搞好奶牛场的建设，首先就要选好场址。

奶牛场场址的选择，要用长远发展的眼光周密考虑，通盘安排。

一、选址原则

1. 符合牛的生物学特性、有利于保持牛体健康。
2. 有利于奶牛生产潜力的充分发挥。
3. 有利于充分利用当地自然资源。
4. 有利于环境保护。

二、选址要求

建场必须符合当地土地利用发展规划和村镇建设发展规划要求。

1. 位置选择　奶牛场是生产单位，在生产过程中产生的废弃物会对环境造成污染。在选择奶牛场的位置时必须考虑到尽可能减少奶牛场对人类和其他动物造成的污染，避免人畜共患病的交叉传播。为此，奶牛场应选择在居民点的下风向，海拔高度不得高于居民点，径流的下方，距离居民点和其他养殖场不少于1 000 m，距离畜产品加工厂不少于1 000 m。为避免奶牛场与居民点、其他养殖场及畜产品加工厂之间的相互干扰，建立树林隔离区是非常有利的。

交通方便是奶牛场与外界进行物资交流的必要条件，但在距离公路、铁路过近时，交通工具所产生的噪声会影响牛的休息与消化，人流、物流也易传播疾病，所以牛场应距离交通干线不少于200 m，一般交通线100 m，以便防疫。

2. 地形、地势的选择　牛场应建设在地势高燥、背风、阳光充足的地方，这样的地形、地势可防潮湿，有利于排水，有利于奶牛的生长发育和生产，也有利于防止疾病的发生。地下水位应在2 m以下，这样的地势，可以避免雨季洪水的威胁，减轻地面毛细现象造成的地面潮湿。在丘陵山地建场应选择向阳坡，坡度不超过20°，总坡度应与水流方向相同，避开悬崖、山顶、雷击区等地。

3. 土壤的选择　土壤分为沙土、黏土和沙壤土。沙土的特性是透气吸湿性差，透水能力强，易导热，热容量小，毛细管作用弱，故易保持干燥，不利于细菌繁殖，但昼夜温差大，不利于牛体温的调节。

黏土的特性是透气吸湿性好，吸水能力强，不易导热，热容量大，毛细管作用明显，此类土壤的牛舍和运动场内潮湿、泥泞，不利于牛体健康，但昼夜温差小，有利于牛体温的调节。

沙壤土的特性介于沙土和黏土之间，透气透水性强、毛细管作用弱、吸湿性小、导热性小，使牛场较干燥、地温较恒定，是奶牛场较理想的土壤。奶牛场的沙壤土也必须符合国家规定的土壤环境质量标准。

4. 水源的选择　养牛场要求水源充足，取用方便，每100头存栏牛每天需水约30 t，水质应符合国家规定的动物饮用水水质标准的规定。此外，在选择时，要调查当地是否因水质不良而出现过某些地方疾病等；便于防护，以保证水源水质处于良好状态，不受周围的污染；取用方便，设备投资少。

5. 资源条件选择　粗饲料资源丰富，奶牛场半径5 km内的粗饲料资源及原有草食动物的存养量决定奶牛场的规模。电力要充足可靠，必须符合国家工业与民用供电系统设计规范标准的要求。

6. 其他条件的选择　水保护区、旅游区、自然保护区、环境污染严重区、动物疫病常发区和山谷洼地等洪涝威胁地段，不得建场。

第二节　奶牛场规划与布局

奶牛场规划原则要求建筑紧凑，在节约土地、满足当前生产需要的同时，综合考虑将来扩建和改造的可能性。规划面积按每头牛60～80 m^2 计算。

规模奶牛场应具备消毒室、消毒池、兽医室、成年奶牛舍、产房、犊牛舍、育成牛舍、观察牛舍、隔离牛舍、饲料间、青贮池、氨化池、贮粪场、粪污处理设施、装牛台、车库、办公室、宿舍等设施。这些设施依据其功能分区进行布局，全场共形成3个功能区：生活管理区、生产区与隔离区。根据全年的主风向和地形地势将管理区和生活区放在上风向及地势较高处，粪污处理场和病畜舍则放在最下风向和地势最低处，生产区位于中间。牛舍建筑其长轴方向为东西向，牛舍朝向南或南偏东15°以内。

各功能区界限分明，联系方便。功能区间距不少于50 m，并有防疫隔离带或墙。

生活管理区设在场区常年主导风向上风向及地势较高处，主要包括生活设施、办公设施、与外界接触密切的生产辅助设施，设主大门。

生产区设在场区中间，主要包括牛舍与有关生产辅助设施。

隔离区设在场区下风向或侧风向及地势较低处，主要包括兽医室、隔离牛舍、贮粪场、装卸牛台和污水池。兽医室、隔离牛舍应设在距最近牛舍100 m以外的地方，设有后门。

饲料库和饲料加工车间设在生产区、生活区之间，应方便车辆运输。草场设置在生产区的侧向。草场内建有青贮窖池、草垛等，有专用通道通向场外，草垛距房舍50 m以上。牛舍一侧设饲料调制间和更衣室。

与外界应有专用道路相连通。场内道路分净道和污道，两者严格分开，不得交叉、混用。净道路面宽度不小于3.5 m，转弯半径不小于8 m。道路上空净高4 m内没有障碍物。

奶牛场一般采用分阶段饲养工艺。其设施要求应满足奶牛生产的技术要求；经济实用，便于清洗消毒，安全卫生；优先选用性能可靠的配套定型产品。主要包括精、粗饲料加工、运输、供水、排水、粪尿处理、环保、消防、消毒等设施。

第三节　奶牛舍建筑

一、拴系式牛舍

拴系式牛舍，亦称常规牛舍。母牛的饲喂、挤奶、休息均在牛舍内。其优点是挤奶或饲养员可全天对乳牛进行看护，做到个别饲养，分别对待；母牛如有发情或不正常现象能及时发现；采用这种方式，有可能充分发挥每头乳牛的生产潜力，夺取高产。但这种方式使用劳力多，占用的时间多，劳动强度大，牛舍造价较高；母牛的角和乳房易损伤，因为母牛在此种方式下不能“自我护养”。

1. 建筑形式 常见的有钟楼式、半钟楼式和双坡式 3 种。

钟楼式：通风良好，但构造比较复杂，耗建筑材料多，造价高，不便于管理。

半钟楼式：通风较好，但夏天牛舍北侧较热，其构造也较复杂。

双坡式：这种形式的屋顶可适用于较大跨度的牛舍，为增强通风换气可加大舍内窗户面积。冬季关闭门窗有利保温，牛舍建筑易施工，造价低。近几年，采用这种形式较为普遍。

2. 排列方式 牛舍内部的排列方式，视牛头数的多少而定，分为单列式和双列式。一般饲养头数较多的牛场多采用双列式，对于饲养头数较少牛场(如农村奶牛场)，则多采用单列式。

在双列式中，又可分为双列对尾式和双列对头式两种，以对尾式应用较为广泛。因牛头向窗，有利日光和空气的调节，传染病的机会较少，挤奶及清理工作也较便利；同时还可避免墙被排泄物所腐蚀。但分发饲料稍感不便。对头式的优缺点与对尾式相反。

3. 牛舍布局 牛舍内布局应合理，且便于人工操作(包括机械操作)。

(1)牛床。牛床是乳牛采食、挤乳和休息的场所，牛床应具有保温、不吸水、坚固耐用、易于清洁消毒等特点。牛床的长度、宽度取决于牛体大小，并应利于挤奶。

牛床一般采用如下尺寸：

泌乳牛(170～190 cm)×(120～140 cm)；

初孕和育成牛(170～180 cm)×(110 cm)；

犊牛 120 cm×80 cm。

牛床的坡度一般为1%～1.5%，以利向粪尿沟排水。坡度不宜过大，否则容易发生子宫脱或胯脱。牛床不宜过短或过长，过短时乳牛起卧受限容易引起乳房损伤、发生乳房炎或腰肢受损等；牛床过长则粪便容易污染牛床和牛体。水泥牛床后半部可用手指粗的木条，把水泥面压成10～15 cm大斜方块，可防止牛只滑倒。

(2)隔栏。为了防止牛只互相侵占床位和便于挤奶及其他管理工作，在牛床上设有隔栏，通常用变曲的钢管制成。隔栏前端与拴牛架连在一起，后端固定在牛床的2/3处，栏杆高80 cm，由前向后倾斜。

(3)饲槽　饲槽位于牛床前，通常为统槽。饲槽长度与牛床总宽度相等，饲槽底平面高于牛床。饲槽必须坚固、光滑、便于洗刷；槽面不渗水、耐磨、耐酸。饲槽一般采用如下尺寸(表13-1)。

表13-1　乳牛饲槽尺寸　　cm

牛　别	槽上部内宽	槽底部内宽	前沿高	后沿高
泌乳牛	55～60	35～40	35～40	60～65
初孕和育成牛	45～50	30～35	30～35	50～55
犊　牛	30～35	25～30	15～20	30～35

饲槽前沿设有牛栏杆，饲槽端部装置给水导管及水阀，饲槽两端设有窗栅的排水器，以防草、渣类堵塞阴井。近来，也有些乳牛场，饲槽采用地面饲槽，地面饲槽低于饲喂通道。

(4)饲喂通道。饲喂通道位于饲槽前，是饲喂饲料的通道。通道宽度应便于2人操作(包括机械)，其宽度为1.2～1.5 m，坡度为1%。

(5)拴系形式。拴系形式有硬式和软式两种，硬式多采用钢管制成；软式多用铁链。铁链拴牛通常采用固定式、直链式和横链式。一般采用直链式，因直链式简单实用，坚固造价低。直链式尺寸为：

直杆铁链(长链)上,短链能沿长链上下滑动。采用这种拴系方法,可使牛颈上下左右转动,采食、休息都很方便。

(6)粪尿沟。牛床与清粪通道之间,应设粪尿沟,粪尿沟通常为明沟,沟宽为 30～40 cm,沟深为 5～10 cm,沟底向流出处略倾斜,坡度为 0.6%。粪尿沟也可采用半漏缝地板。现代化乳牛场多安装链刮板式自动清粪装置,链刮板在牛舍往返运动,可将牛粪直接送出牛舍,并撒入贮粪池中或堆肥,尔后送到田地。

(7)清粪通道。清粪通道与粪尿沟相连,在双列式牛舍中,即为中央通道,它是乳牛出入和进行挤乳作业的通道。为便于操作,清粪通道宽度为 1.6～2.0 m,路面最好有大于1%的拱度,标高一般低于牛床,地面应抹制粗糙。

(8)门窗。为便于牛群安全出入,各龄乳牛舍门的尺寸应是:

	门　宽	门　高
泌乳牛	1.8～2.0 m	2.0～2.2 m
犊牛	1.4～1.6 m	2.0～2.2 m

牛舍窗口大小一般为占地面积的 8%,窗口有效采光面积与牛舍占地面积相比,泌乳牛 1∶12,青年牛则为 1∶(10～14)。

4. 建舍要求　根据奶牛的特点,建筑牛舍时首先要考虑到防暑降温和减少潮湿,为此,建筑牛舍要求:

(1)提高牛舍屋盖,增加墙体厚度。屋檐距地面高度应为320～360 cm;墙体厚度要在 37 cm 以上,或在墙体中心增设一绝热层(如玻璃纤维层等),可有效地防止和削弱高温和太阳辐射对牛舍的气温影响,起到隔热和保暖作用,除在墙体上开窗口外,还要在屋顶设天窗,以加强通风,起到降温作用。

(2)注意通风设施的设计和安装。

(3)牛舍内应设排水设施以及污水排放设施。

5. 附属设施　附属设施主要包括运动场、围栏、凉棚、消毒池及粪尿池等。

(1)运动场　运动场是乳牛自由运动和休息的地方,成年母牛以每头 20～25 m^2 为宜。一般多设在牛舍南侧,要求场地干燥、平坦,并有一定坡度,场外设有排水沟。牛舍及运动场的周围要植树、种草绿化,以削弱太阳辐射对牛舍的气温影响。

围栏,设在运动场周围,围栏包括横栏与栏柱,围栏必须坚固,横栏高 1～1.2 m,栏柱间距 1.5 m。围栏门多采用钢管横鞘,即小管套大管,作横向推拉开关。也有的奶牛场是设置电围栏。可用钢管或水泥柱为栏柱,用废旧钢管将其串联起来即可。运动场内还应设饲槽、饮水池。饲槽、饮水池周围应铺设 2～3 m 宽的水泥地面,并且向外要有一定坡度。运动场还应设凉棚,凉棚为南向,棚盖应有较好的隔热能力。

(2)消毒池　乳牛饲养区进口处应设消毒池,消毒池结构应坚固,以使其能承载通行车辆的重量。消毒池还必须不透水、耐酸碱。池子的尺寸应以车轮间距确定,长度以车轮的周长而定。常用消毒池的尺寸一般是:长 3.8 m,宽 3 m,深 0.1 m。

消毒池如仅供人和自行车通行,可采用药液湿润,踏脚垫放入池内进行消毒,其尺寸为长 2.8 m,宽 1.4 m,深 5 cm。池底要有一定坡度,池内设排水孔。

(3)粪尿池　牛舍和粪尿池之间要保持有 200～300 m 的距离。粪尿池的容积应由饲养乳牛的头数和贮粪周期确定。

二、散放式牛舍

散放式牛舍是将传统的集中乳牛采食、休息和挤乳于牛舍内同一床位的饲养方式改变为分别建立采食区、休息区和挤乳区,以适应乳牛生活、生态和生产所需的不同环境条件。

在总体布局上,散栏式牛场以乳牛为中心,通过对饲草、饲料、牛乳和粪便处理 4 个方面的活动进行分工,逐步形成 4 条专业生产线,即精料生产线、粗饲料生产线、牛乳生产线和粪便处理线。另外，建立公用的兽医室、人工授精室、产房等建筑和供水、供电、供热、供水、排污及道路等服务系统。

散放式比拴系式较为复杂，但具有广阔的发展前景，在北美和西欧已推行近 40 年。我国目前还不普遍，少数地区刚刚兴起。

三、旧房改造

将现有房屋改为牛舍，可大大降低建设费用。现有房屋一般为鸡舍、厂房和农村旧房。

鸡舍、厂房跨度在 9 m 以上时，可采用双列式、尾对尾、头朝窗，否则采用单列式。后墙上的窗户要改到同前窗一样大，舍内布局同前述一样。

农村旧房跨度小，一般 4 m 左右，即使采用头朝窗的单列式，其跨度也小，因饲喂通道、饲槽和牛床就需 3.6～4.0 m，这就无法设置清粪通道，故此类房屋可采用纵向双列对尾排列，即头朝东和西，尾对着尾，南北墙要加 1.2 m 高的水泥裙。舍内布局同前述，只是由横向排列改为纵向排列，另外，后墙上的窗户也需加大到同前窗。

复习思考题

1. 为什么要重视奶牛场的建设？
2. 在奶牛场场址的选择上要注意哪些问题？
3. 如何合理布局奶牛场？
4. 简述拴系式牛舍和散放式牛舍的建筑要求。

附录 奶牛营养需要与饲养标准（摘编）

一、各种牛的能量需要表

各种牛的能量需要见附表1至附表8。

附表1 成年母牛维持的营养需要

体重 (kg)	日粮干物质 (kg)	奶牛能量单位 (NND/kg)	可消化粗蛋白 (g)	小肠可消化粗蛋白(g)	钙 (g)	磷 (g)	胡萝卜素 (mg)	维生素A (IU)
350	5.02	9.17	243	202	21	16	37	15 000
400	5.55	10.13	268	224	24	18	42	17 000
450	6.06	11.07	293	244	27	20	48	19 000
500	6.56	11.97	317	264	30	22	53	21 000
550	7.04	12.88	341	284	33	25	58	23 000
600	7.52	13.73	364	303	36	27	64	26 000
650	7.98	14.59	386	322	39	30	69	28 000
700	8.44	15.43	408	340	42	32	74	30 000
750	8.89	16.24	430	358	45	34	79	32 000

注：①对第一泌乳期的维持需要按上表基础增加20%，第二个泌乳期增加10%。

②如第一个泌乳期的年龄和体重过小，应按生长牛的需要计算实际增重的营养需要。

③放牧运动时，须在上表基础上增加能量需要量，按正文中的说明计算。

④在环境温度低的情况下，维持能量消耗增加，须在上表基础上增加能量需要量，按正文中的说明计算。

⑤泌乳期间，每增重1 kg体重需增加8个NND和325 g可消化粗蛋白；每减重1 kg体重需扣除6.56个NND和250 g可消化粗蛋白。

附表 2　每产 1 kg 奶的营养需要

乳脂率 (%)	日粮干物质 (kg)	奶牛能量单位 (NND/kg)	产奶净能 (MJ)	可消化粗蛋白 (g)	小肠可消化粗蛋白 (g)	钙 (g)	磷 (g)
2.5	0.31～0.35	0.80	2.51	49	42	3.6	2.4
3.0	0.34～0.38	0.87	2.72	51	44	3.9	2.6
3.5	0.37～0.41	0.93	2.93	53	46	4.2	2.8
4.0	0.40～0.45	1.00	3.14	55	47	4.5	3.0
4.5	0.43～0.49	1.06	3.35	57	49	4.8	3.2
5.0	0.46～0.52	1.13	3.52	59	51	5.1	3.4
5.5	0.49～0.55	1.19	3.72	61	53	5.4	3.6

注：乳蛋白率＝2.36%＋0.24×乳脂率(%)。

附表 3　母牛妊娠最后 4 个月的营养需要

体重 (kg)	怀孕月份	日粮干物质 (kg)	奶牛能量单位 (NND/kg)	产奶净能 (MJ)	可消化粗蛋白 (g)	小肠可消化粗蛋白(g)	钙 (g)	磷 (g)	胡萝卜素 (mg)	维生素A (kIU)
350	6	5.78	10.51	32.97	293	245	27	18	67	27
	7	6.58	11.44	35.90	327	275	31	20		
	8	7.23	13.17	41.34	375	317	37	22		
	9	8.70	15.84	49.54	437	370	45	25		
400	6	6.30	11.47	35.99	318	267	30	20	76	30
	7	6.81	12.40	38.92	352	297	34	22		
	8	7.76	14.13	44.36	400	339	40	24		
	9	9.22	16.80	52.72	462	392	48	27		
450	6	6.81	12.40	38.92	343	287	33	22	86	34
	7	7.32	13.33	41.84	377	317	37	24		
	8	8.27	15.07	47.28	425	359	43	26		
	9	9.73	17.73	55.65	487	412	51	29		

续附表 3

体重 (kg)	怀孕月份	日粮干物质 (kg)	奶牛能量单位 (NND/kg)	产奶净能 (MJ)	可消化粗蛋白 (g)	小肠可消化粗蛋白(g)	钙 (g)	磷 (g)	胡萝卜素 (mg)	维生素A (kIU)
500	6	7.31	13.32	41.80	367	307	36	25	95	38
	7	7.82	14.25	44.73	401	337	40	27		
	8	8.78	15.99	50.17	449	379	46	29		
	9	10.24	18.65	58.54	511	432	54	32		
550	6	7.80	14.20	44.56	391	327	39	27	105	42
	7	8.31	15.13	47.49	425	357	43	29		
	8	9.26	16.87	52.93	473	399	49	31		
	9	10.72	19.53	61.30	555	452	57	34		
600	6	8.27	15.07	47.28	414	346	42	29	114	46
	7	8.78	16.00	50.21	448	376	46	31		
	8	9.73	17.73	55.65	496	418	52	33		
	9	11.20	20.40	64.02	558	473	60	36		
650	6	8.74	15.92	49.96	436	365	45	31	124	50
	7	9.25	16.85	52.89	470	395	49	33		
	8	10.21	18.59	58.33	518	437	55	35		
	9	11.67	21.25	66.70	580	490	63	38		
700	6	9.22	16.76	52.60	458	383	48	34	133	53
	7	9.71	17.69	55.53	492	413	52	36		
	8	10.67	19.43	60.97	540	455	58	38		
	9	12.13	22.09	69.33	602	508	66	41		
750	6	9.65	17.57	55.15	480	401	51	36	143	57
	7	10.16	18.51	58.08	514	431	55	38		
	8	11.11	20.24	63.52	562	473	61	40		
	9	12.58	22.91	71.89	624	526	69	43		

注:①怀孕牛干奶期按附表 3 计算营养需要。

②怀孕期间如未干奶,除按上表计算营养需要外还应加产奶的营养需要。

附表 4　生长母牛的营养需要

体重 (kg)	日增重 (g)	日粮干物质 (kg)	奶牛能量单位 (NND/kg)	可消化粗蛋白 (g)	小肠可消化粗蛋白(g)	钙 (g)	磷 (g)	胡萝卜素 (mg)	维生素A (kIU)
40	0		2.20	41		2	2	4.0	1.6
	200		2.67	92		6	4	4.1	1.6
	300		2.93	117		8	5	4.2	1.7
	400		2.23	141		11	6	4.3	1.7
	500		3.52	164		12	7	4.4	1.8
	600		3.84	188		14	8	4.5	1.8
	700		4.19	210		16	10	4.6	1.8
	800		4.56	231		18	11	4.7	1.9
50	0		2.56	49		3	3	5.0	2.0
	300		3.32	124		9	5	5.3	2.1
	400		3.60	148		11	6	5.4	2.2
	500		3.92	172		13	8	5.5	2.2
	600		4.24	194		15	9	5.6	2.2
	700		4.60	216		17	10	5.7	2.3
	800		4.99	238		19	11	5.8	2.3
60	0		2.89	56		4	3	6.0	2.4
	300		3.67	131		10	5	6.3	2.5
	400		3.96	154		12	6	6.4	2.6
	500		4.28	178		14	8	6.5	2.6
	600		4.63	199		16	9	6.6	2.6
	700		4.99	221		18	10	6.7	2.7
	800		5.37	243		20	11	6.8	2.7

续附表 4

体重 (kg)	日增重 (g)	日粮干物质 (kg)	奶牛能量单位 (NND/kg)	可消化粗蛋白 (g)	小肠可消化粗蛋白(g)	钙 (g)	磷 (g)	胡萝卜素 (mg)	维生素A (kIU)
70	0	1.22	3.21	63		4	4	7.0	2.8
	300	1.67	4.01	142		10	6	7.9	3.2
	400	1.85	4.32	168		12	7	8.1	3.2
	500	2.03	4.64	193		14	8	8.3	3.3
	600	2.21	4.99	215		16	10	8.4	3.4
	700	2.39	5.36	239		18	11	8.5	3.4
	800	3.61	5.76	262		20	12	8.6	3.4
80	0	1.35	3.51	70		5	4	8.0	3.2
	300	1.80	3.80	149		11	6	9.0	3.6
	400	1.98	4.64	174		13	7	9.1	3.6
	500	2.16	4.96	198		15	8	9.2	3.7
	600	2.34	5.32	222		17	10	9.3	3.7
	700	2.57	5.71	245		19	11	9.4	3.8
	800	2.79	6.12	268		21	12	9.5	3.8
90	0	1.45	3.80	76		6	5	9.0	3.6
	300	1.84	4.64	154		12	7	9.5	3.8
	400	2.12	4.96	179		14	8	9.7	3.9
	500	2.30	5.29	203		16	9	9.9	4.0
	600	2.48	5.65	226		18	11	10.1	4.0
	700	2.70	6.06	249		20	12	10.3	4.1
	800	2.93	6.48	272		22	13	10.5	4.2
100	0	1.62	4.08	82		6	5	10.0	4.0
	300	2.07	4.93	173		13	7	10.5	4.2
	400	2.25	5.27	202		14	8	10.7	4.3
	500	2.43	5.61	231		16	9	11.0	4.4
	600	2.66	5.99	258		18	11	11.2	4.4
	700	2.84	6.39	285		20	12	11.4	4.5
	800	3.11	6.81	311		22	13	11.6	4.6

续附表 4

体重(kg)	日增重(g)	日粮干物质(kg)	奶牛能量单位(NND/kg)	可消化粗蛋白(g)	小肠可消化粗蛋白(g)	钙(g)	磷(g)	胡萝卜素(mg)	维生素A(kIU)
125	0	1.89	4.73	97	82	8	6	12.5	5.0
	300	2.39	5.64	186	164	14	7	13.0	5.2
	400	2.57	5.96	215	190	16	8	13.2	5.3
	500	2.79	6.35	243	215	18	10	13.4	5.4
	600	3.02	6.75	268	239	20	11	13.6	5.4
	700	3.24	7.17	295	264	22	12	13.8	5.5
	800	3.51	7.63	322	288	24	13	14.0	5.6
	900	3.74	8.12	347	311	26	14	14.2	5.7
	1 000	4.05	8.67	370	332	28	16	14.4	5.8
150	0	2.21	5.35	111	94	9	8	15.0	6.0
	300	2.70	6.31	202	175	15	9	15.7	6.3
	400	2.88	6.67	226	200	17	10	16.0	6.4
	500	3.11	7.05	254	225	19	11	16.3	6.5
	600	3.33	7.47	279	248	21	12	16.6	6.6
	700	3.60	7.92	305	272	23	13	17.0	6.8
	800	3.83	8.40	331	296	25	14	17.3	6.9
	900	4.10	8.92	356	319	27	16	17.6	7.0
	1 000	4.41	9.49	378	339	29	17	18.0	7.2
175	0	2.48	5.93	125	106	11	9	17.5	7.0
	300	3.02	7.05	210	184	17	10	18.2	7.3
	400	3.20	7.48	238	210	19	11	18.5	7.4
	500	3.42	7.95	266	235	21	12	18.8	7.5
	600	3.65	8.43	290	257	23	13	19.1	7.6
	700	3.92	8.96	316	281	25	14	19.4	7.8
	800	4.19	9.53	341	304	27	15	19.7	7.9
	900	4.50	10.15	365	326	29	16	20.0	8.0
	1 000	4.82	10.81	387	346	31	17	20.3	8.1

续附表 4

体重 (kg)	日增重 (g)	日粮干物质 (kg)	奶牛能量单位 (NND/kg)	可消化粗蛋白 (g)	小肠可消化粗蛋白(g)	钙 (g)	磷 (g)	胡萝卜素 (mg)	维生素 A (kIU)
200	0	2.70	6.48	160	133	12	10	20.0	8.0
	300	3.29	7.65	244	210	18	11	21.0	8.4
	400	3.51	8.11	271	235	20	12	21.5	8.6
	500	3.74	8.59	297	259	22	13	22.0	8.8
	600	3.96	9.11	322	282	24	14	22.5	9.0
	700	4.23	9.67	347	305	26	15	23.0	9.2
	800	4.55	10.25	372	327	28	16	23.5	9.4
	900	4.86	10.91	396	349	30	17	24.0	9.6
	1 000	5.18	11.60	417	368	32	18	24.5	9.8
250	0	3.20	7.53	189	157	15	13	25.0	10.0
	300	3.83	8.83	270	231	21	14	26.5	10.6
	400	4.05	9.31	296	255	23	15	27.0	10.8
	500	4.32	9.83	323	279	25	16	27.5	11.0
	600	4.59	10.40	345	300	27	17	28.0	11.2
	700	4.86	11.01	370	323	29	18	28.5	11.4
	800	5.18	11.65	394	345	31	19	29.0	11.6
	900	5.54	12.37	417	365	33	20	29.5	11.8
	1 000	5.90	13.13	437	385	35	21	30.0	12.0
300	0	3.69	8.51	216	180	18	15	30.0	12.0
	300	4.37	10.08	295	253	24	16	31.5	12.6
	400	4.59	10.68	321	276	26	17	32.0	12.8
	500	4.91	11.31	346	299	28	18	32.5	13.0
	600	5.18	11.99	368	320	30	19	33.0	13.2
	700	5.49	12.72	392	342	32	20	33.5	13.4
	800	5.85	13.51	415	362	34	21	34.0	13.6
	900	6.21	14.36	438	383	36	22	34.5	13.8
	1 000	6.62	15.29	458	402	38	23	35.0	14.0

续附表 4

体重 (kg)	日增重 (g)	日粮干物质 (kg)	奶牛能量单位 (NND/kg)	可消化粗蛋白 (g)	小肠可消化粗蛋白(g)	钙 (g)	磷 (g)	胡萝卜素 (mg)	维生素A (kIU)
350	0	4.14	9.43	243	202	21	18	35.0	14.0
	300	4.86	11.11	321	273	27	19	36.8	14.7
	400	5.13	11.76	345	296	29	20	37.4	15.0
	500	5.45	12.44	369	318	31	21	38.0	15.2
	600	5.76	13.17	392	338	33	22	38.6	15.4
	700	6.08	13.96	415	360	35	23	39.2	15.7
	800	6.39	14.83	442	381	37	24	39.8	15.9
	900	6.84	15.75	460	401	39	25	40.0	16.1
	1 000	7.29	16.75	480	419	41	26	41.0	16.4
400	0	4.55	10.32	268	224	24	20	40.0	16.0
	300	5.36	12.28	344	294	30	21	42.0	16.8
	400	5.63	13.03	368	316	32	22	43.0	17.2
	500	5.94	13.81	393	338	34	23	44.0	17.6
	600	6.30	14.65	415	359	36	24	45.0	18.0
	700	6.66	15.57	438	380	38	25	46.0	18.4
	800	7.07	16.56	460	400	40	26	47.0	18.8
	900	7.47	17.64	482	420	42	27	48.0	19.2
	1 000	7.97	18.80	501	437	44	28	49.0	19.6
450	0	5.00	11.16	293	244	27	23	45.0	18.0
	300	5.80	13.25	368	313	33	24	48.0	19.2
	400	6.10	14.04	393	335	35	25	49.0	19.6
	500	6.50	14.88	417	355	37	26	50.0	20.0
	600	6.80	15.80	439	377	39	27	51.0	20.4
	700	7.20	16.79	461	398	41	28	52.0	20.8
	800	7.70	17.84	484	419	43	29	53.0	21.2
	900	8.10	18.99	505	439	45	30	54.0	21.6
	1 000	8.60	20.23	524	456	47	31	55.0	22.0

续附表 4

体重 (kg)	日增重 (g)	日粮干物质 (kg)	奶牛能量单位 (NND/kg)	可消化粗蛋白 (g)	小肠可消化粗蛋白(g)	钙 (g)	磷 (g)	胡萝卜素 (mg)	维生素A (kIU)
500	0	5.40	11.97	317	264	30	25	50.0	20.0
	300	6.30	14.37	392	333	36	26	53.0	21.2
	400	6.60	15.27	417	355	38	27	54.0	21.6
	500	7.00	16.24	441	377	40	28	55.0	22.0
	600	7.30	17.27	463	397	42	29	56.0	22.4
	700	7.80	18.39	485	418	44	30	57.0	22.8
	800	8.20	19.61	507	438	46	31	58.0	23.2
	900	8.70	20.91	529	458	48	32	59.0	23.6
	1 000	9.30	22.33	548	476	50	33	60.0	24.0
550	0	5.80	12.77	341	284	33	28	55.0	22.0
	300	6.80	15.31	417	354	39	29	58.0	23.0
	400	7.10	16.27	441	376	41	30	59.0	23.6
	500	7.50	17.29	465	397	43	31	60.0	24.0
	600	7.90	18.40	487	418	45	32	61.0	24.4
	700	8.30	19.57	510	439	47	33	62.0	24.8
	800	8.80	20.85	533	460	49	34	63.0	25.2
	900	9.30	22.25	554	480	51	35	64.0	25.6
	1 000	9.90	23.76	573	496	53	36	65.0	26.0
600	0	6.20	13.53	364	303	36	30	60.0	24.0
	300	7.20	16.39	441	374	42	31	66.0	26.4
	400	7.60	17.48	465	396	44	32	67.0	26.8
	500	8.00	18.64	489	418	46	33	68.0	27.2
	600	8.40	19.88	512	439	48	34	69.0	27.6
	700	8.90	21.23	535	459	50	35	70.0	28.0
	800	9.40	22.67	557	480	52	36	71.0	28.4
	900	9.90	24.24	580	501	54	37	72.0	28.8
	1 000	10.50	25.93	599	518	56	38	73.0	29.2

附表 5　奶牛常用饲料的营养价值

号/饲料种类	饲料名称	样品说明	干物质(%)	粗蛋白(%)	钙(%)	磷(%)	总能量(MJ/kg)	奶牛能量单位(NND/kg)	可消化粗蛋白(g/kg)
青绿饲料类									
2-01-610	大麦青割	北京,五月上旬	15.7	2.0	—	—	2.78	0.29	12
2-01-614	大豆青割	北京,全株	35.2	3.4	0.36	0.29	5.76	0.59	20
2-01-099	胡萝卜秧	4省市4样平均值	12.0	2.0	0.38	0.05	2.07	0.23	13
2-01-197	苜蓿	公主岭,亚洲苜蓿营养期	25.0	5.2	0.52	0.06	4.55	0.47	31
2-01-655	沙打旺	北京	14.9	3.5	0.20	0.05	2.61	0.30	21
2-01-333	甜菜叶	新疆	8.7	2.0	0.11	0.04	1.39	0.17	12
2-01-668	小麦青割	北京春小麦	29.8	4.8	0.27	0.03	5.43	0.57	29
2-01-680	野青草	广州,混杂草	29.6	2.3	—	—	5.26	0.49	14
2-01-243	玉米青割	哈尔滨,乳熟期,玉米叶	17.9	1.1	0.06	0.04	3.37	0.32	7
2-01-429	紫云英	8省市8样平均值	13.0	2.9	0.18	0.07	2.42	0.28	17
青贮饲料类									
3-03-602	甘薯藤青贮	北京,秋甘薯藤	33.1	2.0	0.46	0.15	5.14	0.47	12
3-03-605	玉米青贮	4省市5样平均值	22.7	1.6	0.10	0.06	3.96	0.36	10
3-03-606	玉米大豆青贮	北京	21.8	2.1	0.15	0.06	3.46	0.35	13
3-03-010	胡萝卜青贮	甘肃	23.6	2.1	0.25	0.03	3.29	0.44	13
3-03-019	苜蓿青贮	西宁,盛花期	33.7	5.3	0.50	0.10	6.25	0.52	32

续附表 5

号/饲料种类	饲料名称	样品说明	干物质（%）	粗蛋白（%）	钙（%）	磷（%）	总能量（MJ/kg）	奶牛能量单位（NND/kg）	可消化粗蛋白（g/kg）
块根、块茎瓜果类									
4-4-200	甘薯	7省市8样平均值	25.0	1.0	0.13	0.05	4.25	0.59	7
4-4-208	胡萝卜	12省市13样平均值	12.0	1.1	0.15	0.09	2.04	0.29	7
4-4-212	南瓜	9省市9样平均值	10.0	1.0	0.04	0.02	1.71	0.24	7
4-4-213	甜菜	8省市9样平均值	15.0	2.0	0.06	0.04	2.59	0.31	13
4-4-611	甜菜丝干	北京	88.6	7.3	0.66	0.07	1.54	1.97	47
青干草类									
1-05-616	碱草	内蒙古，抽穗期	90.1	13.4	—	—	1.69	1.40	80
1-05-617	碱草	内蒙古，结实期	91.7	7.4	—	—	1.68	1.03	44
1-05-031	苜蓿干草	吉林公农1号苜蓿，营养期一茬	87.7	18.3	1.47	0.19	1.63	1.64	110
1-05-644	羊草	东北三级草	88.3	3.2	0.25	0.18	1.56	1.15	19
1-05-645	羊草	黑龙江，4样平均值	91.6	7.4	0.37	0.18	1.70	1.38	44
1-05-054	野干草	内蒙古，海金山	91.4	6.2	—	—	1.64	1.32	37

续附表 5

号/饲料种类	饲料名称	样品说明	干物质（%）	粗蛋白（%）	钙（%）	磷（%）	总能量（MJ/kg）	奶牛能量单位（NND/kg）	可消化粗蛋白（g/kg）
秸秆类									
1-06-632	大麦秸	北京	90.0	4.9	0.12	0.11	15.81	1.17	14
1-06-604	大豆秸	吉林，公主岭	89.7	3.2	0.61	0.03	16.32	1.10	8
1-06-630	稻草	北京	90.0	2.7	0.11	0.05	13.41	1.04	7
1-06-038	甘薯蔓	山东，25 样平均值	90.0	7.6	1.63	0.08	15.78	1.39	24
1-06-100	甘薯蔓	7 省市，13 样平均值	88.0	8.1	1.55	0.11	15.29	1.34	26
1-06-617	花生藤	山东，伏花生	91.3	11.0	2.46	0.04	16.11	1.54	28
1-06-620	小麦秸	北京，冬小麦	90.0	3.9	0.25	0.03	7.49	0.99	10
1-06-629	玉米秸	北京	90.0	5.8	—	—	15.22	1.21	18
谷实类									
4-07-02	大麦	20 省市 49 样平均值	88.8	10.8	0.12	0.29	15.80	2.13	70
4-07-104	高粱	17 省市 38 样平均值	89.3	8.7	0.09	0.28	16.12	2.09	57
4-07-123	荞麦	11 省市 14 样平均值	87.1	9.9	0.09	0.30	15.82	1.94	64
4-07-164	小麦	15 省市 28 样平均值	91.8	12.1	0.11	0.36	16.43	2.39	79
4-07-188	燕麦	11 省市 17 样平均值	90.3	11.6	0.15	0.33	16.86	2.13	75
4-07-263	玉米	23 省市 120 样平均值	88.4	8.6	0.08	0.21	16.14	2.76	56

续附表 5

号/饲料种类	饲料名称	样品说明	干物质（%）	粗蛋白（%）	钙（%）	磷（%）	总能量(MJ/kg)	奶牛能量单位(NND/kg)	可消化粗蛋白(g/kg)
糠麸类									
1-08-001	大豆皮	北京	91.0	18.8	—	0.35	17.16	1.85	113
4-08-016	高粱糠	2省8样平均值	91.1	9.6	0.07	0.81	17.42	2.17	58
4-08-030	米糠	4省市13样平均值	90.2	12.1	0.14	1.04	18.20	2.16	73
4-08-049	小麦麸	山东,39样平均值	89.3	15.0	0.14	0.54	16.27	1.89	90
4-08-078	小麦麸	全国115样平均值	88.6	14.4	0.18	0.78	16.24	1.91	86
4-08-094	玉米皮	6省市6样平均值	88.2	9.7	0.28	0.35	16.17	1.84	58
豆类									
5-09-201	蚕豆	全国14样平均值	88.0	24.9	0.15	0.40	16.45	2.25	162
5-09-217	大豆	16省市40样平均值	88.0	37.0	0.27	0.48	20.55	2.76	241
油饼类									
5-10-022	菜子饼	13省市机榨21样平均值	92.2	36.4	0.73	0.95	18.90	2.43	237
5-10-043	豆饼	13省,机榨42样平均值	90.6	43.0	0.32	0.50	18.74	2.64	280
5-10-075	花生饼	9省市机榨34样平均值	89.9	46.4	0.24	0.52	19.22	2.71	302

续附表5

号/饲料种类	饲料名称	样品说明	干物质（%）	粗蛋白（%）	钙（%）	磷（%）	总能量（MJ/kg）	奶牛能量单位（NND/kg）	可消化粗蛋白（g/kg）
5-10-084	米糠饼	7省市机榨13样平均值	90.7	15.2	0.12	0.18	16.64	1.86	99
5-10-612	棉子饼	4省市去壳机榨6样平均值	89.6	32.5	0.27	0.81	18.00	2.34	211
5-10-110	向日葵饼	北京,去壳浸提	92.6	46.1	0.53	0.35	18.65	2.17	300
5-10-138	芝麻饼	10省市机榨13样平均值	90.7	41.1	2.29	0.79	18.29	2.40	267
糟渣类									
1-11-602	豆腐渣	2省市,4样平均值	11.0	3.3	0.05	0.03	2.27	0.31	21
4-11-058	粉渣	玉米粉渣,6省7样平均值	15.0	1.8	0.02	0.02	2.79	0.39	12
4-11-069	粉渣	马铃薯粉渣,3省3样平均值	15.0	1.0	0.06	0.04	2.63	0.29	7
5-11-103	酒糟	吉林,高粱酒糟	37.7	9.3	—	—	7.54	0.96	60
4-11-092	酒糟	贵州,玉米酒糟	21.0	4.0	—	—	4.26	0.43	26
5-11-607	啤酒糟	2省市,3样平均值	23.4	6.8	0.09	0.18	4.77	0.51	44
1-11-610	甜菜渣	黑龙江	12.2	1.4	0.12	0.01	2.00	0.24	9

附表 6 奶牛常用矿物质饲料中元素含量表

饲料名称	化学式	元素含量（%）	元素含量（%）
碳酸钙	$CaCO_3$	Ca＝40	
石灰石粉	$CaCO_3$	Ca＝35.89	P＝0.02
煮骨粉		Ca＝24～25	P＝11～18
蒸骨粉		Ca＝31～32	P＝13～15
磷酸氢二钠	$Na_2HPO_4 \cdot 12H_2O$	P＝8.7	Na＝12.8
亚磷酸氢二钠	$Na_2HPO_3 \cdot 5H_2O$	P＝14.3	Na＝21.3
磷酸钠	$Na_3PO_4 \cdot 12H_2O$	P＝8.2	Na＝12.1
焦磷酸钠	$Na_4P_2O_7 \cdot 10H_2O$	P＝14.1	Na＝10.3
磷酸氢钙	$CaHPO_4 \cdot 2H_2O$	P＝18.0	Ca＝23.2
磷酸钙	$Ca_3(PO_4)_2$	P＝20.0	Ca＝38.7
过磷酸钙	$Ca(H_2PO_4)_2 \cdot H_2O$	P＝24.6	Ca＝15.9
氯化钠	$NaCl$	Na＝39.7	Cl＝60.3
硫酸亚铁	$FeSO_4 \cdot 7H_2O$	Fe＝20.1	
碳酸亚铁	$FeCO_3 \cdot H_2O$	Fe＝41.7	
碳酸亚铁	$FeCO_3$	Fe＝48.2	
氯化亚铁	$FeCl_2 \cdot 4H_2O$	Fe＝28.1	
氯化铁	$FeCl_3 \cdot 6H_2O$	Fe＝20.7	
氯化铁	$FeCl_3$	Fe＝34.4	
硫酸铜	$CuSO_4 \cdot 5H_2O$	Cu＝39.8	S＝20.06
氯化铜	$CuCl_2 \cdot 2H_2O$（绿色）	Cu＝47.2	Cl＝52.71
氧化镁	MgO	Mg＝60.31	
硫酸镁	$MgSO_4 \cdot 7H_2O$	Mg＝20.18	S＝26.58
碳酸铜	$CuCO_3 \cdot Cu(OH)_2 \cdot H_2O$	Cu＝53.2	
碳酸铜（碱式）孔雀石	$CuCO_3 \cdot Cu(OH)_2$	Cu＝57.5	
氢氧化铜	$Cu(OH)_2$	Cu＝65.2	
氯化铜（白色）	$CuCl_2$	Cu＝64.2	
硫酸锰	$MnSO_4 \cdot 5H_2O$	Mn＝22.8	
碳酸锰	$MnCO_3$	Mn＝47.8	

续附表 6

饲料名称	化学式	元素含量(%)	元素含量(%)
氧化锰	MnO	Mn=77.4	
氯化锰	$MnCl_2 \cdot 4H_2O$	Mn=27.8	
硫酸锌	$ZnSO_4 \cdot 7H_2O$	Zn=22.7	
碳酸锌	$ZnCO_3$	Zn=52.1	
氧化锌	ZnO	Zn=80.3	
氯化锌	$ZnCl_2$	Zn=48.0	
碘化钾	KI	I=76.4	K=23.56
二氧化锰	MnO_2	Mn=63.2	
亚硒酸钠	$Na_2 \cdot SeO_3 \cdot 5H_2O$	Se= 30.0	
硒酸钠	$Na_2 \cdot SeO_4 \cdot 10H_2O$	Se= 21.4	
硫酸钴	$CoSO_4$	Co=38.02	S=20.68
碳酸钴	$CoCO_3$	Co=49.55	
氯化钴	$CoCl_2 \cdot 6H_2O$	Co=24.78	

附表 7　奶牛微量元素的需要量及中毒极限量的参考(干物质)　mg/kg

元素	缺乏极限量	需要量	中毒极限量
铁	—	50	—
铜	7	10	30
钴	0.07	0.1	10
碘	0.15	0.2	8
锰	45	50	1 000
锌	45	50	250
硒	0.1	0.1	0.5
钼	—	—	3.0

附表 8　微量元素缺乏的征候

症状	铁		铜		钴		碘		锰		锌		硒	
	成年牛	青年牛	成年牛	青年牛	成年牛	青年牛	成年牛	青年牛	成年牛	青年牛	成年牛	青年牛	成年牛	青年牛
生长受阻		V	V	V	V	V		V		V	V	V		
产奶下降			V		V		V				V			
食欲减退		V	V	V	V	V	V	V			V	V		
异食			V	V	V	V								
消瘦		V	V	V	▲	▲					V	V		
贫血			V	V	V	V								
姿势不正			V	V					▲	▲	V	V		
自发骨裂			V	V										
跛行			V	V					V	V	V	V		V
心脏疾患			▲	▲										V
呼吸困难			V	V										V
腹泻			V		V	V								
毛发退色			▲	▲							V	V		
毛发乱			V	V	▲	▲		V						
脱毛								V			▲	▲		
皮炎											▲	▲		
甲状腺肿					▲	▲								
繁殖障碍			V		V		V		V		V			
肌变性														▲
蹄变形											V	V		

注：V 为一般征候，▲为特殊征候。

参考文献

1. 李建国．畜牧学概论[M]．北京:中国农业出版社,2002
2. 孙国强等．奶牛饲养与保健[M]．北京:中国农业大学出版社,2003
3. 潘庆杰等．奶牛繁殖技术与产科病防治[M]．北京:石油大学出版社,2000
4. 柳楠等．牛羊饲料配制和使用技术[M]．北京:中国农业出版社,2003
5. 田振洪．家畜无公害饲料配制技术[M]．北京:中国农业出版社,2003[6]
6. 王福兆．乳牛学[M]．北京:科学技术出版社(第二版),1993
7. 秦志锐．奶牛高效益饲养技术[M]．北京:金盾出版社,2000
8. 全国畜牧兽医总站．奶牛营养需要与饲养标准[M]．北京:中国农业大学出版社,2001

图书在版编目(CIP)数据

奶牛饲养手册/孙国强,杨振宇主编.—北京:中国农业大学出版社,2004.6

(全方位养殖技术丛书)

ISBN 7-81066-762-9/S·575

Ⅰ.奶… Ⅱ.①孙… ②杨… Ⅲ.乳牛-饲养管理-手册
Ⅳ.S823.9-62

中国版本图书馆 CIP 数据核字(2004)第 024816 号

书　　名　奶牛饲养手册

作　　者　孙国强　杨振宇　主编

策划编辑　赵　中　　　**责任编辑**　朱长玉

封面设计　郑　川　　　**责任校对**　王晓凤

出版发行　中国农业大学出版社

社　　址　北京市海淀区圆明园西路 2 号　**邮政编码**　100094

电　　话　发行部 010-62731190,2620　读者服务部 010-62732336

编辑部 010-62732617,2618　出　版　部 010-62733440

网　　址　http://www.cau.edu.cn/caup **E-mail** caup@public.bta.net.cn

经　　销　新华书店

印　　刷　北京时代华都印刷有限公司

版　　次　2004 年 6 月第 1 版　2006 年 11 月第 2 次印刷

规　　格　850×1 168　32 开本　10.25 印张　254 千字

定　　价　14.50 元

致读者

为提高“三农”图书的科学性、准确性、实用性，推进“三农”出版物更加贴近读者，使农民朋友确实能够“看得懂、用得上、买得起”的优秀“三农”图书进一步得到市场的认可、发挥更大的作用，中央宣传部、新闻出版总署和农业部于2006年6～7月份组织专家对“三农”图书进行了认真评审，确定了推荐“三农”优秀图书150种(套)(新出联〔2006〕5号)。我社共6种(套)名列其中：

无公害农产品高效生产技术丛书

新编21世纪农民致富金钥匙丛书

全方位养殖技术丛书

农村劳动力转移职业技能培训教材

科学养兔指南

养猪用药500问

这些图书自出版以来，深受广大读者欢迎，近来一次性较大量购买的情况较多，为方便团体购买，请客户直接到当地新华书店预购，特殊情况可与我社联系。联系人董先生，电话010－62731190，司先生，010－62818625。

中国农业大学出版社

2006年9月